HELGE TOUTENBURG

Vorhersage in linearen Modellen

Vorhersage in linearen Modellen

Dr. rer. nat. HELGE TOUTENBURG

Zentralinstitut für Mathematik und Mechanik
der Akademie der Wissenschaften der DDR

Mit 3 Tabellen

AKADEMIE-VERLAG · BERLIN
1975

Erschienen im Akademie-Verlag, 108 Berlin, Leipziger Str. 3–4

Lizenznummer: 202 · 100/405/75
Gesamtherstellung: VEB Druckerei „Thomas Müntzer", 582 Bad Langensalza
Bestellnummer: 761 884 4 (6143) · LSV 1075
Printed in GDR
EVP 28,–

Vorwort

Lineare Modelle nehmen eine zentrale Stellung sowohl in der Mathematischen Statistik selbst als auch in vielen Anwendungsbereichen statistischer Forschung ein, sei es in der Ökonomie, der Biologie aber auch in der Technik. Sie gestatten die Beschreibung und statistische Inferenz wesentlicher stochastischer Prozesse und zeichnen sich durch eine gute mathematische Handhabbarkeit, Flexibilität und ein hohes Niveau ihrer theoretischen Fundierung aus.

In den letzten Jahren wurden die Forschungen insbesondere über das Regressionsmodell um eine Reihe neuer Ideen bereichert.

Dazu zählen die Verwendung von a-priori-Restriktionen und Zusatzinformationen über die Modellparameter, die Erweiterung der Punktschätzungen auf Schätzbereiche verschiedener Typen und die einheitliche Behandlung verschiedener Komplikationen und Modellerweiterungen, die für die Belange der Praxis von Bedeutung sind.

Von den Mitarbeitern des Berliner Seminars für Mathematische Statistik unter Leitung von Herrn Prof. Dr. O. Bunke wurden die Probleme der Schätzung unter Zusatzinformation und der Vorhersage schon sehr lange intensiv erforscht, wobei zahlreiche neue Resultate erzielt wurden.

Ausgehend von der Bedeutung linearer Modelle für die Praxis und unter Berücksichtigung der Tatsache, daß eine einheitliche Darstellung der Vorhersage- und Schätzmethodik bisher nur in Ansätzen existiert, hat der Verfasser sehr gern die Gelegenheit genutzt, das vorliegende Buch unter Verwendung der internationalen Literatur und eigener Originalarbeiten zu schreiben. Dabei wird das Hauptanliegen darin gesehen, das Aufspüren von Zusatzinformation und die Anwendung der restriktiven Techniken in Schätzung und Vorhersage bei Vorliegen linearer Modelle in der Ökonomie, Technik, Biologie, Landwirtschaft und Medizin zu unterstützen.

Dementsprechend wird neben den theoretischen Darlegungen und den Beweisführungen auf die Praktikabilität der Schätzungen und Vorhersagen großer Wert gelegt.

Für das Verständnis des Buches sind Grundkenntnisse in der Statistik und linearen Algebra, insbesondere der Matrixalgebra, erforderlich. Die Sätze werden, bis auf einige Ausnahmen, ausführlich bewiesen, so daß der vorliegende Band sowohl für Wissenschaftler der genannten Disziplinen als auch für Anwender und Studenten höherer Semester geeignet erscheint. Die im Text verwendeten Hilfssätze aus der linearen Algebra und der

Matrizentheorie sowie über die Verteilung von Funktionen normalverteilter Variabler sind im Anhang enthalten.

Es ist dem Verfasser ein Bedürfnis, Frau Prof. Dr. HELGA BUNKE und Frau Prof. em. Dr. Dr. h. c. ERNA WEBER sowie den Herren Prof. Dr. H. AHRENS, Prof. Dr. H. BANDEMER, Prof. Dr. O. BUNKE, Prof. Dr. M. PESCHEL und Doz. Dr. habil. D. RASCH für ihre zahlreichen kritischen Hinweise und Vorschläge zu danken, die weitgehend noch im Druck Berücksichtigung finden konnten. Frau M. ZANDER sei hier für die Sorgfalt gedankt, mit der sie die Reinschrift des Manuskriptes besorgte.

Schließlich möchte ich dem Akademie-Verlag und insbesondere Frau Dipl.-Math. R. HELLE meinen Dank für die gute Zusammenarbeit aussprechen.

Berlin, im November 1974 H. TOUTENBURG

Inhaltsverzeichnis

1. Allgemeine Probleme der Vorhersage

Die gesellschaftliche Entwicklung in der Gegenwart ist gekennzeichnet durch eine ständig komplizierter werdende Struktur vieler Bereiche des gesellschaftlichen Lebens sowie durch eine intensivere Verflechtung von Einzelstrukturen, nicht zuletzt hervorgerufen durch das rasche Entwicklungstempo der Produktivkräfte und einen enormen Zuwachs an wissenschaftlichen und anderen Informationen, Ideen und Methoden. Die Beherrschung der materiellen und geistigen Prozesse bedingt ihre effektive Steuerung, die einerseits durch eine zunehmend effektivere Beherrschung von Einzelprozessen und andererseits durch eine ständig steigende Komplexität der häufig in stochastischer Wechselwirkung zueinander stehenden Prozesse charakterisiert wird. Die Fülle der zu steuernden Größen führt zu einem enormen Zeitdruck und erhöht die Menge möglicher Lösungswege (Varianten der Steuerung).

Wenn man dabei nur von den Informationen ausgeht, die ein System in einem fixierten Zeitpunkt beschreiben und nicht die innere Dynamik des Systems (etwa zeitliche Trends) und Wechselbeziehungen zu anderen Systemen in der Zukunft berücksichtigt, so kann seine Steuerung nicht optimal sein. Im Prinzip wird das System dann überhaupt nicht steuerbar sein. Ein wesentlicher Bestandteil einer Steuerungsfunktion ist somit die Vorhersage der Entwicklung des Systems unter Berücksichtigung seiner inneren Dynamik und der Veränderung der äußeren Bedingungen, d. h. der Beeinflussung durch andere Systeme. Diese inneren und äußeren Bedingungen und Restriktionen sind in dem Modell des Systems zu berücksichtigen, für das eine Steuerung bestimmt werden soll.

Die bereits entwickelten Vorhersagemethodiken sind von ihrer Aussagekraft und ihrem Anwendungsgebiet her recht differenziert, man kann sie jedoch in drei Klassen einteilen (Dobrow [1])

Extrapolationsverfahren,
Methoden der Experimentbeurteilung
und Modellierungsverfahren.

Der von Dobrow gegebene Katalog von Prognoseverfahren weist Mängel in der Hinsicht auf, daß die Grenzen der drei Klassen nicht scharf zu ziehen sind, so daß Überschneidungen im Sinne einer gegenseitigen Durchdringung der Methoden auftreten. So trägt etwa die Experimentbeurteilung häufig aktiv zur Modellbildung bei. Vom Standpunkt der Erkenntnistheorie aus bietet sich folgende Klassifizierung als vorteilhaft an:

Beschreibungsmodell,
Erklärungsmodell
und Evolutionsmodell,

wobei letzteres im wesentlichen die Grundlage der Prognose darstellt und gewissermaßen den höchsten Grad an Weiterbildung eines kognitiven Prozesses repräsentiert.

Ein kognitives Modell ist eine kombinierte theoretisch-empirische Konstruktion, dessen Dynamik man formal in der Kette

$$E \Rightarrow T \Rightarrow E \Rightarrow T \Rightarrow - - -$$

erfassen kann, wobei E eine abgegrenzte Menge empirischer Beobachtungen, T ein Theoriengebilde und $\Rightarrow$ ein festgelegtes (logisches) Schlußschema bedeuten.

Die Dichotomie „beschreibend — erklärend" charakterisiert WOLD [1] wie folgt

beschreibend	erklärend
univariat (jeweils eine Variable bzw. ein Zusammenhang beobachtet)	multivariat (Strukturen beobachtet)
passiv (erhält den modus videndi des Objekts)	aktiv (bis hin zur Steuerung)
Bestätigung der Bedingungen	Veränderung der Bedingungen
Stichprobe	Schlußschema (logisch im Sinne der Theorie)

Die Statistik liefert viele Beispiele für kognitive Modelle, etwa in der Schätztheorie. Von der Theorie her schließt man auf die Schätzbarkeit etwa des Parameters p der Binomialverteilung, von der Stichprobe (Empirie) mittels einer Schätzung $\hat{p}$ auf den unbekannten Parameter.

Die meisten bekannten Verfahren tragen empirischen Charakter. Ein ausschließlich empirisches Herangehen an die Vorhersage ist jedoch völlig unzureichend, da es in der Regel auf früheren Erfahrungen beruht, die bei weitem nicht immer unter veränderten Bedingungen verwertbar, d. h. extrapolierbar sind. Deshalb ist eine wissenschaftliche Durchdringung der Vorhersageprobleme notwendig, die es erlaubt, systematisch an die Ausarbeitung von Vorhersagemethoden, an die Bewertung der Exaktheit von Vorhersagen, die Festlegung der maximal möglichen und sachlogisch vertretbaren Spannweite von Vorhersagezeiträumen usw. heranzugehen.

Die Formulierung und Lösung der mit der Vorhersage zusammenhängenden allgemeinen Probleme sind Gegenstand der Prognostik, einer in der Herausbildung befindlichen neuen Wissenschaftsdisziplin, in die Teilgebiete und Ergebnisse anderer Wissenschaften (z. B. Kybernetik, Ökonometrie, Mathematik) einfließen.

Nach Gwischiani/Lisitschkin [1] ist die Prognostik „. . . eine wissenschaftliche Disziplin, die die allgemeinen Strukturprinzipien der Methoden für die Prognose der Entwicklung von beliebig gearteten Objekten und die Gesetzmäßigkeiten für die Ausarbeitung von Prognosen untersucht".

Für die Prognose wollen wir folgende Definition geben: Eine Prognose ist eine Aussage, die ein zum Zeitpunkt der Erstellung der Prognose noch nicht beobachtbares Ereignis in den Termini irgendeines sprachlichen Systems fixiert und folgenden Bedingungen genügt:

1. Zum Zeitpunkt der Prognose kann man nicht eindeutig feststellen, ob die Prognose wahr oder falsch ist.
2. Zum Zeitpunkt der Prognose muß man über Verfahren zur a-priorischen Einschätzung der Wahrscheinlichkeit für das Eintreten des vorhergesagten Ereignisses bzw. über Verfahren zur Risikobestimmung bei Annahme einer Prognosevariante verfügen.
3. Eine Prognose muß einen Hinweis auf ein Raum- oder Zeitintervall für das Eintreten des vorhergesagten Ereignisses enthalten.
   [In der Statistik wird das Risiko häufig direkt mit einem Raum-Zeit-Intervall verkettet, vgl. etwa die Konfidenztheorie (Goldberger [1]).]

Um zu einer inhaltlichen und sprachlichen Abgrenzung zu kommen, wollen wir im folgenden unter Vorhersage eine Prognose in einem festen, etwa durch Verteilungsannahmen und Parameterdefinitionen bzw. -restriktionen determinierten Modell verstehen. Wir werden uns später mit linearen Modellen der Ökonometrie und der Regression und der Ableitung von Vorhersagen in diesen Modellen beschäftigen. Bei den wissenschaftlich-technischen Prognosen unterscheidet man generell zwischen zwei Klassen.

1. *Erkundungs- oder Orientierungsprognosen* (prognostische Vorwärtsrechnung)

Das Ziel besteht im Aufdecken künftiger Bedürfnisse (Probleme) der Wissenschaft, Technik oder Volkswirtschaft und der wissenschaftlich-technischen Möglichkeiten zu ihrer Befriedigung. Mit diesen Prognosen werden folglich Ziele erarbeitet und Wege zu ihrer Realisierung angedeutet.

2. *Normative Prognosen* (prognostische Rückrechnung)

Die Aufgabe besteht im Auffinden von Wegen zur Realisierung bereits prognostizierter oder auf anderem Wege erarbeiteter Zielstellungen. Im allgemeinen wird es konkurrierende Lösungswege geben, so daß die normative Prognose die Alternativen durch Konfrontation von Zielen und Ressourcen zu erarbeiten und zu bewerten hat. Normative Prognose führt also über Rückkopplung zur Analyse und Präzisierung der prognostizierten Zielstellung; sie wirkt damit ausgesprochen konstruktiv und stimulierend auf die Entwicklung des Prognoseobjektes.

Eine wesentliche Bedeutung bei der Weiterentwicklung der Vorhersagemethodik kommt der Mathematik zu. Die Mathematik zeichnet sich gegenüber anderen Wissenschaften durch ihre Unabhängigkeit vom Sachgegenstand (Prognoseobjekt) aus, die durch Abstraktion von spezifischen Eigenschaften des Systems bzw. Objekts erreicht wird. Sie besitzt die Fähigkeit zur Formalisierung und kann auf Grund ihres hohen Abstraktionsgrades andere Sachverhalte formalisieren und vereinheitlichen. Wegen der erwähnten Beziehung der Prognostik zur Steuerung von Systemen oder Prozessen spielen bei ihrer mathematischen Durchdringung vor allem Methoden der Operationsforschung, der Wahrscheinlichkeitsrechnung, mathematischen Statistik, der Spieltheorie, Algorithmen- und Automatentheorie, der Kybernetik und die Datenverarbeitung eine Rolle. Die mathematische Statistik besitzt in der Vorhersagetechnik bereits gewisse Traditionen, etwa in der Modellierung, Schätzung und Extrapolation von Zeitreihenmodellen der Ökonomie oder den Verfahren der Trendabschätzung, wobei in der Modellbildung solche statistischen Disziplinen wie Versuchsplanung, Varianz- und Korrelationsanalyse, Regressionsanalyse, nichtparametrische und parametrische Test- und Entscheidungstheorie komplex eingesetzt werden. Für viele Modelle, vor allem der Ökonometrie, existieren Punkt- und Bereichsvorhersagen, die durch Minimierung gewisser Risikofunktionen bzw. nach Prinzipien der Konfidenztheorie abgeleitet werden.

2. Modelle der linearen Regression

2.1. Begriffe und Definitionen der Ökonometrie

Die Methodik der Regressionsanalyse, einer der klassischen Bestandteile der mathematischen Statistik, bildete den Ansatzpunkt der modernen ökonometrischen Theorie, die Verallgemeinerungen der Regressionsanalyse sowohl im modelltheoretischen Aspekt als auch im Anwendungsbereich der Verfahren beinhaltet. Nach J. TINBERGEN [1] ist „*Ökonometrie* der Name für einen Wissenschaftszweig, in dem mathematisch-ökonomische und mathematisch-statistische Forschung kombiniert angewendet werden".

Ökonometrie beinhaltet demnach sowohl Elemente der Ökonomie/Wirtschaftsmathematik als auch der mathematischen Statistik. Dabei wird die Modellbildung stets eine Einheit mit den Methoden bilden. Die in der Ökonometrie benutzten statistischen Verfahren sind in hohem Maße auf die spezifischen ökonometrischen Probleme ausgerichtet und infolgedessen stark spezialisiert. Diese ökonometrisch orientierte Akzentuierung des statistischen Instrumentariums setzt sich, angefangen von der Modellbildung und -prüfung bis hin zu den Schätz- und Testverfahren, einheitlich fort. In den ökonomischen Gesetzmäßigkeiten spielen stochastische Einflußfaktoren eine ausgeprägte Rolle, so daß der ökonomischen Realität angepaßte ökonometrische Modelle Hypothesen über Verteilungseigenschaften der Zufallsvariablen implizieren müssen. Die Spezifikation derartiger Hypothesen ist eine der Hauptaufgaben ökonometrischer Modellierung.

Bei der Modellierung einer ökonomischen (oder etwa auch naturwissenschaftlichen) Relation setzen wir voraus, daß diese über einen genügend langen Zeitraum (d. h. über hinreichend viele Beobachtungsperioden) eine relative Konstanz besitzt, da sonst ihre allgemeine Gesetzmäßigkeit nicht erfaßbar wäre. Wir unterscheiden zwei Charakteristiken einer Gesetzmäßigkeit, die *Variablen* und die *Parameter.* Die Variablen, deren Einteilung wir noch spezifizieren, sind diejenigen Charakteristiken, deren Werte im Beobachtungszeitraum variieren können. Alle sich nicht verändernden Charakteristiken der Relation bilden ihre Struktur. Zur *Struktur* gehören die funktionale Gestalt der Relationen einschließlich der Beziehungen zwischen den wesentlichen Variablen, der Typ der Wahrscheinlichkeitsverteilung der Zufallsvariablen und die Parameter der Modellgleichungen. Eine gewisse Variation der Variablen des Modells ist notwendig, um die Gesetzmäßigkeit hervortreten zu lassen. Die Statistik hat mit der Versuchsplanung eine eigenständige Theorie über die im Sinne gewisser Kriterien optimale Variation der Modellvariablen entwickelt, deren Erkenntnisse sich wegen der meist passiven Stellung der Ökonometriker zur ökonomischen Realität jedoch nur in Ausnahmefällen für ihre Zwecke verwerten lassen. Dies liegt in dem komplexen Charakter der Volkswirtschaft begründet, bei der eine Versuchsplanung z. B. Eingriffe in den Ablauf der Produktion erforderlich machen könnte.

Ändert sich die Struktur der Relation im Beobachtungszeitraum, so spricht man von einem *Strukturbruch* (qualitativer Sprung). Als Gütekriterium eines ökonometrischen Modells wird man u. a. seine Prognosefähigkeit und ihre relative Stabilität bei Strukturschwankungen ansehen (vgl. SCHNEEWEISS [1]).

Wir wollen nun die Begriffe ökonometrisches Modell und Struktur erläutern: „Das *ökonometrische Modell* ist der Inbegriff aller bezüglich des studierten ökonomischen Phänomens a priori getroffenen Hypothesen. Das Modell stellt sich demnach als ein Katalog von Modellannahmen (a-priori-Hypothesen, a-priori-Spezifikationen) dar. Diese Annahmen sind Ausdruck der a priori verfügbaren Informationen und Vermutungen über die ökonomischen und stochastischen Eigenschaften des Phänomens" (SCHÖNFELD [1]).

Zur klaren Definition des Strukturbegriffes benötigen wir die sachlogische Einteilung der Modellvariablen. Bei der Modellbildung werden Variablen unerklärt übernommen, man bezeichnet sie als *exogene Variablen*. Die vom Modell beschriebenen Variablen heißen *endogen*. Sie sind funktional oder zumindest statistisch von den exogenen Variablen abhängig. Die dritte Gruppe wird von den *Fehlervariablen* gebildet. Diese drei Typen von Variablen lassen sich für unsere Zwecke am besten durch ihre statistischen Eigenschaften unterscheiden: Exogene Variablen sind innerhalb des Modells nichtstochastisch, sie liegen als feste Zahlenwerte vor.

Die Vorgabe der exogenen Variablen als nichtstochastisch besteht in vielen Fällen zu Recht, etwa im Bereich der experimentellen Wissenschaften (Vorgabe eines Versuchsplans) aber auch in der Ökonomie (Vorgabe von Fonds). Im allgemeinen werden zumindest einige exogene Variablen stochastisch sein, jedoch zum Zeitpunkt der Schätzung als Realisierungen vorliegen. Für das Ziel der Regressionsanalyse (Schätzung des Mittelwertes der endogenen Variablen bei beliebig gegebenen exogenen Variablen) ist zunächst eine Beschränkung auf nichtstochastische exogene Variablen gerechtfertigt. Im Kap. 9 werden dann auch stochastische exogene Variablen zugelassen.

Endogene Variablen enthalten den Einfluß der zufälligen Fehler, sie sind also (vor ihrer Realisierung) stochastische Variablen. Die Gestalt der bedingten Verteilung der endogenen Variablen bei gegebenen Werten der exogenen Variablen wird durch die Verteilung der Fehler und die Modellgleichung bestimmt.

Damit können wir folgende Definition geben: Eine *ökonometrische Struktur* ist eine Gesamtheit von Relationen und Annahmen, die die gemeinsame bedingte Verteilung aller endogenen Variablen unter der Bedingung vorgegebener Werte der exogenen Variablen eindeutig bestimmt.

Die Gesamtheit der Strukturen, die mit allen Modellannahmen verträglich sind, bildet die ***Menge der zulässigen Strukturen.*** Unter der „fundamentalen Arbeitshypothese“ (SCHÖNFELD [1]), daß die dem gesamten Beobachtungsmaterial zugrundeliegende, unbekannte wahre Struktur in der Menge der zulässigen Strukturen enthalten ist, wird der Statistiker um eine möglichst gute Annäherung an die wahre Struktur durch Entwicklung geeigneter Schätz- und Prüfverfahren bemüht sein.

Bei *dynamischen Modellen* (das sind Modelle, bei denen die endogenen Variablen zusätzlich einer zeitlichen Entwicklung unterworfen sind, die durch Relationen und Einflüsse außerhalb des Modells bestimmt wird) läßt sich die Einteilung der Variablen noch weiter verfeinern (vgl. Beispiel 3):

Endogene Variablen werden unterteilt in die gemeinsam abhängigen Variablen (sie werden zum jeweils gegenwärtigen Zeitpunkt beobachtet) und in die verzögerten endogenen Variablen (sie sind bereits vor dem gegenwärtigen Zeitpunkt beobachtet worden). Die exogenen Variablen bilden gemeinsam mit den verzögerten endogenen Variablen die vorherbestimmten Variablen. Im linearen Regressionsmodell spricht man häufig von den *Regressoren* (vorherbestimmte Variablen) und den *Regressanden* (abhängige Variablen).

Sind die Modellgleichungen nach den gemeinsam abhängigen Variablen aufgelöst (wie es in der linearen Regression als Normalfall vorausgesetzt wird) und als Funktion der vorherbestimmten Variablen und der Fehler dargestellt, so liegt das ökonometrische Modell in der reduzierten Form vor. Anderenfalls spricht man von der strukturellen Form der Gleichungen.

Nach der Art des Auftretens der Variablen und der Parameter in den Gleichungen unterscheidet man folgenden Typen:

lineare Gleichung:	linear in Parametern und Variablen
nichtlineare Gleichung:	sonst

Ein Modell heißt *linear,* wenn alle Gleichungen linear sind. Ein Modell heißt *univariat,* wenn es nur eine endogene Variable enthält. Ein Modell mit mehr als einer endogenen Variablen heißt *multivariat.*

Eine Modellgleichung der reduzierten Form mit mehr als einer vorherbestimmten Variablen heißt *multivariabel* oder eine multiple Gleichung. Wir werden diese Begriffe in den folgenden Abschnitten eingehend an den konkreten Modellen kennenlernen.

Wegen der hohen mathematischen und speziell statistischen Schwierigkeiten in der Behandlung von ökonometrischen und Regressionsmodellen, die in Ungleichungsform oder noch allgemeineren mathematischen Relationen auftreten, beschränkt man sich fast ausschließlich auf Modelle in Gleichungsform. Eine bevorzugte Stellung nehmen dabei wiederum die linearen Modelle ein, da ihre Behandlung die Kompliziertheit des erforderlichen mathematischen Apparates in Grenzen hält und weil die Linearität günstige statistische Eigenschaften der Stichprobenfunktionen garantiert, insbesondere wenn die Fehler normalverteilt sind. Das (lineare) ökonometrische Modell stellt den hypothetisch formulierten statistischen Zusammenhang zwischen endogenen und exogenen Variablen einer komplexen ökonomischen Gesetzmäßigkeit dar. Wir müssen voraussetzen, daß durch sachlogische Überlegungen und auf Grund von Signifikanz- und Identifikationsprüfungen die Wahl und Einteilung der Modellvariablen vorab geklärt ist. Auf diese Stufe der Modellierung, die wohl die komplizierteste Arbeit des Statistikers darstellt, soll hier nicht näher eingegangen werden (vgl. jedoch Kap. 7).

Beispiel 1. Zur Erläuterung der Definitionen und Begriffe der Ökonometrie soll folgendes typische Beispiel betrachtet werden.

Es sei

A der Arbeitsaufwand (etwa Arbeitszeitfonds oder Arbeitskräfteeinsatz),

B der Finanzaufwand (etwa Einsatz von Grundfonds),

Y das Produktionsvolumen.

Bezeichnen wir mit e die Basis des natürlichen Logarithmus und mit c eine Konstante (die in gewisser Weise eine Umformung der Maßeinheiten von A, B in die von Y sichert), so hat die klassische Cobb-Douglas-Produktionsfunktion für einen Industriezweig die Gestalt

$$Y = cA^{\beta_1}B^{\beta_2}e^{\varepsilon} .$$

Diese Funktion ist nichtlinear in den Parametern β_1, β_2 und den Variablen A, B und ε.

Durch Logarithmierung erhalten wir

$$\ln Y = \ln c + \beta_1 \ln A + \beta_2 \ln B + \varepsilon .$$

Dabei sind

$\ln Y$ der Regressand oder die endogene Variable,

$\left.\begin{matrix}\ln A\\ \ln B\end{matrix}\right\}$ die Regressoren oder die exogenen Variablen,

β_1, β_2	die Regressionskoeffizienten,
$\ln c$	eine Maßstabskonstante,
ε	der zufällige Fehler.

β_1 und β_2 heißen auch *Produktionselastizitäten*; sie messen Stärke und Richtung des Einflusses des Arbeits- und Finanzaufwandes auf den Produktionsumfang. Die Funktion ist nach der Logarithmierung linear in den Parametern β_1, β_2 und den Regressoren $\ln A$, $\ln B$.

Die Modellannahmen lauten also: Das Produktionsvolumen Y hängt gemäß der obigen multiplikativen Funktion nur von den drei Variablen A, B und ε (zufälliger Fehler) ab. Es treten drei Parameter auf: die Produktionselastizitäten β_1, β_2 und die Maßstabskonstante c. Alle drei Parameter seien positiv.

Zusätzlich könnte man noch annehmen, daß die Fehler ε_t unabhängig und identisch mit dem Erwartungswert 0 und der Varianz σ^2 und unabhängig von A und B verteilt sind.

Das Modell ist multivariat und liegt in der reduzierten Form vor.

2.2. Das ökonometrische Modell

Wir entwickeln zunächst das Modell in seiner ökonomisch relevanten Gestalt als System von M simultanen linearen stochastischen Gleichungen in M gemeinsam abhängigen Variablen $Y_1, \ldots, Y_M$ und K vorherbestimmten Variablen $X_1, \ldots, X_K$ sowie den Fehlervariablen $U_1, \ldots, U_M$. Der Beobachtungszeitraum soll stets T Beobachtungen aller Variablen zum Index $t = 1, \ldots, T$ umfassen. Die Realisierungen jeder Variablen werden mit den entsprechenden kleinen Buchstaben y_{mt}, x_{kt} bzw. u_{mt} bezeichnet. Zum Index t lautet das System der strukturellen Gleichungen ($t = 1, \ldots, T$)

$$\left.\begin{array}{l} y_{1t}\gamma_{11} + \cdots + y_{Mt}\gamma_{1M} + x_{1t}\delta_{11} + \cdots + x_{Kt}\delta_{1K} + u_{1t} = 0\,, \\ y_{1t}\gamma_{21} + \cdots + y_{Mt}\gamma_{2M} + x_{1t}\delta_{21} + \cdots + x_{Kt}\delta_{2K} + u_{2t} = 0\,, \\ \quad\vdots \qquad\qquad\qquad \vdots \qquad\qquad\qquad\qquad \vdots \\ y_{1t}\gamma_{M1} + \cdots + y_{Mt}\gamma_{MM} + x_{1t}\delta_{M1} + \cdots + x_{Kt}\delta_{MK} + u_{Mt} = 0\,. \end{array}\right\} \quad (2.1)$$

Die m-te strukturelle Gleichung hat also die Gestalt

$$y_{1t}\gamma_{m1} + \cdots + y_{Mt}\gamma_{mM} + x_{1t}\delta_{m1} + \cdots + x_{Kt}\delta_{mK} + u_{mt} = 0$$

$$(m = 1, \ldots, M).$$

Vereinbarung. Eine Matrix A mit m Zeilen und n Spalten bezeichnen wir als $m\times n$-Matrix A und verwenden das Symbol $\underset{m\times n}{A}$. Wir definieren zur Abkürzung folgende Vektoren und Matrizen:

$$\underset{T\times M}{Y} = \begin{pmatrix} y_{11} \cdots y_{M1} \\ \vdots \quad \vdots \\ y_{1t} \cdots y_{Mt} \\ \vdots \quad \vdots \\ y_{1T} \cdots y_{MT} \end{pmatrix} = \begin{pmatrix} y'(1) \\ \vdots \\ y'(t) \\ \vdots \\ \underset{1\times M}{y'(T)} \end{pmatrix} = \left(\underset{T\times 1}{y_1}, \ldots, \underset{T\times 1}{y_M}\right),$$

$$\underset{T\times K}{X} = \begin{pmatrix} x_{11} \cdots x_{K1} \\ \vdots \quad \vdots \\ x_{1t} \cdots x_{Kt} \\ \vdots \quad \vdots \\ x_{1T} \cdots x_{KT} \end{pmatrix} = \begin{pmatrix} x'(1) \\ \vdots \\ x'(t) \\ \vdots \\ \underset{1\times K}{x'(T)} \end{pmatrix} = \left(\underset{T\times 1}{x_1}, \ldots, \underset{T\times 1}{x_K}\right),$$

$$\underset{T\times M}{U} = \begin{pmatrix} u_{11} \cdots u_{M1} \\ \vdots \quad \vdots \\ u_{1t} \cdots u_{Mt} \\ \vdots \quad \vdots \\ u_{1T} \cdots u_{MT} \end{pmatrix} = \begin{pmatrix} u'(1) \\ \vdots \\ u'(t) \\ \vdots \\ \underset{1\times M}{u'(T)} \end{pmatrix} = \left(\underset{T\times 1}{u_1}, \ldots, \underset{T\times 1}{u_M}\right)$$

$$\underset{M\times M}{\Gamma} = \begin{pmatrix} \gamma_{11} \cdots \gamma_{M1} \\ \vdots \quad \vdots \\ \gamma_{1M} \cdots \gamma_{MM} \end{pmatrix} = \left(\underset{M\times 1}{\gamma_1}, \ldots, \underset{M\times 1}{\gamma_M}\right),$$

$$\underset{K\times M}{D} = \begin{pmatrix} \delta_{11} \cdots \delta_{M1} \\ \vdots \quad \vdots \\ \delta_{1K} \cdots \delta_{MK} \end{pmatrix} = \left(\underset{K\times 1}{\delta_1}, \ldots, \underset{K\times 1}{\delta_M}\right).$$

Damit haben wir für das System (2.1) die Matrizendarstellung zum Index t

$$y'(t)\,\Gamma + x'(t)\,D + u'(t) = 0 \qquad (t = 1, \ldots, T) \tag{2.2}$$

oder für alle T Beobachtungsperioden

$$Y\Gamma + XD + U = 0\,. \tag{2.3}$$

Die m-te strukturelle Gleichung lautet dann entsprechend zum Index t

$$y'(t)\,\gamma_m + x'(t)\,\delta_m + u_{mt} = 0 \qquad (m = 1, \ldots, M)\,.$$

γ_m und δ_m sind die strukturellen Parameter der m-ten Gleichung.

Voraussetzungen und Annahmen über das Modell
Annahme (A).

(A 1) Die Parametermatrix Γ ist regulär.

(A 2) Die Parameterwerte von Γ, D und Σ sind durch lineare a-priori-Restriktionen so eingeschränkt, daß ihre Identifizierung möglich wird.

(A 3) Die Parameterwerte in Γ seien so normiert, daß $\gamma_{mm} = -1$ $(m = 1, \ldots, M)$ gilt.

Definition. Es sei $t = \cdots -2, -1, 0, 1, 2, \ldots$ eine Folge von Zeitindizes.

a) Ein *univariater stochastischer Prozeß* $\{x_t\}$ ist eine geordnete Menge von Zufallsvariablen derart, daß stets eine gemeinsame Wahrscheinlichkeitsverteilung für die Variablen $x_{t_1}, \ldots, x_{t_n}$ definiert ist, sofern $t_1, \ldots, t_n$ eine beliebige endliche Menge von Zeitindizes ist.

b) Ein *multivariater* (n-dimensionaler) *stochastischer Prozeß* ist eine geordnete Menge von $n \times 1$-Zufallsvektoren $\{x_t'\}$ mit $x_t' = (x_{t_1}', \ldots, x_{t_n})$ derart, daß für jede endliche Wahl $t_1, \ldots, t_n$ von Zeitindizes eine gemeinsame Wahrscheinlichkeitsverteilung für die Zufallsvektoren $x_{t_1}, \ldots, x_{t_n}$ definiert ist.

Ein stochastischer Prozeß heißt *stationär*, wenn die gemeinsamen Wahrscheinlichkeitsverteilungen invariant sind gegenüber Verschiebungen entlang der Zeitachse. Damit hat eine beliebige endliche Menge $x_{t_1}', \ldots, x_t$ die gleiche gemeinsame Wahrscheinlichkeitsverteilung wie die Menge $x_{t_1+\tau}, \ldots, x_{t_n+\tau}$ für $\tau = \ldots, -2, -1, 0, 1, 2, \ldots$

Als ein typisches Beispiel für einen univariaten stochastischen Prozeß wollen wir hier die ökonomische Zeitreihe erwähnen. Unter der Annahme, daß alle Zeitreihenwerte ausschließlich eine Funktion der Zeit t sind, ist t die einzige unabhängige (exogene) Variable:

$$x_t = f(t)\,.$$

Folgende Spezialfälle sind von Bedeutung für die Praxis

$x_t = \alpha$ (zeitunabhängiger Verlauf),

$x_t = \alpha + \beta t$ (linearer Trend),

$x_t = \alpha e^{\beta t}$ (exponentieller Trend).

Für die Vorhersage von Zeitreihen sei auf MERTENS [1] verwiesen.

Annahme (B). Die strukturellen Fehlervariablen werden durch einen M-dimensionalen stationären stochastischen Prozeß (vgl. z. B. GOLDBERGER [1]) $\{u(t)\}$ erzeugt, und es gelte

(B 1) $Eu(t) = 0$ und damit $EU = 0$,

(B 2) $Eu(t)\, u'(t) = \underset{M \times M}{\Sigma} = (\sigma_{mm'})$ mit Σ positiv definit und damit regulär und

(B 3) $Eu(t)\, u'(t') = 0$ für $t \neq t'$.

(B 4) Alle $u(t)$ sind identisch verteilt.

(B 5) Für die empirischen Momentmatrizen der zufälligen Fehler gelte

$$p \lim T^{-1} \sum_{t=1}^{T} u(t)\, u'(t) = p \lim T^{-1} U'U = \Sigma\,.$$

Wir betrachten eine Folge $\{z^{(t)}\} = z^{(1)}, \ldots, z^{(t)}, \ldots$ von Zufallsvariablen $z^{(t)}$, von denen jede eine bestimmte Verteilung, Varianz und einen Erwartungswert besitzt. So kann z. B. $z^{(t)}$ das Stichprobenmittel einer Stichprobe vom Umfang t einer gegebenen Population sein. Die Folge $\{z^{(t)}\}$ wäre dann die Folge der Stichprobenmittel aus einer sukzessive größer werdenden Stichprobe. Angenommen, es existiere ein $z^* < \infty$ so, daß $\lim\limits_{t \to \infty} P\{|z^{(t)} - z^*| \geqq \delta\} = 0$ für jedes $\delta > 0$ gilt. Dann heißt z^* der *Wahrscheinlichkeitslimes* von $\{z^{(t)}\}$, und wir schreiben $p \lim z^{(t)} = z^*$ oder einfach $p \lim z = z^*$ (vgl. auch Satz A 38 und GOLDBERGER [1], S. 115ff.).

(B 6) Die Fehlervariablen $u(t)$ besitzen eine M-dimensionale Normalverteilung.

Unter allgemeinen Bedingungen an den Prozeß $\{u(t)\}$ (vgl. JAGLOM [1] und GOLDBERGER [1]) folgt (B 5) aus (B 1)—(B 3). Durch (B 3) wird die Anzahl der zu schätzenden unbekannten Parameter des Modells reduziert und damit die Schätzung der Parameter in Γ, D, Σ aus den T Beobachtungen (T hinreichend groß) ermöglicht.

Die günstigen statistischen Eigenschaften der Kleinsten-Quadrat-Schätzung im Regressionsmodell und der ökonometrischen Punktschätzung sind weitgehend von Verteilungsannahmen über $u(t)$ unabhängig. (B 6) wird bei Test- und Prüfverfahren und für die Ableitung von Bereichsschätzungen und -vorhersagen zusätzlich herangezogen.

Annahme (C). Die vorherbestimmten Variablen werden durch einen K-dimensionalen stationären stochastischen Prozeß $\{x(t)\}$ erzeugt, und es gelte:

(C 1) $Ex(t)\, x'(t) = \Sigma_{xx}$ existiert für alle t, und es ist Σ_{xx} positiv definit und damit regulär (Σ ist eine $K \times K$-Matrix.)

(C 2) Für die empirischen Momentmatrizen

$$S_{xx} = T^{-1} \sum_{t=1}^{T} x(t)\, x'(t) = T^{-1} X'X$$

existieren die folgenden Grenzwerte, und jede Abhängigkeit im Prozeß $\{x(t)\}$ sei hinreichend schwach, so daß gilt

$$p \lim S_{xx} = \lim_{T \to \infty} S_{xx} = \Sigma_{xx} \, .$$

Die Annahme (C 2) ist z. B. im Fall eines ergodischen stationären Prozesses erfüllt. Man nennt einen stationären Prozeß $\{x(t)\}$ *ergodisch*, wenn der Zeitmittelwert einer jeden Realisierung (mit Wahrscheinlichkeit 1) derselbe ist und mit dem Erwartungswert über die gesamte Zeitreihe übereinstimmt, wenn also gemäß (C 2) gilt

$$\lim_{T \to \infty} S_{xx} = \Sigma_{xx} \, .$$

In der Praxis kann die Ergodizität bei stationären Prozessen oft angenommen werden, ein Nachweis ist meist sehr schwierig. Ergodizität bedeutet, daß jede Realisierung (Stichprobenvektor) dieselben statistischen Eigenschaften besitzt und somit für den Prozeß repräsentativ ist.

(C 3) Die Prozesse $\{x(t)\}$ und $\{u(t)\}$ sind gleichzeitig unkorreliert, d. h., für alle t gilt $E\big(u(t)|x(t)\big) = E\big(u(t)\big) = 0$. Für die empirischen Momente gilt

$$p \lim T^{-1} \sum_{t=1}^{T} x(t)\, u'(t) = p \lim T^{-1} X'U = 0 \, .$$

Die Annahme (C 3) basiert auf der Vorstellung, daß die Werte der vorherbestimmten Variablen nicht durch den Zustand des Systems zum jeweils gegenwärtigen Zeitpunkt t determiniert sind und demzufolge nicht von den Fehlern $u(t)$ abhängen dürfen.

Vorausgesetzt, daß $\lim T^{-1} X'X$ existiert, läßt sich in vielen Fällen, insbesondere wenn die vorherbestimmten Variablen nur aus exogenen Variablen bestehen, die alternative Annahme treffen, daß die vorherbestimmten Variablen fest bleiben bei wiederholten Stichproben, $\{x(t)\}$ also eine nichtstochastische Folge bildet.

Unter Verwendung ausgewählter Annahmen und gemäß unserer in 2.1. getroffenen Definition habe das lineare ökonometrische Modell die Gestalt:

$$\left.\begin{array}{l} Y\Gamma + XD + U = 0\,, \\ EU = 0,\, Eu(t)\, u'(t) = \Sigma\,, \\ Eu(t)\, u(t') = 0\ (t \neq t')\,, \\ \Gamma \text{ regulär}, \\ \Sigma \text{ positiv definit}, \\ p\lim T^{-1}U'U = \Sigma\,, \quad p\lim T^{-1}X'U = 0\,, \\ p\lim T^{-1}X'X = \Sigma_{xx} \text{ (positiv definit).} \end{array}\right\} \qquad (2.4)$$

Ziel unserer weiteren Untersuchungen soll es sein, Probleme der Schätzung, Vorhersage und ggf. Modellbildung für spezielle Modelltypen zu behandeln. Auf weitere allgemeine Fragestellungen für ökonometrische Modelle soll hier nicht eingegangen werden. Wir verweisen an dieser Stelle auf die umfangreiche Literatur über Schätz- und Identifikationsprobleme ökonometrischer Modellsysteme: GOLDBERGER [1], SCHÖNFELD [2], SCHNEEWEISS [1], TINTNER [1], THEIL [1], MENGES, [1], LÜDEKE [1], HUANG [1], HOCHSTÄDTER/UEBE [1], KOERTS/ABRAHAMSE [1], MOSBAEK/WOLD [1] u. a. und auf die umfangreiche Spezialliteratur, etwa in den Journalen Econometrica, Journal of the Royal Statistical Society, Cowles Commission Monographs, Essays in economics and econometrics, Technometrics u. a.

2.3. Die reduzierte Form

Den Zugang vom allgemeinen ökonometrischen Modell zu den Modellen der linearen Regression liefert uns die sogenannte reduzierte Form der ökonometrischen Modellgleichungen. Wir haben das Modell gerade so angesetzt, daß so viele Gleichungen wie endogene Variablen auftreten. Wir nehmen zusätzlich zu (A 1) an, daß sich das Gleichungssystem für jeden Wertesatz der vorherbestimmten und zufälligen Variablen eindeutig nach den endogenen Variablen auflösen läßt. Das Modell heißt dann *vollständig*. Wegen der in (A 1) vorausgesetzten Regularität von Γ erhalten wir dann die Auflösung und damit die Darstellung der endogenen Variablen als lineare Vektorfunktion der vorherbestimmten und zufälligen Variablen durch Rechtsmultiplikation mit Γ^{-1}:

$$Y = -XD\Gamma^{-1} - U\Gamma^{-1} = X\Pi + V\,. \qquad (2.5)$$

Dabei ist

$$\underset{K \times M}{\Pi} = -D\Gamma^{-1} = (\pi_1, \dots, \pi_M)$$

(wobei die π_M jeweils $K \times 1$-Vektoren aus den „Regressionskoeffizienten" der m-ten Reduzierte-Form-Gleichung sind) die Koeffizientenmatrix der reduzierten Form und

$$\underset{T \times M}{V} = -U\Gamma^{-1} = \begin{pmatrix} v'(1) \\ \vdots \\ v'(t) \\ \vdots \\ v'(T) \end{pmatrix} = (v_1, \dots, v_M)$$

die Matrix der zufälligen Fehler. Die m-te Gleichung der reduzierten Form hat dann die Gestalt

$$y_m = X\pi_m + v_m \,. \tag{2.6}$$

Die in (2.4) formulierten Modellannahmen transformieren sich wie folgt:

$$\left.\begin{array}{l} EV = -E(U)\,\Gamma^{-1} = 0\,, \\ Ev(t)\,v'(t) = \Gamma^{-1}Eu(t)\,u'(t)\,\Gamma^{-1} = \Gamma^{-1}\Sigma\Gamma^{-1} = \Sigma_{vv}\,, \\ \Sigma_{vv} \text{ positiv definit (da } \Gamma^{-1} \text{ nichtsingulär und } \Sigma \\ \quad \text{positiv definit)}\,, \\ Ev(t)\,v'(t') = 0 \qquad (t \neq t') \\ p\lim T^{-1}V'V = \Gamma^{-1}\,(p\lim T^{-1}U'U)\,\Gamma^{-1} = \Sigma_{vv}\,, \\ p\lim T^{-1}X'V = 0,\; p\lim T^{-1}X'X = \Sigma_{xx} \text{ (positiv definit)}\,. \end{array}\right\} \tag{2.7}$$

Die zu (2.4) gehörige reduzierte Form ist dann

$$Y = X\Pi + V \qquad \text{und Annahmen (2.7)}\,. \tag{2.8}$$

Durch Spezialisierung bzw. Einschränkung der Modellannahmen erhalten wir aus der reduzierten Form des ökonometrischen Modells die wesentlichen Modelle der linearen Regression.

Beispiel 2. KEYNESsches Modell. Es sei C die Konsumtion, Y das Einkommen und I die Spareinlage (oder auch Investition). Dann lautet die Hypothese von KEYNES

(a) $\quad C = \alpha + \beta Y\,,$

(b) $\quad Y = C + I\,.$

Die Beziehung (a) drückt das Konsumverhalten z. B. einer Einkommensgruppe aus, während (b) eine Gleichgewichtsbedingung darstellt: Die Differenz $Y-C$ wird investiert (bzw. gespart).

Die statistische Formulierung des KEYNESschen Modells lautet

$$\left.\begin{aligned} C_t &= \alpha + \beta Y_t + \varepsilon_t \\ Y_t &= C_t + I_t \end{aligned}\right\} \quad (t = 1, \ldots, T)\,,$$

wobei ε eine Zufallsvariable (Fehler) mit

$$E\varepsilon_t = 0\,, \quad E\varepsilon_t^2 = \sigma^2\,, \quad E\varepsilon_s\varepsilon_t = 0 \quad \text{für } t \neq s$$

ist. Zusätzlich wird noch die Autonomie der Investition vorausgesetzt: $EI_t\varepsilon_t = 0 \,\forall\, t$.

Damit erhalten wir das obige Modell in der Gestalt (2.2) als

$$(C_t\, Y_t)\begin{pmatrix} -1 & 1 \\ \beta & -1 \end{pmatrix} + (1\, I_t)\begin{pmatrix} \alpha & 0 \\ 0 & 1 \end{pmatrix} + (\varepsilon_t\, 0) = (0 \quad 0)\,.$$

Es ist also $K = M = 2$.

Wir berechnen die reduzierte Form:

$$\begin{aligned} \Pi &= -D\Gamma^{-1} = -\begin{pmatrix} \alpha & 0 \\ 0 & 1 \end{pmatrix}\begin{pmatrix} -1 & 1 \\ \beta & -1 \end{pmatrix}^{-1} \\ &= -\begin{pmatrix} \alpha & 0 \\ 0 & 1 \end{pmatrix}\begin{pmatrix} -1/(1-\beta) & -1/(1-\beta) \\ -\beta/(1-\beta) & -1/(1-\beta) \end{pmatrix} = \frac{1}{1-\beta}\begin{pmatrix} \alpha & \alpha \\ \beta & 1 \end{pmatrix}. \end{aligned}$$

Damit wird die reduzierte Form (vgl. (2.5))

$$(C_t\, Y_t) = (1\, I_t)\begin{pmatrix} \alpha/(1-\beta) & \alpha/(1-\beta) \\ \beta/(1-\beta) & 1/(1-\beta) \end{pmatrix} + (v_{1t}\, v_{2t})$$

mit $v_{1t} = v_{2t} = \varepsilon_t/(1-\beta)$.

Dabei sind

C_t, Y_t gemeinsam abhängig,

I_t vorherbestimmt.

2.4. Das multivariate lineare Regressionsmodell

Wir vernachlässigen den Zusammenhang zwischen der strukturellen Form (2.4) des ökonometrischen Modells und der reduzierten Form (2.8) und betrachten $Y = X\Pi + V$ als ein M-dimensionales System von M Einzelregressionen der Regressanden $Y_1, \ldots, Y_M$ auf die K Regressoren $X_1, \ldots, X_K$. In der statistischen Behandlung derartiger Systeme hat sich folgende, auf ZELLNER und THEIL zurückgehende Darstellung bewährt. Die Koeffizienten (Regressionsparameter) werden üblicherweise mit β und die Fehlervariablen mit ε bezeichnet, es sei also $\Pi = (\tilde{\beta}_{km})$ und $V = (\varepsilon_{mt})$.

Dann bedeutet $Y = X\Pi + V$ ausführlich geschrieben

$$\begin{pmatrix} y_{11} \cdots y_{M1} \\ \vdots \quad \vdots \\ y_{1T} \cdots y_{MT} \end{pmatrix} = \begin{pmatrix} x_{11} \cdots x_{K1} \\ \vdots \quad \vdots \\ x_{1T} \cdots x_{KT} \end{pmatrix} \begin{pmatrix} \tilde{\beta}_{11} \cdots \tilde{\beta}_{1M} \\ \vdots \quad \vdots \\ \tilde{\beta}_{K1} \cdots \tilde{\beta}_{KM} \end{pmatrix} + \begin{pmatrix} \varepsilon_{11} \cdots \varepsilon_{M1} \\ \vdots \quad \vdots \\ \varepsilon_{1T} \cdots \varepsilon_{MT} \end{pmatrix}$$

oder (nach Zusammenfassung von Spaltenvektoren):

$$(y_1, \ldots, y_M) = X(\tilde{\beta}_1, \ldots, \tilde{\beta}_M) + (\varepsilon_1, \ldots, \varepsilon_M) .$$

Wir schreiben die Komponenten (jeweils $T \times 1$-Vektoren) untereinander:

$$\begin{pmatrix} y_1 \\ y_2 \\ \vdots \\ y_M \end{pmatrix} = \begin{pmatrix} X & 0 & \cdots & 0 \\ 0 & X & \cdots & 0 \\ \vdots & \vdots & & \vdots \\ 0 & 0 & \cdots & X \end{pmatrix} \begin{pmatrix} \tilde{\beta}_1 \\ \tilde{\beta}_2 \\ \vdots \\ \tilde{\beta}_M \end{pmatrix} + \begin{pmatrix} \varepsilon_1 \\ \varepsilon_2 \\ \vdots \\ \varepsilon_M \end{pmatrix} . \tag{2.9}$$

Die m-te Gleichung dieses Systems hat die Gestalt

$$y_m = X\tilde{\beta}_m + \varepsilon_m \qquad (m = 1, \ldots, M) .$$

Damit ist die statistische Abhängigkeit jedes der M Regressanden Y_m von den K Regressoren X_k explizit dargestellt.

In der Praxis wird nicht jeder in X enthaltene Regressor in jeder der M Gleichungen des Systems auftreten. Man nutzt diese Information (die bei ökonometrischen Modellen notwendig zur Identifikation der Parameter und in (A 2) als Voraussetzung enthalten ist) dadurch, daß man in der m-ten Gleichung den zu der in der Gleichung nicht auftretenden Variablen X_k gehörenden Koeffizienten $\tilde{\beta}_{km}$ gleich Null setzt. Das führt gemäß der in 6.5. vorgenommenen Untersuchung über die exakte Kenntnis von Koeffizienten zu einem Gewinn an Wirksamkeit bei Schätzung und Vorhersage. Die nach den Streichungen entstehende Matrix der Regressoren der m-ten Gleichung bezeichnen wir mit X_m, den aus $\tilde{\beta}_m$ hervorgehenden und zu X_m gehörigen Koeffizientenvektor mit β_m. Folglich hat die m-te Gleichung die Gestalt

$$y_m = X_m\beta_m + \varepsilon_m \qquad (m = 1, \ldots, M) . \tag{2.10}$$

Dabei ist

y_m der $T \times 1$-Vektor der Beobachtungen des m-ten Regressanden,

X_m die $T \times K_m$-Matrix der Regressoren, die in der m-ten Gleichung verbleiben,

β_m der $K_m \times 1$-Vektor der Regressionskoeffizienten der m-ten Gleichung,

ε_m der $T \times 1$-Vektor der zufälligen Fehler der m-ten Gleichung.

Mit (2.10) wird das System (2.9) der M Einzelregressionen zu

$$\begin{pmatrix} y_1 \\ y_2 \\ \vdots \\ y_M \end{pmatrix} = \begin{pmatrix} X_1 & 0 \cdots & 0 \\ 0 & X_2 \cdots & 0 \\ \vdots & \vdots & \vdots \\ 0 & 0 \cdots & X_M \end{pmatrix} \begin{pmatrix} \beta_1 \\ \beta_2 \\ \vdots \\ \beta_M \end{pmatrix} + \begin{pmatrix} \varepsilon_1 \\ \varepsilon_2 \\ \vdots \\ \varepsilon_M \end{pmatrix} \tag{2.11}$$

oder kürzer in Matrizenschreibweise zu

$$\underset{MT \times 1}{y} = \underset{MT \times \tilde{K}}{Z} \; \underset{\tilde{K} \times 1}{\beta} + \underset{MT \times 1}{\varepsilon} \; . \tag{2.12}$$

Beispiel 3. Dynamisches KEYNESsches Modell. Während im Beispiel 2 die Konsumtion C_t von dem Einkommen Y_t des gleichen Zeitindex t abhing, wollen wir nun eine modifizierte Hypothese darstellen, nach der das Einkommen der Vorperiode $t - 1$ die Konsumtion zum Index t bestimmt:

(a) $C_t = \alpha + \beta Y_{t-1} + \varepsilon_t$,

(b) $Y_t = C_t + I_t$.

Die Investition sei wieder autonom.

Dann haben wir folgende Variablenklassifizierung:

Gemeinsame abhängige Variablen	C_t, Y_t	endogene Variablen
Vorherbestimmte Variablen	verzögerte endogene Variablen Y_{t-1}	endogene Variablen
	exogene Variable I_t	

Annahme (*D*). Unter den Variablen X_K treten keine verzögerten endogenen Variablen auf. Die Werte x_{kt} der nichtstochastischen (exogenen) Regressoren X_k seien derart gewählt, daß

$$\text{Rang } X_m = K_m \; (m = 1, \ldots, M) \quad \text{und damit}$$

$$\text{Rang } Z = \tilde{K} \text{ mit } \tilde{K} = \sum_{m=1}^{M} K_m \text{ gilt.}$$

Annahme (E). Die zufälligen Fehler ε_{mt} werden durch einen MT-dimensionalen regulären stochastischen Prozeß erzeugt, und es gelte

$$E\varepsilon_{mt} = 0, \; E\varepsilon_{mt}\varepsilon_{m't'} = \sigma^2 W_{mm'}(t, t')$$

$$(m, m' = 1, \dots, M;\, t, t' = 1, \dots, T)\,,$$

also $\quad E\varepsilon_m = 0, E\varepsilon = 0\,,$

$$E\varepsilon_m\varepsilon'_{m'} = \sigma^2 \underset{T\times T}{W_{mm'}} = \sigma^2 \begin{pmatrix} w_{mm'}(1,1) \cdots w_{mm'}(1,T) \\ \vdots \\ w_{mm'}(T,1) \cdots w_{mm'}(T,T) \end{pmatrix},$$

$$E\varepsilon\varepsilon' = \sigma^2 \underset{MT\times MT}{\Phi} = \sigma^2 \begin{pmatrix} W_{11} & \cdots & W_{1m} \\ \vdots & & \vdots \\ W_{M1} & \cdots & W_{MM} \end{pmatrix}.$$

Annahme (E 1). Die Kovarianzmatrizen $\sigma^2 W_{mm}$ der Fehler ε_m der m-ten Gleichung und die Kovarianzmatrix $\sigma^2\Phi$ des Fehlers ε des Systems seien positiv definit und damit regulär.

Annahme (F). Die Fehlervariable ε besitzt eine MT-dimensionale Normalverteilung $N(0, \sigma^2\Phi)$.

Mit (D) und (E) hat das Gesamtmodell, das wir als das multivariate (M-dimensionale) multiple lineare Regressionsmodell bezeichnen, die Gestalt

$$\left.\begin{aligned} & y = Z\beta + \varepsilon \\ & E\varepsilon = 0, \; E\varepsilon\varepsilon' = \sigma^2\Phi\,, \\ & Z \text{ nichtstochastisch, Rang } Z = \tilde{K}\,. \end{aligned}\right\} \tag{2.13}$$

Das Modell heißt *regulär*, wenn neben (2.11) zusätzlich noch (E 1) erfüllt ist. Bei Erfüllung von (F) sprechen wir von einer *multivariaten Normalregression.*

2.5. Das klassische multivariate lineare Regressionsmodell

Einen für die Praxis wesentlichen Spezialfall des Modells (2.13) erhält man für einen zeitlich unkorrelierten Fehlerprozeß $\{\varepsilon\}$, für den Annahme (E) die folgende Gestalt hat.

Annahme ($\tilde{E}$). Die zufälligen Fehler ε_{mt} werden durch einen MT-dimensionalen regulären stochastischen Prozeß erzeugt, und es gelte

$$E\varepsilon_{mt} = 0,\, E\varepsilon_{mt}\varepsilon_{m't} = \sigma^2 w_{mm'}\,,$$

$$E\varepsilon_{mt}\varepsilon_{m't'} = 0 \quad (t \neq t')\,, \qquad \text{also}$$

$$E\varepsilon_m = 0,\, E\varepsilon = 0\,,$$

$$E\varepsilon_m\varepsilon'_{m'} = \sigma^2 W_{mm'} = \sigma^2 w_{Lmm'}\,, I$$

(I ist die $T \times T$-Einheitsmatrix),

$$E\varepsilon\varepsilon' = \sigma^2\Phi = \sigma^2 \begin{pmatrix} w_{11}I & \cdots & w_{1M}I \\ \vdots & & \vdots \\ w_{M1}I & \cdots & w_{MM}I \end{pmatrix}$$

$$= \sigma^2 \begin{pmatrix} w_{11} & \cdots & w_{1M} \\ \vdots & & \vdots \\ w_{M1} & \cdots & w_{MM} \end{pmatrix} \otimes I = \sigma^2 W_0 \otimes I$$

($\otimes$ bezeichnet das KRONECKER-Produkt, vgl. Satz A 39).

Annahme ($\tilde{E}$ 1). Die Kovarianzmatrix $\sigma^2\Phi$ ist positiv definit und damit regulär.

Das Modell (2.13) mit Φ aus $\tilde{E}$ bezeichnen wir als das klassische multivariate lineare Regressionsmodell.

Unabhängige Einzelregressionen

W_0 gibt den korrelativen Zusammenhang zwischen den M Gleichungen des Systems an. Sind die Fehler ε_m nicht nur zeitlich sondern auch gleichungsweise unkorreliert, d. h., gilt zusätzlich

$$E\varepsilon_{mt}\varepsilon_{m't'} = \sigma^2 w_{mm'} = 0 \qquad \text{für } m \neq m'\,,$$

so wird

$$W_0 = \begin{pmatrix} w_{11} & \cdots & 0 \\ \vdots & & \vdots \\ 0 & \cdots & w_{MM} \end{pmatrix} \tag{2.14}$$

(($\tilde{E}$ 1) ist also für $w_{mm} \neq 0$ ($m = 1, \ldots, M$) erfüllt).

Die M Gleichungen (2.10) des Systems sind dann voneinander unabhängig zu behandeln; sie bilden kein echtes System. Ihre Zusammenstellung zu einem M-dimensionalen System von Einzelregressionen ist — wie wir später sehen werden — ohne Einfluß auf die Güte der Schätzungen und Vorhersagen.

2.6. Das verallgemeinerte lineare Regressionsmodell

Ausgehend vom multivariaten Regressionsmodell (2.13) erhalten wir im Fall $M = 1$ direkt das verallgemeinerte lineare Regressionsmodell. Umgekehrt ist für $M > 1$ jede Gleichung (2.10) des multivariaten Modells ein univariates lineares Regressionsmodell, das die statistische Abhängigkeit eines Regressanden Y von K Regressoren $X_1, \ldots, X_K$ und einem zufälligen Fehler ε darstellt:

$$Y = X_1\beta_1 + \cdots + X_K\beta_K + \varepsilon\,.$$

Der zufällige Fehler ε beschreibt den Einfluß sowohl des Zufalls als auch von Größen, die entweder einer Messung nicht zugänglich sind oder bei der Modellierung bewußt oder unbewußt vernachlässigt wurden bzw. die indirekt durch andere Variablen X_k darstellbar sind, so daß ihr Wirken ebenfalls dem Zufall zugeschrieben werden kann.

Bei diesem Modellansatz wird implizit die Annahme unterstellt, daß die X_i die wesentlichen Einflüsse auf Y repräsentieren und der in ε neben dem echten Zufall enthaltene Resteinfluß systematischer Komponenten auf Y hinreichend schwach ist. Insbesondere wird hier postuliert, daß die Abhängigkeit zwischen den X_i und ε hinreichend schwach etwa in dem Sinne ist, daß

$$E(\varepsilon\,|\,X) = E(\varepsilon) = 0$$

gilt.

Wir setzen wieder voraus, daß über alle Variablen T Beobachtungen vorliegen, die entsprechend dem linearen Ansatz als

$$y_t = \sum_{k=1}^{K} x_{tk}\beta_k + \varepsilon_t = \underset{1\times K}{x_t'}\beta + \varepsilon_t \qquad (t = 1, \ldots, T) \tag{2.15}$$

oder in Matrizenschreibweise als

$$\underset{T\times 1}{y} = \underset{T\times K}{X}\;\underset{K\times 1}{\beta} + \underset{T\times 1}{\varepsilon} \tag{2.16}$$

dargestellt werden.

Die (D), (E) und (F) entsprechenden Annahmen sind:

Annahme (G). Die Regressoren X_k seien nichtstochastisch. Ihre Werte x_{kt} seien derart gewählt, daß Rang $X = K$ gilt.

Annahme (H). Die zufälligen Fehler ε_t werden durch einen T-dimensionalen regulären stochastischen Prozeß erzeugt, und es gelte

$$E\varepsilon_t = 0,\ E\varepsilon_t\varepsilon_{t'} = \sigma^2 w_{tt'}\,,$$

also

$$E\varepsilon\varepsilon' = \sigma^2 \underset{T\times T}{W} = \sigma^2 (w_{tt'}) .$$

Annahme (H 1). Die Kovarianzmatrix $\sigma^2 W$ sei positiv definit und damit regulär.
Annahme (K). Der Vektor ε der zufälligen Fehler ε_t besitzt eine T-dimensionale Normalverteilung $N(0, \sigma^2 W)$.

Mit (G), (H) und (2.16) hat das verallgemeinerte lineare Regressionsmodell die Gestalt

$$\left.\begin{aligned} &y = X\beta + \varepsilon , \\ &E\varepsilon = 0, E\varepsilon\varepsilon' = \sigma^2 W , \\ &X \text{ nichtstochastisch, Rang } X = K . \end{aligned}\right\} \tag{2.17}$$

Ist zusätzlich noch (H 1) erfüllt, so heißt das Modell (2.17) *regulär*. Bei Erfüllung von (K) sprechen wir von der *verallgemeinerten Normalregression*. Gilt in (H) $w_{tt'} = 0$ für $t \neq t'$ und $w_{tt} = 1$ für alle t, so erhalten wir das *klassische lineare Regressionsmodell*

$$\left.\begin{aligned} &y = X\beta + \varepsilon , \\ &E\varepsilon = 0, E\varepsilon\varepsilon' = \sigma^2 I , \\ &X \text{ nichtstochastisch, Rang } X = K. \end{aligned}\right\} \tag{2.18}$$

Bei Gültigkeit von (H 1) und bei bekanntem W läßt sich das verallgemeinerte Modell direkt auf das klassische Modell zurückführen: Wegen (H 1) besitzt W eine (ebenfalls positiv definite) Inverse W^{-1}. Nach bekannten Sätzen existieren für W und W^{-1} Produktdarstellungen

$$W = MM', \; W^{-1} = NN' \qquad (M, N \text{ quadratisch und regulär}).$$

Damit gilt $(NN') = (MM')^{-1}$, wodurch $N'MM'N = N'WN = I$ folgt. Transformieren wir das verallgemeinerte Modell $y = X\beta + \varepsilon$ durch Linksmultiplikation mit N', so erfüllt das transformierte Modell $N'y = N'X\beta + N'\varepsilon$ die Annahmen des klassischen Modells:

$$EN'\varepsilon\varepsilon'N = \sigma^2 N'WN = \sigma^2 I ; \quad EN'\varepsilon = N'E\varepsilon = 0 ,$$

$$\text{Rang } N'X = K \text{ (da Rang } X = K) .$$

Die Statistik behandelt für die vorliegenden Modelle u. a. die Probleme der Modellprüfung, der Ableitung von Punkt- und Bereichsschätzungen der unbekannten Parameter und der Vorhersage der Regressanden (endogenen Variablen). Dabei wird besonderer Wert auf die Modifizierung der Modelle in bezug auf die stochastischen Spezifikationen (stochastische Regressoren, korrelierte zufällige Fehler mit verschiedenen Typen von

Kovarianzmatrizen), auf den Fortfall der Rangbedingung an die Regressorenmatrix und auf Modellrestriktionen bezüglich des Parameterraumes gelegt, um den Belangen der Praxis Rechnung zu tragen.

Den Schwerpunkt der folgenden Abschnitte bildet die Ableitung optimaler Vorhersagen der Regressanden in regulären multiplen Regressionsmodellen unter Berücksichtigung verschiedener Ansätze für die Vorhersage und verschiedenartiger Zusatzinformation über die Modellparameter.

3. Das klassische lineare Regressionsmodell

3.1. Deskriptive lineare Regression

Bevor wir zur Behandlung der verschiedenen ökonometrischen Modelle übergehen, soll zunächst das empirische Regressionsproblem in Verbindung mit dem fundamentalen Prinzip der kleinsten Quadrate erörtert werden. Dieses Vorgehen gestattet gleichzeitig einen Zugang zu den algebraischen Eigenschaften der Methode der kleinsten Quadrate und eine geometrische Interpretation der damit gewonnenen Schätzungen.

Bei der Untersuchung von ökonomischen oder naturwissenschaftlichen Zusammenhängen entsteht häufig die Aufgabe, die statistische Abhängigkeit zwischen gewissen $K + 1$ quantitativen Variablen $Y, X_1, ..., X_K$ durch eine geeignet gewählte Funktion $f(Y, X_1, ..., X_K)$ zu erfassen. Wir setzen voraus, daß alle Variablen T-mal beobachtet bzw. vorgegeben wurden und fassen die Realisierungen in der Matrix

$$(y\, X) = \begin{pmatrix} y_1 & x_{11} & \cdots & x_{K1} \\ \vdots & \vdots & & \vdots \\ y_T & x_{1T} & \cdots & x_{KT} \end{pmatrix} = (y\, x_1 \cdots x_K) = \begin{pmatrix} y_1 & x_1' \\ \vdots & \\ y_T & x_T' \end{pmatrix}$$

zusammen. Bei der Wahl des Funktionstyps f läßt man sich davon leiten, daß sowohl eine gute Annäherung an den tatsächlichen Verlauf des Punkteschwarms $(y_t, x_{1t}, ..., x_{Kt})$, $t = 1, ..., T$, erreicht als auch eine vertretbare mathematische Handlichkeit garantiert wird. Da wir im allgemeinen annehmen müssen, daß einerseits die Variablen mit einem Beobachtungsfehler behaftet gemessen werden und daß andererseits durch Vernachlässigung wesentlicher Variablen oder durch echte Zufallseinflüsse (z. B. Naturerscheinungen) jede funktionale Relation zwischen den Variablen $Y, X_1, ..., X_K$ zerstört wird, entspricht die Approximation des tatsächlichen Zusammenhangs den realen Möglichkeiten des Statistikers. Wir setzen voraus, daß auf Grund sachlogischer Überlegungen die Variable Y als von den $X_1, \ldots, X_K$ abhängig ausgezeichnet ist und wählen die Funktion f linear:

$$Y = X_1\beta_1 + \cdots + X_K\beta_K .$$

Eine lineare Anpassung liefert einen einfach zu handhabenden mathematischen Ansatz und ist auch insofern gerechtfertigt, als sich viele Funktionstypen gut durch lineare Funktionen approximieren lassen. Die Koeffizienten β_k widerspiegeln die Stärke und die Richtung des Einflusses der unabhängigen Variablen X_K auf Y.

Die empirische Regressionsanalyse strebt eine Wahl der Koeffizienten $\beta' = (\beta_1, \ldots, \beta_K)$ in der Weise an, daß die Differenzen (Residuen) $e_t = y_t - x_t'\beta$ $(t = 1, \ldots, T)$ oder in Matrizenschreibweise $e = y - X\beta$ mit $e' = (e_1, \ldots, e_T)$ in ihrer Gesamtheit klein sind. Die Anzahl T der Beobachtungen ist im allgemeinen wesentlich größer als die Anzahl K der Koeffizienten. Aus diesem und den oben angeführten Gründen kann nicht erwartet werden, daß für alle T Beobachtungen exakt die lineare Beziehung $y_t = x_t'\beta$, d. h. $e_t = 0$ erfüllt ist, wie auch immer die β_k gewählt werden. Aus diesem Grunde nehmen wir in unseren linearen Ansatz die Residuen e_t mit auf:

$$y_t = x_t'\beta + e_t \qquad (t = 1, \ldots, T)$$

oder in Matrizenschreibweise zusammengefaßt

$$y = X\beta + e .$$

Je weniger die e_t in ihrer Gesamtheit von Null abweichen, desto besser ist für das in $(y\,X)$ gegebene Beobachtungsmaterial die durch die konkrete Wahl von β mit dem linearen Ansatz erzielte Anpassung. Als Maße für die Güte der Anpassung sind z. B. denkbar

$$\sum_{t=1}^{T} |e_t| , \qquad \max_t |e_t| , \qquad \sum_{t=1}^{T} e_t^2 = e'e .$$

Auf der Minimierung des dritten Maßes basiert das Prinzip der kleinsten Quadrate.

3.2. Prinzip der kleinsten Quadrate

Es sei B die Menge aller möglichen Koeffizientenvektoren β. Liegen keine Restriktionen vor, so ist $B = E^K$ (K-dimensionaler euklidischer

Raum). Wir bestimmen aus B einen Vektor $b' = (b_1, \ldots, b_K)$ so, daß die Quadratsumme der Residuen

$$S(\beta) = \sum_{t=1}^{T} e_t^2 = e'e = (y - X\beta)' (y - X\beta) \tag{3.1}$$

bei fester Beobachtungsmatrix $(y\ X)$ ein Minimum wird. Die Existenz eines endlichen absoluten Minimums ist gesichert, da $S(\beta)$ eine reellwertige nichtnegative quadratische Funktion ist. Wir formen $S(\beta)$ um:

$$S(\beta) = y'y + \beta'X'X\beta - 2\beta'X'y$$

und differenzieren nach β (Sätze A 24, A 25)

$$\frac{\partial S(\beta)}{\partial \beta} = 2X'X\beta - 2X'y\,.$$

Aus der notwendigen Bedingung für ein Minimum (Verschwinden der ersten Ableitung) erhalten wir die sogenannten *Normalgleichungen*, denen der gesuchte Koeffizientenvektor $\beta = b$ genügen muß:

$$X'Xb = X'y\,. \tag{3.2}$$

Damit ist zunächst die Existenz eines im Sinne der Minimierung von $S(\beta)$ optimalen Vektors $\beta = b$ bewiesen.

Wir wollen nun die Lösungen der Normalgleichungen bestimmen.

Voraussetzung. Es sei Rang $\underset{T\times K}{X} = p\ (0 \leqq p \leqq K)$. O. B. d. A. seien die ersten p Spalten $x_1, \ldots, x_p$ linear unabhängig, so daß wir folgende Aufspaltung vornehmen können:

$$X = (X_1, X_2) \quad \text{und} \quad b' = (b_1', b_2') \quad \text{mit}$$

$$\underset{T\times p}{X_1} = (x_1, \ldots, x_p)\,, \qquad \underset{T\times(K-p)}{X_2} = (x_{p+1}, \ldots, x_K)\,,$$

$$b_1' = (b_1, \ldots, b_p)\,, \qquad b_2' = (b_{p+1}, \ldots, b_K)\,.$$

Wegen Rang X = Rang $X_1 = p$ sind die Spalten in X_2 als Linearkombinationen der Spalten in X_1 darstellbar, d. h., es gilt $X_2 = X_1L$, wobei L eine $p\times(K-p)$-Matrix ist. Wir nehmen die Aufspaltung in die Normalgleichungen (3.2) herein und erhalten

$$\begin{pmatrix} X_1'X_1 & X_1'X_2 \\ X_2'X_1 & X_2'X_2 \end{pmatrix} \begin{pmatrix} b_1 \\ b_2 \end{pmatrix} = \begin{pmatrix} X_1'y \\ X_2'y \end{pmatrix}$$

und weiter bei Berücksichtigung von $X_2 = X_1L$

$$\begin{pmatrix} X_1'X_1 & X_1'X_1L \\ L'X_1'X_1 & L'X_1'X_1L \end{pmatrix} \begin{pmatrix} b_1 \\ b_2 \end{pmatrix} = \begin{pmatrix} X_1'y \\ L'X_1'y \end{pmatrix}.$$

Die p ersten Zeilen dieses Gleichungssystems sind

$$X_1'X_1b_1 + X_1'X_1Lb_2 = X_1'y\,. \tag{3.3}$$

Die $(K - p)$ letzten Zeilen gehen hieraus durch Linksmultiplikation mit L' hervor, so daß jede Lösung b der ersten Gleichungen auch eine Lösung der letzten Gleichungen ist.

Wegen Rang $X_1 = p$ ist $X_1'X_1$ regulär; durch Linksmultiplikation von (3.3) mit $(X_1'X_1)^{-1}$ erhalten wir

$$b_1 = (X_1'X_1)^{-1}\,X_1'y - Lb_2\,. \tag{3.4}$$

Wegen Rang $X = p$ lassen sich die $(K - p)$ Komponenten des Teilvektors b_2 von b willkürlich wählen. Es ergibt sich also eine $(K - p)$-dimensionale Mannigfaltigkeit (d. h. eine $(K - p)$-fach unendliche Schar) von Lösungen b der Normalgleichungen. Für jede Wahl von b_2 sind die p Komponenten von b_1 gemäß (3.4) eindeutig bestimmt.

Hat die Matrix X vollen Rang, d. h., gilt Rang $X = p = K$, so wird $X_1 = X$; X_2 und Lb_2 verschwinden. Nur in diesem Fall erhalten wir eine eindeutige Lösung der Normalgleichungen:

$$b = (X'X)^{-1}\,X'y\,. \tag{3.5}$$

Für den allgemeinen Fall Rang $X = p$ spannen die Lösungen der Normalgleichungen dieselbe Hyperebene Xb auf, d. h., für je zwei Lösungen b und b^* der Normalgleichungen gilt

$$Xb = Xb^*\,. \tag{3.6}$$

Der Beweis ist einfach: Sind b und b^* Lösungen der Normalgleichungen, so gilt

$$X'Xb = X'y \qquad \text{und} \qquad X'Xb^* = X'y\,.$$

Wir bilden die Differenz der Gleichungen

$$X'X\,(b - b^*) = 0\,,$$

woraus nach Satz A 1

$$X(b - b^*) = 0 \qquad \text{oder} \qquad Xb = Xb^*$$

folgt.

Mit (3.6) erhalten wir für die beiden Fehlerquadratsummen

$$S(b) = (y - Xb)'\,(y - Xb) = (y - Xb^*)'\,(y - Xb^*) = S(b^*)\,.$$

Damit haben wir folgenden Satz bewiesen.

Satz 3.1. *Der Koeffizientenvektor $\beta = b$ minimiert die Fehlerquadratsumme genau dann, wenn er Lösung der Normalgleichungen $X'Xb = X'y$*

ist. Je zwei Lösungen b und b^* der Normalgleichungen spannen dieselbe Hyperebene $Xb = Xb^*$ auf.

Die Lösungen b der Normalgleichungen werden als *empirische Regressionskoeffizienten* oder als empirische Kleinste-Quadrat-Schätzung von β und $\hat{y} = Xb$ als die *empirische Regressionshyperebene* bezeichnet. Folgende Zerlegung der Fehlerquadratsumme $S(b)$ ist von Interesse. Die Residuen $\hat{y} - Xb$ bezeichnen wir mit $\hat{e}$. Dann gilt

$$y'y = \hat{y}'\hat{y} + \hat{e}'\hat{e} \,. \tag{3.7}$$

Die Quadratsumme der Beobachtungswerte $y'y$ der abhängigen Variablen setzt sich also additiv zusammen aus der durch die empirische Regression erklärten Quadratsumme $\hat{y}'\hat{y}$ und der durch die Regression nicht erklärten Quadratsumme $\hat{e}'\hat{e}$ der Residuen.

Die Beziehung (3.7) folgt aus

$$b'X'Xb = b'X'y \quad \text{(Linksmultiplikation von (3.2) mit } b')$$

und

$$\hat{y}'\hat{y} = (Xb)'\,(Xb) = b'X'Xb = b'X'y$$

gemäß

$$\begin{aligned} S(b) = \hat{e}'\hat{e} = (y - Xb)'\,(y - Xb) &= y'y - 2b'X'y + b'X'Xb \\ &= y'y - b'X'y = y'y - \hat{y}'\hat{y} \,. \end{aligned}$$

3.3. Geometrische Eigenschaften der Kleinste-Quadrat-Schätzung (KQ-Schätzung)

Einleitend erläutern wir einige Grundbegriffe aus der Theorie linearer Vektorräume.

Wenn $x' = (x_1, \ldots, x_n)$ ein n-dimensionaler Vektor ist, so wird seine Länge mit $||x||$ bezeichnet und definiert als

$$||x|| = (x'x)^{1/2} = (x_1^2 + \cdots + x_n^2)^{1/2} \,.$$

Zwei Vektoren x, y heißen *orthogonal*, wenn $x \perp y$, d. h., $x'y = 0$ gilt.

Eine Menge von Vektoren $x_1, \ldots, x_p$ heißt ein *orthonormiertes System*, wenn

$$x_i'x_j = 0 \qquad (i \neq j,\ i, j = 1, \ldots, p)$$

und

$$x_i'x_i = 1$$

gilt.

Führen wir das KRONECKER-Symbol δ_{ij} ein, das wie folgt definiert ist:

$$\delta_{ij} = \begin{cases} 1, & i = j\,, \\ 0 & \text{sonst}\,, \end{cases}$$

so läßt sich die Bedingung der Orthonormiertheit auch schreiben als

$$x_i'x_j = \delta_{ij} \qquad (i, j = 1, \ldots, p)\,.$$

Definieren wir die Matrix

$$\underset{n\times p}{X} = (x_1, \ldots, x_p)\,,$$

so gilt folglich für ein orthonormiertes System

$$X'X = I_p$$

(I_p: p-dimensionale Einheitsmatrix).

Eine Menge von Vektoren $x, y, z, \ldots$ heißt ein *linearer Vektorraum* V, wenn mit $x, y \in V$ auch für jede Linearkombination

$$ax + by \in V$$

(a, b beliebige reelle Zahlen) gilt und wenn für diese Grundoperation gewisse Axiome erfüllt sind, auf die wir hier nicht einzugehen brauchen.

Sind die Vektoren $x, y, \ldots$ n-dimensional, der Grundraum der Skalare reell und ist eine Norm gegeben, so heißt der entsprechende Vektorraum der Euklidische Raum E^n.

Ist V ein Vektorraum, dann ist die Menge $V^\perp$ aller Vektoren des E^n, die orthogonal zu V sind, ebenfalls ein Vektorraum, den wir als orthogonales Komplement von V bezeichnen.

Beweis. Es sei $v \in V$ und $x, y \in V^\perp$, d. h. $v'x = v'y = 0$. Dann wird

$$v'(ax + by) = av'x + bv'y = 0$$

und damit

$$ax + by \in V^\perp\,.$$

Ist X eine $n\times p$-Matrix, so lassen sich zwei fundamentale zu X gehörige Vektorräume definieren: der Rangraum $\Re[X]$ und der Nullraum $\mathfrak{N}[X]$.

$\Re[X]$ ist die Menge aller Vektoren Θ derart, daß $\Theta = X\beta$ für Vektoren β aus einer Menge B gilt. $\Re[X] = \{\Theta\colon \Theta = X\beta\}$ ist ein Vektorraum.

Ebenso ist $\mathfrak{N}[X] = \{\varphi\colon X\varphi = 0\}$ ein Vektorraum. Es gilt

$$\mathfrak{N}[X] = \{\Re[X']\}^\perp$$

(Beweis in SEBER [1], S. 2).

Eine Menge von Vektoren $v_1, \ldots, v_p$ heißt *Basis* eines Vektorraumes V, falls jeder Vektor $v \in V$ als Linearkombination dieser Vektoren darstellbar ist, d. h. reelle Konstanten $a_1, \ldots, a_p$ derart existieren, daß

$$v = a_1 v_1 + \cdots + a_p v_p$$

gilt.

Es sei $X = (v_1, \ldots, v_p)$ eine Basis. Dann heißt $(v_1, \ldots, v_p)$ eine *Orthonormalbasis* von V genau dann, wenn

$$X'X = I_p$$

gilt. [Die Vektoren v_i sind also orthogonal: $v_i'v_j = 0$, $i \neq j$, und haben die Länge $1: v_i'v_i = 1$.]

Die Vektoren $v_1, \ldots, v_p$ heißen *linear unabhängig*, wenn aus

$$a_1 v_1 + \cdots + a_p v_p = 0$$

folgt, daß $a_1 = \cdots = a_p = 0$ gilt.

Bilden die Vektoren $v_1, \ldots, v_p$ eine Basis von V und sind sie linear unabhängig, so heißt p die *Dimension* von V, wir schreiben $p = \dim(V)$.

Sind zwei Vektorräume V_1, V_2 gegeben, so heißt die Menge aller Vektoren v, die sowohl $\in V_1$ als auch $\in V_2$ sind, der *Durchschnitt* von V_1 und V_2:

$$V_1 \cap V_2 = \{v : v \in V_1 \textit{ und } v \in V_2\} .$$

$V_1 \cap V_2$ ist ebenfalls ein linearer Vektorraum.

Gilt $V_1 \perp V_2$, so enthält der Durchschnittsraum nur den Nullvektor $\mathfrak{o} = (0, \ldots, 0)$: $V_1 \cap V_2 = \emptyset$.

Nach diesen Vorbemerkungen kommen wir zur Ableitung der geometrischen Eigenschaften der *KQ*-Schätzung.

Wir gehen wieder aus von dem linearen Ansatz

$$y = X\beta + e ,$$

wobei $X\beta = \Theta \in \mathfrak{R}[X] = \{\Theta : \Theta = X\beta\}$ ist. Wenn wir Rang $X = p$ voraussetzen, so ist $\mathfrak{R}[X]$ ein p-dimensionaler Vektorraum. Mit $\mathfrak{R}[X]^{\perp}$ bezeichnen wir das orthogonale Komplement von $\mathfrak{R}[X]$. Den Vektor Xb bezeichnen wir mit Θ_0 (b die *KQ*-Schätzung). Dann gilt

Satz 3.2. *Die KQ-Schätzung Θ_0 von $X\beta$, die*

$$S(\beta) = (y - X\beta)'(y - X\beta) = (y - \Theta)'(y - \Theta) = \tilde{S}(\Theta)$$

für $\Theta \in \mathfrak{R}[X]$ minimiert, ist die orthogonale Projektion von y auf den Raum $\mathfrak{R}[X]$.

Beweis. Da $\mathfrak{R}[X]$ ein p-dimensionaler Vektorraum ist, existiert eine Orthonormalbasis $v_1, \ldots, v_p$. Der $T \times 1$-Vektor y hat dann die Darstellung

$$y = \sum_{i=1}^{p} a_i v_i + \left(y - \sum_i a_i v_i\right) = c + d$$

mit $a_i = y'v_i$.

Wegen

$$v_j'd = v_j'y - \sum_i a_i v_j' v_i = a_j - \sum_i a_i \delta_{ij} = 0$$

(δ_{ij} das KRONECKER-Symbol) ist $c \perp d$. D. h., es gilt $c \in \mathfrak{R}[X]$ und $d \in \mathfrak{R}[X]^{\perp}$, so daß wir y in zwei orthogonale Komponenten zerlegt haben.

Die Zerlegung ist eindeutig:

Angenommen, wir hätten eine zweite Zerlegung $y = c_1 + d_1$ mit $c_1 \in \mathfrak{R}[X]$, $d_1 \in \mathfrak{R}[X]^{\perp}$. Dann gilt $c_1 - c \in \mathfrak{R}[X]$ und $d_1 - d \in \mathfrak{R}[X]^{\perp}$. Wegen $c_1 + d_1 = c + d$ gilt $c_1 - c = d_1 - d$, so daß $c_1 - c = d_1 - d \in \mathfrak{R}[X]$ und $\in \mathfrak{R}[X]^{\perp}$ sind. Wegen $\mathfrak{R}[X] \perp \mathfrak{R}[X]^{\perp}$ enthält der Durchschnittsraum $\mathfrak{R}[X] \cap \mathfrak{R}[X]^{\perp}$ nur den Nullvektor: Es folgt $c_1 = c$ und $d_1 = d$. Der eindeutig bestimmte Vektor c ist also die orthogonale Projektion von y auf $\mathfrak{R}[X]$.

Wir müssen nun zeigen, daß $c = Xb = \Theta_0$ gilt.

Aus $c - \Theta \in \mathfrak{R}[X]$ folgt

$$(y - c)'(c - \Theta) = d'(c - \Theta) = 0 .$$

Mit $y - \Theta = (y - c) + (c - \Theta)$ erhalten wir

$$\begin{aligned}\tilde{S}(\Theta) = (y - \Theta)'(y - \Theta) &= (y - c)'(y - c) + (c - \Theta)'(c - \Theta) \\ &\quad + 2(y - c)'(c - \Theta) \\ &= (y - c)'(y - c) + (c - \Theta)'(c - \Theta) .\end{aligned}$$

$\tilde{S}(\Theta)$ wird also über $\mathfrak{R}[X]$ minimal für $\Theta = c$. Wegen $\tilde{S}(\Theta) = S(\beta)$ und der Minimumeigenschaft von b ist das optimale $c = \Theta_0 = Xb$.

Wir wollen nun zeigen, daß sich die *KQ*-Schätzung Xb von $X\beta$ direkt mit Hilfe von idempotenten Projektionsmatrizen gewinnen läßt.

Satz 3.3. *Es sei P eine symmetrische idempotente Matrix vom Rang p, die die orthogonale Projektion des E^T auf $\mathfrak{R}[X]$ repräsentiert. Dann gilt $Xb = \Theta_0 = Py$.*

Beweis. Nach Satz 3.2. ist

$$\begin{aligned}\Theta_0 = c = \sum a_i v_i &= \sum v_i (y' v_i) \\ &= \sum v_i (v_i' y) \\ &= (v_1, \ldots, v_p)(v_1, \ldots, v_p)' y \\ &= BB'y \qquad [B = (v_1, \ldots, v_p)] \\ &= Py .\end{aligned}$$

P ist offenbar symmetrisch und idempotent.

Wir geben ohne Beweis folgenden Hilfssatz an.

Hilfssatz. *Eine $T \times T$-Matrix P, sofern sie idempotent vom Rang $p \leqq T$ ist, stellt die orthogonale Projektionsmatrix des E^T auf einen p-dimensionalen Vektorraum V dar.*

Wir bestimmen P für unseren linearen Ansatz unter der Voraussetzung Rang $X = K$. Die Spalten von B bilden eine Orthonormalbasis für $\mathfrak{R}[X] = \{\Theta : \Theta = X\beta\}$. Da die Spalten von X ebenfalls eine Basis für $\mathfrak{R}[X]$ bilden, gilt $X = BC$ (C eine reguläre Matrix). Damit wird

$$\begin{aligned} P = BB' &= XC^{-1}C'^{-1}X' = X(C'C)^{-1}X \\ &= X(C'B'BC)^{-1}X' \qquad [\text{da } B'B = I] \\ &= X(X'X)^{-1}X', \end{aligned}$$

und wir erhalten die bereits abgeleitete KQ-Schätzung von $X\beta$ als

$$\Theta_0 = Py = X(X'X)^{-1}X'y = Xb .$$

Der Fall Rang $X = p < K$.

Wie wir im Abschnitt 3.2. gesehen haben, sind die Normalgleichungen nur eindeutig lösbar, wenn X von vollem Rang K ist. Eine Methode zur Ableitung eindeutiger Lösungen für den Fall Rang $X = p < K$ basiert auf der Verwendung von linearen Restriktionen, die eine Identifizierung des Parameters β ermöglichen. Ohne auf die allgemeine Problematik näher einzugehen (vgl. hierzu 3.5.), geben wir unter Verwendung von Satz 3.3. eine algebraische Lösung des Problems.

Es sei R eine $(K - p) \times K$-Matrix mit Rang $R = K - p$ und $D = \begin{pmatrix} X \\ R \end{pmatrix}$. r sei ein bekannter $(K - p) \times 1$-Vektor. Gilt Rang $D = K$, so heißen X und R *komplementäre Matrizen*. Wir führen über R zusätzlich $(K - p)$ lineare Restriktionen an β in den linearen Ansatz ein, d. h., wir fordern

$$R\beta = r . \tag{3.8}$$

Die Minimierung von $S(\beta)$ unter den exakten linearen Restriktionen $R\beta = r$ erfordert die Minimierung der Zielfunktion

$$S(\beta) + 2\lambda'(R\beta - r)$$

(λ ein $(K - p) \times 1$-Vektor aus Lagrange-Multiplikatoren), also die Lösung der Normalgleichungen

$$\begin{aligned} X'X\beta - X'y + R'\lambda &= 0 , \\ R\beta - r \quad &= 0 . \end{aligned} \tag{3.9}$$

Wir beweisen dazu den folgenden Satz (vgl. auch Seber [1] für den Fall $r = 0$).

Satz 3.4. *Unter den exakten linearen Restriktionen $R\beta = r$ mit Rang $R = K - p$ und Rang $D = K$ gilt:*

a) *Die Projektionsmatrix des* E^T *auf* $\Re[X]$ *hat die Gestalt* $P = X(X'X + R'R)^{-1} X$.

b) *Die bedingte KQ-Schätzung von* β *ist* $b(R, r) = (X'X + R'R)^{-1} (X'y + R'r)$.

Beweis. Aus den Voraussetzungen folgt, daß für jedes $\Theta \in \Re[X]$ ein β so existiert, daß $\Theta = X\beta$ und $R\beta = r$ erfüllt sind. Wegen Rang $D = K$ ist β eindeutig. D. h., für jedes $\Theta \in \Re[X]$ ist der $(T + K - p) \times 1$-Vektor $\begin{pmatrix}\Theta\\ r\end{pmatrix} \in \Re[D]$, es gilt $\begin{pmatrix}\Theta\\ r\end{pmatrix} = D\beta$ (β eindeutig bestimmt).

Übertragen wir Satz 3.3. auf unser Modell, so erhalten wir die Projektionsmatrix des E^{T+K-p} auf $\Re[D]$ als

$$P^* = D(D'D)^{-1} D' .$$

Da die Projektion P^* jedes Element von $\Re[D]$ auf sich selbst abbildet, gilt für jedes $\Theta \in \Re[X]$

$$\begin{pmatrix}\Theta\\ r\end{pmatrix} = D(D'D)^{-1} D' \begin{pmatrix}\Theta\\ r\end{pmatrix} = \begin{pmatrix} X(D'D)^{-1} X' & X(D'D)^{-1} R' \\ R(D'D)^{-1} X' & R(D'D)^{-1} R' \end{pmatrix} \begin{pmatrix}\Theta\\ r\end{pmatrix}$$

also komponentenweise

$$\Theta = X(D'D)^{-1} X'\Theta + X(D'D)^{-1} R'r , \tag{3.10}$$

$$r = R(D'D)^{-1} X'\Theta + R(D'D)^{-1} R'r . \tag{3.11}$$

Die Gleichungen (3.10) und (3.11) gelten für jedes $\Theta \in \Re[X]$ und für alle $r = R\beta \in \Re[R]$. Wählen wir in der Restriktion (3.8) speziell $r = 0$, so werden (3.10) und (3.11) zu

$$\Theta = X(D'D)^{-1} X'\Theta , \tag{3.10'}$$

$$0 = R(D'D)^{-1} X'\Theta . \tag{3.11'}$$

Aus (3.11′) folgt

$$\Re[X(D'D)^{-1} R'] \perp \Re[X]$$

und wegen $\Re[X(D'D)^{-1} R'] = \{\Theta : \Theta = X\tilde{\beta} \text{ mit } \tilde{\beta} = (D'D)^{-1} R'\beta\}$ gilt

$$\Re[X(D'D)^{-1} R'] \in \Re[X] ,$$

so daß wir insgesamt

$$X(D'D)^{-1} R' = 0 \tag{3.12}$$

erhalten [vgl. auch Tan [1]].

Die Matrizen $X(D'D)^{-1} X'$ und $R(D'D)^{-1} R'$ sind idempotent (die Symmetrie ist evident):

$$\begin{aligned} & X(D'D)^{-1} X'X(D'D)^{-1} X' \\ &= X(D'D)^{-1} (X'X + R'R - R'R) (D'D)^{-1} X' \\ &= X(D'D)^{-1} (X'X + R'R) (D'D) X' - X(D'D)^{-1} R'R(D'D)^{-1} X' \\ &= X(D'D)^{-1} X' , \end{aligned}$$

da $D'D = X'X + R'R$ und (3.12) gelten. Der Beweis der Idempotenz von $R(D'D)^{-1} R'$ verläuft entsprechend.

Nach Satz A 5 ist $D'D$ positiv definit, nach Satz A 6 ist $(D'D)^{-1}$ ebenfalls positiv definit. Wegen Rang $R = K - p$ ist dann auch $R(D'D)^{-1} R'$ positiv definit und damit (Satz A 4) regulär. Eine idempotente reguläre Matrix ist aber gleich der Einheitsmatrix (Satz A 17):

$$R(D'D)^{-1} R' = I , \tag{3.13}$$

so daß (3.11) die Identität $r = r$ beschreibt. Wegen ihrer Idempotenz ist die Matrix $P = X(D'D)^{-1} X'$ die orthogonale Projektionsmatrix des E^T auf einen gewissen Vektorraum $V \subset E^T$ (siehe Hilfssatz zu Satz 3.3.).

Nach (3.10)' gilt zunächst $\mathfrak{R}[X] \subset V$. Aus Satz A 2 folgt jedoch auch die Umkehrung

$$V = \mathfrak{R}[X(D'D)^{-1} X'] \subset \mathfrak{R}[X] ,$$

so daß $V = \mathfrak{R}[X]$ ist, womit wir a) bewiesen haben.

Wir lösen nun die Normalgleichungen (3.9). Mit $R\beta = r$ gilt auch $R'R\beta = R'r$. Eingesetzt in die erste Gleichung von (3.9) ergibt

$$(X'X + R'R) \beta = X'y + R'r - R'\lambda .$$

Wir multiplizieren von links zunächst mit $(D'D)^{-1}$:

$$\beta = (D'D)^{-1} (X'y + R'r) - (D'D)^{-1} R'\lambda$$

und jetzt mit R (unter Beachtung der zweiten Gleichung von (3.9) und von (3.12) und (3.13)):

$$\begin{aligned} R\beta &= R(D'D)^{-1} (X'y + R'r) - R(D'D)^{-1} R'\lambda \\ &= r - \lambda , \end{aligned}$$

woraus $\hat{\lambda} = 0$ folgt.

Damit hat die Lösung der Normalgleichungen die Gestalt

$$\hat{\beta} = b(R, r) = (X'X + R'R)^{-1} (X'y + R'r) \tag{3.14}$$

und b) ist bewiesen.

Wir werden die bedingte KQ-Schätzung $b(R, r)$ (bedingt: unter der Bedingung $R\beta = r$ abgeleitet) von β in 3.5. zur statistischen Behandlung der Multikollinearität einsetzen.

3.4. Beste lineare erwartungstreue Schätzung

Im Unterschied zur deskriptiven Regression, bei der die Regressionskoeffizienten β als frei wählbar interpretiert und nach dem Prinzip der kleinsten Quadrate optimal bestimmt wurden, setzt das klassische lineare Regressionsmodell die Koeffizienten β als feste Modellparameter voraus. Ihre Schätzung wird über die Minimierung von Risikofunktionen durchgeführt, wobei sich zeigen wird, daß die empirische KQ-Schätzung b eine zentrale Rolle spielt.

Im Abschnitt 2.6. haben wir das klassische lineare Regressionsmodell als einen Spezialfall des verallgemeinerten linearen Regressionsmodells in der Gestalt (2.18) hergeleitet.

Die Annahmen über die Parameter und die Modellvariablen lauteten:

$$\left.\begin{array}{l} y = X\beta + \varepsilon \,, \\ E\varepsilon = 0 \,, \qquad E\varepsilon\varepsilon' = \sigma^2 I \,, \\ X \text{ nichtstochastisch, Rang } X = K \,. \end{array}\right\} \tag{3.15}$$

Da X als eine nichtstochastische Matrix vorausgesetzt wird, sind insbesondere X und ε unabhängig, d. h., es gilt

$$E(\varepsilon|X) = E\varepsilon = 0 \,, \tag{3.16}$$

$$E(X'\varepsilon|X) = X'E\varepsilon = 0 \tag{3.17}$$

und

$$E(\varepsilon\varepsilon'|X) = E\varepsilon\varepsilon' = \sigma^2 I \,. \tag{3.18}$$

Die Rangbedingung an X besagt, daß zwischen den K Regressoren $X_1, \ldots, X_K$ keine exakten linearen Beziehungen auftreten; insbesondere existiert die Inverse $(X'X)^{-1}$ (eine $K \times K$-Matrix).

Mit (3.15) und (3.16) erhalten wir den bedingten Erwartungswert

$$E(y|X) = X\beta + E(\varepsilon|X) = X\beta \,, \tag{3.19}$$

und mit (3.18) gilt für die Kovarianzmatrix von y

$$E[(y - Ey)\,(y - Ey)'|X] = E(\varepsilon\varepsilon'|X) = \sigma^2 I \,. \tag{3.20}$$

Bei der weiteren Behandlung verzichten wir auf die gesonderte Betonung der Bedingung „X fest"; die auftretenden Erwartungswerte sind sämtlich bedingte Erwartungswerte.

Die Aufgabe des Statistikers ist es, den wahren aber unbekannten Wert des Vektors β der Regressionsparameter auf Grund der vorliegenden, im Modell (3.15) zusammengefaßten Beobachtungen und Modellannahmen durch eine Stichprobenfunktion $\hat{\beta}$ geeignet zu schätzen. Daraus erhält man eine Schätzung des bedingten Erwartungswertes $E(y|X) = X\beta$ und eine Schätzung für die Fehlervarianz σ^2. Wir wählen eine in y lineare Schätzfunktion $\hat{\beta}$, verwenden also den Ansatz

$$\hat{\beta} = \underset{K\times T}{C'}\, y + \underset{K\times 1}{d}\,. \tag{3.21}$$

C und d sind nichtstochastische Matrizen, die durch Minimierung der Risikofunktion

$$R = E\hat{\varepsilon}'\hat{\varepsilon} = E(y - X\hat{\beta})'\,(y - X\hat{\beta}) \tag{3.22}$$

optimal zu bestimmen sind. Wir fordern zusätzlich die Erwartungstreue von $\hat{\beta}$, d. h., $E(\hat{\beta}|\beta) = \beta$ soll immer erfüllt sein, wie auch das wahre β im Modell (3.15) sein möge. Da β unbekannt ist, muß $\hat{\beta}$ dieser Forderung für alle im Modell möglichen β (im allgemeinen gilt $-\infty < \beta_k < \infty$ für $k = 1, \ldots, K$) genügen. Die Erwartungstreue fordert also

$$\begin{aligned} E(\hat{\beta}|\beta) &= C'Ey + d \\ &= C'X\beta + d = \beta \qquad \text{für alle } \beta\,. \end{aligned} \tag{3.23}$$

Wählt man speziell $\beta = 0$, so folgt sofort

$$d = 0\,,$$

und die zu (3.23) äquivalente Bedingung lautet

$$C'X = I\,. \tag{3.24}$$

Eingesetzt in (3.21) ergibt

$$\begin{aligned} y - X\hat{\beta} &= X\beta + \varepsilon - XC'X\beta - XC'\varepsilon \\ &= \varepsilon - XC'\varepsilon\,. \end{aligned}$$

Hieraus erhalten wir für die Risikofunktion

$$\begin{aligned} R &= E(\varepsilon - XC'\varepsilon)'\,(\varepsilon - XC'\varepsilon) \\ &= \operatorname{sp} E(\varepsilon - XC'\varepsilon)\,(\varepsilon - XC'\varepsilon)' \qquad \text{[Satz A 14]} \\ &= \sigma^2 \operatorname{sp}\,(I + XC'CX' - 2XC')\,. \end{aligned} \tag{3.25}$$

Das optimale C wird als Lösung des quadratischen Optimierungsproblems

$$\min_C \{\operatorname{sp}\,(XC'CX' - 2\,XC')|C'X - I = 0\} \tag{3.26}$$

nach bekannten Sätzen (vgl. etwa KÜNZI/KRELLE [1])

$$\hat{C}' = (X'X)^{-1}\,X'\,. \tag{3.27}$$

Daraus erhalten wir entsprechend unserem Ansatz (3.21) die Schätzung

$$\hat{\beta}_{\text{opt}} = \hat{C}'y = (X'X)^{-1}\,X'y\,, \tag{3.28}$$

die mit der empirischen KQ-Schätzung b übereinstimmt. Die Schätzung b ist erwartungstreu (Bedingung (3.24)):

$$\hat{C}'X = (X'X)^{-1} X'X = I \tag{3.29}$$

und besitzt die $K \times K$-Kovarianzmatrix

$$\begin{aligned} V_b &= E(b - \beta)(b - \beta)' \\ &= E(X'X)^{-1} X'\varepsilon\varepsilon' X(X'X)^{-1} \\ &= \sigma^2 (X'X)^{-1} . \end{aligned} \tag{3.30}$$

Für viele Probleme der Praxis ist die Erwartungstreue eine zu scharfe und schwer zu realisierende Forderung. Aus diesem Grunde wird der Verwendung nichterwartungstreuer Schätzungen und Vorhersagen ein breiter Raum gewidmet (vgl. 5.5. und 7.).

Der wesentliche Grund für die Bevorzugung der KQ-Schätzung b gegenüber allen anderen linearen erwartungstreuen Schätzungen liegt in einer Minimumeigenschaft der Kovarianzmatrix V_b, nach der b unter allen linearen erwartungstreuen Schätzungen $\tilde{\beta}$ die kleinste Varianz in folgendem Sinne besizt:

Satz 3.5. *Es sei $\tilde{\beta}$ eine beliebige lineare erwartungstreue Schätzung von β mit der Kovarianzmatrix $V_{\tilde{\beta}}$ und a ein beliebiger $K \times 1$-Vektor. Mit* var (b_k) *bzw.* var $(\tilde{\beta}_k)$ *bezeichnen wir die Hauptdiagonalelemente von V_b bzw. $V_{\tilde{\beta}}$. Dann gelten folgende äquivalente Beziehungen:*

a) *Die Differenz $V_{\tilde{\beta}} - V_b$ ist stets eine nichtnegativ definite Matrix.*
b) *Es ist* var $(\tilde{\beta}_k)$ − var $(b_k) \geqq 0$ *für alle k.*
c) *Die Varianz der Linearform $a'b$ ist niemals größer als die Varianz der Linearform $a'\tilde{\beta}$:*

$$a'V_b a \leqq a'V_{\tilde{\beta}} a \quad \text{oder} \quad a'(V_{\tilde{\beta}} - V_b) a \geqq 0 .$$

Beweis. Die Äquivalenz der drei Formulierungen ist evident. Wir beweisen hier a).

Es sei $\tilde{\beta} = \tilde{C}'y$ eine beliebige erwartungstreue Schätzung. O. B. d. A. setzen wir

$$\tilde{C}' = \hat{C}' + D' = (X'X)^{-1} X' + D' .$$

Die Erwartungstreue von $\tilde{\beta}$ erfordert die Erfüllung von (3.24):

$$\tilde{C}'X = \hat{C}'X + D'X = I ,$$

woraus wegen (3.29) notwendig

$$D'X = 0$$

folgt. Damit wird die Kovarianzmatrix

$$\begin{aligned} V_{\sim} &= E(\tilde{C}'y - \beta)(\tilde{C}'y - \beta)' \\ &= E(\tilde{C}'\varepsilon)(\varepsilon'\tilde{C}) \\ &= \sigma^2[(X'X)^{-1}X' + D'][X(X'X)^{-1} + D] \\ &= \sigma^2[(X'X)^{-1} + D'D] \\ &= V_b + \sigma^2 D'D\,. \end{aligned}$$

Die Matrix $\sigma^2 D'D$ ist nach Satz A 9 nichtnegativ definit.

Diese Minimumeigenschaft von b wird in der Literatur auch häufig in Gestalt des fundamentalen GAUSS-MARKOFF-Theorems formuliert.

Satz 3.6. GAUSS-MARKOFF-Theorem. *Im klassischen linearen Regressionsmodell ist die KQ-Schätzung*

$$b = (X'X)^{-1}X'y$$

mit der Kovarianzmatrix

$$V_b = \sigma^2(X'X)^{-1}$$

die beste (homogene) lineare erwartungstreue Schätzung von β. (Man bezeichnet b auch als GAUSS-MARKOFF-(GM)-Schätzung.)

Schätzung einer linearen Funktion von β

Als Ausgangspunkt für spätere Untersuchungen zur Vorhersage in linearen Modellen betrachten wir zunächst die Schätzung einer linearen Funktion

$$d = a'\beta\,, \tag{3.31}$$

wobei a ein fester $K \times 1$-Vektor sei. Beschränken wir uns auf lineare homogene Schätzungen $\tilde{d} = c'y$, so gilt

Satz 3.7. *Im klassischen linearen Regressionsmodell ist*

$$\hat{d} = a'b \tag{3.32}$$

mit der Varianz

$$\operatorname{var}(\hat{d}) = \sigma^2 a'(X'X)^{-1}a = a'V_b\,a \tag{3.33}$$

die beste lineare erwartungstreue Schätzung der Linearform $d = a'\beta$.

Beweis. Es sei $\tilde{d} = c'y$ eine beliebige erwartungstreue Schätzung von d, wobei c ein $T \times 1$-Vektor ist. O. B. d. A. setzen wir

$$c' = a'(X'X)^{-1}X' + \tilde{c}'\,.$$

Die Erwartungstreue von $\tilde{d}$ erfordert

$$c'X = a'\,,$$

also

$$a'(X'X)^{-1}X'X + \tilde{c}'X = a'$$

und damit

$$\tilde{c}'X = 0\,. \tag{3.34}$$

Wir erhalten dann unter Beachtung von (3.34)

$$\begin{aligned}\tilde{d} - d &= a'\beta + a'(X'X)^{-1}X'\varepsilon + \tilde{c}'\varepsilon - a'\beta\\ &= a'(X'X)^{-1}X'\varepsilon + \tilde{c}'\varepsilon = c'\varepsilon\end{aligned}$$

und damit die Varianz von $\tilde{d}$ als

$$\begin{aligned}\operatorname{var}(\tilde{d}) &= E(\tilde{d} - d)^2 = c'E\varepsilon\varepsilon'c = \sigma^2c'c\\ &= \sigma^2[a'(X'X)^{-1}X' + \tilde{c}'][X(X'X)^{-1}a + \tilde{c}]\\ &= a'V_b\,a + \sigma^2\tilde{c}'\tilde{c}\,.\end{aligned}$$

Da $\tilde{c}'\tilde{c} \geqq 0$ ist, wird die Varianz von $\tilde{d}$ für $\tilde{c} = 0$ minimiert. Die Schätzung $c'y = a'(X'X)^{-1}X'y = a'b$ ist also die beste Schätzung unter allen linearen erwartungstreuen Schätzungen im Sinne einer minimalen Varianz.

Auf der Grundlage dieses Satzes können wir sofort die beste lineare erwartungstreue Schätzung des bedingten Erwartungswertes des Regressanden Y für einen festen $K\times 1$-Vektor x_* der Regressoren angeben. Es gelte für einen Index T^* (z. B. $T^* \in (1, \ldots, T)$)

$$y = x_*'\beta + \varepsilon_* \quad \text{mit} \quad E\varepsilon_* = 0\,, \quad E\varepsilon_*^2 = \sigma^2\,.$$

Dann ist der bedingte Erwartungswert

$$E(y|x_*) = x_*'\beta$$

eine lineare Funktion in β.

Satz 3.8. *Die beste lineare (homogene) erwartungstreue Schätzung des bedingten Erwartungswertes $E(y|x_*)$ hat die Gestalt*

$$\hat{y}_* = x_*'b \tag{3.35}$$

und die Varianz

$$\operatorname{var}(\hat{y}_*) = x_*'V_b\,x_*. \tag{3.36}$$

Schätzung von σ^2

Die Quadratsumme $\hat{\varepsilon}'\hat{\varepsilon}$ der geschätzten Fehler $\hat{\varepsilon} = y - \hat{y}$ bietet sich als Grundlage für eine Schätzung von σ^2 in natürlicher Weise an. Ausführlich geschrieben erhalten wir

$$\begin{aligned}\hat{\varepsilon} &= y - \hat{y} = X\beta + \varepsilon - Xb \\ &= \varepsilon - X(X'X)^{-1}X'\varepsilon \\ &= (I - X(X'X)^{-1}X')\,\varepsilon \\ &= M\varepsilon\,. \end{aligned} \tag{3.37}$$

Die Matrix M ist nach Satz A 22 idempotent. Damit besitzt die Fehlerquadratsumme

$$\hat{\varepsilon}'\hat{\varepsilon} = \varepsilon' M M \varepsilon = \varepsilon' M \varepsilon$$

den Erwartungswert

$$\begin{aligned} E\hat{\varepsilon}'\hat{\varepsilon} &= E\varepsilon' M\varepsilon \\ &= E\,\mathrm{sp}\,\varepsilon' M \varepsilon && \text{[Satz A 14]} \\ &= E\,\mathrm{sp}\,(M\varepsilon\varepsilon') \\ &= \mathrm{sp}\,(ME\varepsilon\varepsilon') \\ &= \sigma^2\,\mathrm{sp}\,M \\ &= \sigma^2\,\mathrm{sp}\,I - \sigma^2\,\mathrm{sp}\,X(X'X)^{-1}X' && \text{[Satz A 13]} \\ &= \sigma^2\,\mathrm{sp}\,I - \sigma^2\,\mathrm{sp}\,(X'X)^{-1}X'X \\ &= \sigma^2\,\mathrm{sp}\underset{T\times T}{I} - \sigma^2\,\mathrm{sp}\underset{K\times K}{I} \\ &= \sigma^2(T-K)\,. \end{aligned} \tag{3.38}$$

Hieraus erhalten wir die erwartungstreue Schätzung für σ^2

$$s^2 = \hat{\varepsilon}'\hat{\varepsilon}\,(T-K)^{-1} = (y - Xb)'\,(y - Xb)\,(T-K)^{-1} \tag{3.39}$$

und damit als erwartungstreue Schätzung für V_b

$$\hat{V}_b = s^2(X'X)^{-1}\,. \tag{3.40}$$

Der Fall $K = 2$

Wir haben bisher im multiplen Modell ganz allgemein von K Regressoren $X_1, \ldots, X_K$ gesprochen, ohne gesondert zu erwähnen, daß in den meisten Modellen der Praxis ein Regressor, etwa X_1, eine konstante Scheinvariable $x_{t1} \equiv 1$ $(t = 1, \ldots, T)$ sein wird, die ein Absolutglied β_1 in das Modell einführt. Die bisherigen Ausführungen schließen diesen Fall mit ein; wir wollen ihn hier nicht gesondert abhandeln.

Wird Y nur von einem echten Regressor X beeinflußt, so hat das Modell die Gestalt

$$y_t = \alpha + \beta x_t + \varepsilon_t \quad (t = 1, \ldots, T)\,. \tag{3.41}$$

Wir transformieren die Beobachtungswerte (y_t, x_t) so, daß die transformierten Werte $(\tilde{y}_t, \tilde{x}_t)$ die Abweichungen von den Beobachtungsmittelwerten $(\bar{y}, \bar{x})$ darstellen:

$$\tilde{y}_t = y_t - \bar{y}\,, \qquad \tilde{x}_t = x_t - \bar{x}\,.$$

Wegen

$$E(\tilde{y}_t|x_1, \ldots, x_T) = \alpha + \beta_t - (\alpha + \beta\bar{x}) = \beta\tilde{x}_t$$

ergibt sich dann für die transformierten Variablen $(\tilde{Y}, \tilde{X})$ das homogene Regressionsmodell mit demselben Parameter β wie im inhomogenen Modell (3.41)

$$\tilde{y}_t = \tilde{x}_t\beta + \tilde{\varepsilon}_t \qquad (t = 1, \ldots, T)\,. \tag{3.42}$$

Wie man leicht nachprüft, gilt hier $\tilde{\varepsilon}_t = \varepsilon_t$ für alle t. Die *KQ*-Schätzung von β bzw. die erwartungstreue Schätzung von σ^2 erhält man aus (3.28) bzw. (3.39) als

$$b = \frac{\Sigma\tilde{x}_t\tilde{y}_t}{\Sigma\tilde{x}_t^2} \quad \text{mit var}\, b = \frac{\sigma^2}{\Sigma\tilde{x}_t^2}\,, \tag{3.43}$$

$$s^2 = (T-2)^{-1} \sum (\tilde{y}_t - \tilde{x}_t b)^2\,. \tag{3.44}$$

Durch Rücktransformation erhält man die *KQ*-Schätzung von α als

$$\hat{\alpha} = \bar{y} - b\bar{x}\,.$$

3.5. Multikollinearität

In der Praxis steht man häufig vor dem Problem einer hohen Korrelation zwischen den exogenen Variablen X_k, die zu einer Degenerierung der Regressorenmatrix X führen kann. Die Skala der Komplikationen reicht von der exakten linearen Abhängigkeit zwischen zwei oder mehr Spalten x_k von X (extreme Multikollinearität) bis zur stochastischen Abhängigkeit eines Regressors von anderen Regressoren. Im ersten Fall ist wegen Rang $X < K$ Annahme (G) und damit der Modellansatz (3.15) verletzt. Dies hat zur Folge, daß keine erwartungstreuen linearen Schätzungen $\hat{\beta} = C'y + d$ für den Parameter β existieren.

Die Bedingung der Erwartungstreue war äquivalent mit $d = 0$ und $C'X = I$ [vgl. (3.24)]. Da die Matrix X einen Rang $p < K$ besitzt, kann das Produkt $C'X$ nach bekannten Sätzen höchstens vom Rang p sein, während die Einheitsmatrix $\underset{K\times K}{I}$ vom Rang K ist. Somit ist die Bedingung (3.24) nicht erfüllbar.

Wegen der aus Rang $X < K$ folgenden Singularität von $(X'X)$ sind die Lösungen der Normalgleichung (3.2) gemäß (3.4) nicht mehr eindeutig bestimmt. Die KQ-Schätzungen b sind zwar nach wie vor lineare Funktionen von y, jedoch aus den oben dargelegten Gründen nicht erwartungstreu. Man sagt, der Parametervektor β sei nicht schätzbar in dem Sinne, daß für ihn keine lineare erwartungstreue Schätzung existiert.

Die extreme Multikollinearität hat noch einen zweiten Aspekt. Es sei o. B. d. A. x_1 eine Linearkombination aller übrigen Spalten:

$$x_1 = \sum_{k=2}^{K} \alpha_k x_k .$$

Dann gilt für einen beliebigen Skalar $\lambda \neq 0$ die Zerlegung

$$\begin{aligned} X\beta &= \sum_{k=1}^{K} x_k\beta_k = (1-\lambda)\,\beta_1 x_1 + \sum_{k=2}^{K} (\beta_k + \lambda\alpha_k\beta_1)\,x_k \\ &= \tilde{\beta}_1 x_1 + \sum_{k=2}^{K} \tilde{\beta}_k x_k = X\tilde{\beta} \end{aligned}$$

mit $\tilde{\beta}_1 = (1-\lambda)\,\beta_1$, $\tilde{\beta}_k = (\beta_k + \lambda\alpha_k\beta_1)$ $(k = 2, \dots, K)$. Dies bedeutet, daß die Parametervektoren β und $\tilde{\beta}$ mit $\beta \neq \tilde{\beta}$ dieselbe systematische Komponente $X\beta = X\tilde{\beta}$ liefern. Da die Beobachtungen y nicht direkt sondern über $X\beta$ von β abhängen, läßt sich durch die in den Beobachtungen y enthaltene Information allein nicht zwischen den Parametern β und $\tilde{\beta}$ unterscheiden. Die Regressionskoeffizienten heißen in diesem Fall nicht identifizierbar (vgl. Annahme (A 2)), die Modelle heißen beobachtungsäquivalent.

Beispiel. Wir betrachten das Modell

$$y_t = \alpha + \beta x_t + \varepsilon_t \qquad (t = 1, \dots, T) .$$

Exakte lineare Abhängigkeit der beiden Regressoren $X_1 \equiv 1$ und $X_2 = X$ bedeutet hier, daß $x_1 = \dots = x_t = a$ (eine reelle Konstante) gilt, so daß wegen $\bar{x} = a$ und $\sum (x_t - \bar{x})^2 = 0$ die Schätzung b (3.13) nicht gebildet werden kann.

Es sei $\begin{pmatrix} \hat{\alpha} \\ \hat{\beta} \end{pmatrix} = C'y$ eine lineare homogene Schätzung von $(\alpha, \beta)'$. Die Erwartungstreue fordert die Erfüllung von (3.24), also

$$\begin{pmatrix} \sum c_{1t} & a \sum c_{1t} \\ \sum c_{2t} & a \sum c_{2t} \end{pmatrix} = \begin{pmatrix} 1 & 0 \\ 0 & 1 \end{pmatrix}.$$

Diese Bedingung ist durch keine Matrix C und kein reellwertiges $a \neq 0$ zu realisieren; $(\alpha, \beta)'$ ist nicht schätzbar. Wegen $x_t = a \,\forall\, t$ wird $y_t = (\alpha + \beta a) + \varepsilon_t$, so daß α und β nicht separat sondern nur gemeinsam als $\widehat{(\alpha + \beta a)} = \bar{y}$ zu schätzen und damit nicht identifizierbar sind.

Betrachten wir nun den zweiten Fall von Multikollinearität, bei dem zwar keine exakte aber doch eine näherungsweise lineare Abhängigkeit zwischen einzelnen Spalten x_k von X vorliegt, so daß X von vollem Rang ist. Die Matrix $X'X$ ist dann regulär, und unsere Ergebnisse behalten ihre Gültigkeit, insbesondere ist b nach wie vor die beste lineare erwartungstreue Schätzung. Da einige Spalten nahezu linear abhängig sind, nimmt det $(X'X)$ einen Wert nahe Null an, so daß insbesondere die Diagonalelemente var (b_k) der Kovarianzmatrix $\sigma^2(X'X)^{-1}$ von b sehr groß und damit die Schätzungen selbst unzuverlässig werden. Die Wahrscheinlichkeit, extreme oder zumindest unplausible Schätzwerte zu erhalten, ist relativ hoch. Mögliche Lösungswege zur Überwindung nachgewiesener Multikollinearität liegen in einer Umorganisation oder allgemein in einer Manipulation des Beobachtungsmaterials oder in einer Neumodellierung. Möglich sind

a) Erhebung zusätzlicher Beobachtungen bei festem Modell derart, daß dadurch eine Verringerung der Korrelation zwischen einzelnen Variablen erzielt wird (Versuchsplanung),
b) lineare Variablentransformation etwa in Gestalt von Differenzenbildungen oder Normierungen,
c) Verfahren der Trendbereinigung (Schneeweiss [1]),
d) Verwendung von Zusatzinformation (a-priori-Schätzungen der Gestalt $r = R\beta + d$, d ein zufälliger Fehler),
e) Neumodellierung, Unterdrückung von Variablen usw. (vgl. hierzu die Methoden in Draper/Smith [1]),
f) Berücksichtigung exakter linearer Restriktionen.

Für unser Anliegen ist vorrangig die Verwendung von a-priori-Restriktionen und externer Information von Interesse. Durch Berücksichtigung von exakten linearen Restriktionen der Form (3.8) mit $r = 0$, d. h.

$$0 = R\beta\,,$$

werden dem Parametervektor β a-priori-Beschränkungen im Wertevorrat seiner Komponenten derart auferlegt, daß ein Auftreten verschiedener beobachtungsäquivalenter Parameterwerte $\beta \neq \tilde{\beta}$ ausgeschlossen wird. Erfüllt R die Voraussetzungen des Satzes 3.4., so garantieren die Restriktionen $0 = R\beta$ die Identifizierbarkeit von β.

Nach Satz 3.4. hat die KQ-Schätzung von β im Fall $r = 0$ die Gestalt

$$b(R, 0) = b(R) = (X'X + R'R)^{-1}\, X'y\,.$$

Im klassischen linearen restriktiven Regressionsmodell

$$\left.\begin{array}{l} y = X\beta + \varepsilon\,, \\ E\varepsilon = 0,\, E\varepsilon\varepsilon' = \sigma^2 I\,, \\ X \text{ nichtstochastisch, Rang } X = p < K\,, \\ 0 = R\beta,\, \text{Rang } R = K - p,\, \text{Rang } D = K \end{array}\right\} \tag{3.45}$$

gilt der folgende

Satz 3.7. *Im Modell* (3.45) *ist die bedingte KQ-Schätzung*

$$b(R) = (X'X + R'R)^{-1} X'y = (D'D)^{-1} X'y \tag{3.46}$$

mit der Kovarianzmatrix

$$V_{b(R)} = \sigma^2(D'D)^{-1} X'X(D'D)^{-1} \tag{3.47}$$

die beste lineare bedingt erwartungstreue Schätzung von β.

Beweis.

Definition. Eine lineare Schätzung $\hat{\beta}$ heißt *erwartungstreu unter der Bedingung* $\underset{K\times K}{A}\,\beta - \underset{K\times 1}{a} = 0$ oder kurz *bedingt erwartungstreu*, wenn

$$E(\hat{\beta} - \beta | A\beta - a = 0) = 0$$

gilt.

a) $b(R)$ ist bedingt erwartungstreu:

Mit $R\beta = 0$ gilt auch $R'R\beta = 0$ [Satz A 1], so daß

$$\begin{aligned} Eb(R) &= (X'X + R'R)^{-1} X'X\beta \\ &= (X'X + R'R)^{-1} (X'X + R'R)\,\beta = \beta \end{aligned}$$

wird.

$b(R)$ erfüllt die Restriktion:

$$Rb(R) = R(X'X + R'R)^{-1} X'y = 0 \qquad \text{[vgl. (3.12)].}$$

b) Wir erhalten sofort

$$b(R) - \beta = (D'D)^{-1} X'\varepsilon$$

und daraus

$$\begin{aligned} V_{b(R)} &= E(D'D)^{-1} X'\varepsilon\varepsilon'X(D'D)^{-1} \\ &= \sigma^2(D'D)^{-1} X'X(D'D)^{-1}\,. \end{aligned}$$

c) Wir beweisen jetzt, daß $b(R)$ die beste lineare bedingt erwartungstreue Schätzung von β unter der Bedingung $0 = R\beta$, d. h. die beste lineare erwartungstreue Schätzung im Modell (3.45) ist. [Einen anderen Weg des Beweises liefert TAN [1] für multivariate Modelle durch die Einbeziehung verallgemeinerter Inversen (vgl. auch LÄUTER [1]).] Dazu schreiben wir das Modell (3.45) in der Gestalt

$$\begin{pmatrix} y \\ 0 \end{pmatrix} = \begin{pmatrix} X \\ R \end{pmatrix} \beta + \begin{pmatrix} \varepsilon \\ 0 \end{pmatrix}$$

oder in neuen Symbolen ($\tilde{T} = T + K - p$) als

$$\underset{\tilde{T}\times 1}{\tilde{y}} = \underset{\tilde{T}\times K}{D} \underset{K\times 1}{\beta} + \underset{\tilde{T}\times 1}{\tilde{\varepsilon}} . \tag{3.48}$$

Hierbei ist $E\tilde{\varepsilon} = 0$, $E\tilde{\varepsilon}\tilde{\varepsilon}' = V = \begin{pmatrix} \sigma^2 I & 0 \\ 0 & 0 \end{pmatrix}$

und Rang $D = K$, so daß wir ein singuläres Regressionsmodell vorzuliegen haben (Annahme (H 1) verletzt, da V singulär ist). Die Schätzung $b(R)$ ist linear in $\tilde{y}$:

$$\begin{aligned} b(R) &= (D'D)^{-1} X'y = (D'D)^{-1} (X'y + R'o) \\ &= (D'D)^{-1} D'\tilde{y} = C'\tilde{y} \quad (C' \text{ eine } K \times \tilde{T}\text{-Matrix}). \end{aligned}$$

Da $b(R)$ bedingt erwartungstreu ist, gilt

$$C'D = I . \tag{3.49}$$

Es sei $\tilde{\beta} = \tilde{C}'\tilde{y} + d$ eine beliebige erwartungstreue Schätzung von β im Modell (3.48). O. B. d. A. schreiben wir

$$\tilde{C}' = C' + F' \quad \text{mit} \quad F' = (F_1', F_2') ,$$

wobei F_1' eine $K \times T$- und F_2' eine $K \times (K - p)$-Matrix ist. Die Erwartungstreue von $\tilde{\beta}$ im Modell (3.48) erfordert

$$E\tilde{\beta} = \tilde{C}'D\beta + d = \beta \quad \text{für alle } \beta ,$$

woraus sofort durch die Wahl $\beta = 0$ ($R\beta = 0$ durch $\beta = 0$ erfüllt) $d = 0$ folgt. Damit erhalten wir die notwendige Bedingung

$$\begin{aligned} \tilde{C}'D\beta &= C'D\beta + F'D\beta \\ &= C'D\beta + F_1'X\beta + F_2'R\beta \\ &= \beta + F_1'X\beta = \beta \qquad [R\beta = 0 \text{ und } (3.49)], \end{aligned}$$

also

$$F_1'X = 0 . \tag{3.50}$$

Folglich wird

$$\begin{aligned} \tilde{\beta} - \beta &= (C' + F')\, D\beta + (C' + F')\, \tilde{\varepsilon} - \beta \\ &= (C' + F')\, \tilde{\varepsilon} = \tilde{C}'\tilde{\varepsilon} \end{aligned}$$

und wir können die Kovarianzmatrix von $\tilde{\beta}$ wie folgt darstellen:

$$
\begin{aligned}
V_{\tilde{\beta}} = E(\tilde{\beta} - \beta)(\tilde{\beta} - \beta)' &= \tilde{C}' V \tilde{C} \\
&= (C' + F') V (C + F) \\
&= C'VC + F'VF + F'VC + C'VF .
\end{aligned}
$$

Es gilt

$$C'VC = V_{b(R)} ,$$

$$F'VF = (F_1', F_2') \begin{pmatrix} \sigma^2 I & 0 \\ 0 & 0 \end{pmatrix} \begin{pmatrix} F_1 \\ F_2 \end{pmatrix} = \sigma^2 F_1' F_1$$

und $\sigma^2 F_1' F_1$ nichtnegativ definit [Satz A 9],

$$
\begin{aligned}
F'VC = (C'VF)' = (F_1', F_2') \begin{pmatrix} \sigma^2 I & 0 \\ 0 & 0 \end{pmatrix} \begin{pmatrix} X \\ R \end{pmatrix} (D'D)^{-1} \\
= F_1' X (D'D)^{-1} = 0 \qquad \text{[nach (3.50)]}.
\end{aligned}
$$

Damit erhalten wir

$$V_{\tilde{\beta}} = V_{b(R)} + \sigma^2 F_1' F_1 , \tag{3.51}$$

womit die behauptete Optimalität von $b(R)$ bewiesen ist. $b(R)$ ist also eine GM-Schätzung von β im Modell (3.48).

3.6. Klassische Normalregression

Die bisher abgeleiteten Ergebnisse im klassischen linearen Regressionsmodell haben Gültigkeit für alle Wahrscheinlichkeitsverteilungen der Fehlervariablen ε, für die $E\varepsilon = 0$ und $E\varepsilon\varepsilon' = \sigma^2 I$ gilt. Wir spezifizieren nun den Typ der Verteilung von ε, indem wir zusätzlich zu den Modellannahmen (3.15) die Annahme (K) mit $W = I$ treffen:

Annahme $(\tilde{K})$. Der Vektor ε der zufälligen Fehler ε_t besitzt eine T-dimensionale Normalverteilung $N(0, \sigma^2 I)$, d. h., es ist $\varepsilon \sim N(0, \sigma^2 I)$.

Damit besitzt ε die Dichtefunktion

$$
\begin{aligned}
f(\varepsilon; 0, \sigma^2 I) &= (2\pi\sigma^2)^{-T/2} \exp\left\{-\frac{1}{2\sigma^2} \sum_{t=1}^{T} \varepsilon_t^2\right\} \\
&= \prod_{t=1}^{T} (2\pi\sigma^2)^{-1/2} \exp\left(-\frac{1}{2\sigma^2} \varepsilon_t^2\right) ,
\end{aligned} \tag{3.52}
$$

so daß die Komponenten ε_t $(t = 1, \ldots, T)$ unabhängig und identisch $N(0, \sigma^2)$-verteilt sind. (3.52) ist ein Spezialfall der allgemeinen T-dimensionalen Normalverteilung $N(\mu, \Sigma)$. Es sei $\xi \sim N(\mu, \Sigma)$, d. h. $E\xi = \mu$, $E(\xi - \mu)(\xi - \mu)' = \Sigma$. Dann besitzt ξ die Dichtefunktion

$$f(\xi;\mu,\Sigma) = \{(2\pi)^T |\Sigma|\}^{-1/2} \exp\left\{-\frac{1}{2}(\xi-\mu)' \Sigma^{-1} (\xi-\mu)\right\} . \tag{3.53}$$

Das klassische lineare Regressionsmodell mit normalverteilten Fehlern — kurz das klassische Modell der Normalregression — hat dann die Gestalt

$$\left.\begin{aligned} & y = X\beta + \varepsilon , \\ & \varepsilon \sim N(0, \sigma^2 I) , \\ & X \text{ nichtstochastisch, Rang } X = K . \end{aligned}\right\} \tag{3.54}$$

Maximum-Likelihood- (kurz ML-)Prinzip

Definition. Es sei $\xi = (\xi_1, \ldots, \xi_n)'$ eine zufällige Variable mit der Dichtefunktion $f(\xi;\Theta)$, wobei der Parametervektor $\Theta = (\Theta_1, \ldots, \Theta_m)'$ in dem Parameterraum Ω der a-priori zulässigen Parameterwerte Θ liegt. Dann definiert die Dichtefunktion $f(\xi;\Theta)$ für jede Realisierung (Stichprobe) ξ_0 von ξ eine Funktion von Θ:

$$L(\Theta) = L(\Theta_1, \ldots, \Theta_m) = f(\xi_0;\Theta) ,$$

die wir als *Likelihood-Funktion* von ξ_0 bezeichnen. Das ML-Prinzip wählt als Schätzung von Θ in Abhängigkeit von ξ_0 denjenigen Wert $\hat{\Theta} \in \Omega$ (falls er existiert), für den

$$L(\hat{\Theta}) \geqq L(\Theta) \quad \text{für alle } \Theta \in \Omega$$

gilt. Dabei braucht $\hat{\Theta}$ nicht eindeutig bestimmt zu sein. Der Schätzwert $\hat{\Theta}$ ist dann also so gewählt, daß die Realisierung ξ_0 den dichtesten oder (bei einer diskreten Verteilung) den wahrscheinlichsten Wert der Verteilung von ξ darstellt, sofern man $\hat{\Theta}$ als den wahren Parameter ansieht. Führt man die Maximierung von $L(\Theta)$ für alle Realisierungen ξ_0 durch, so ist $\hat{\Theta}$ eine Funktion von ξ und damit selbst eine Zufallsvariable, die wir als ML-Schätzung von Θ bezeichnen wollen.

ML-Schätzung im Modell der klassischen Normalregression
Nach Satz A 30 gilt für y aus (3.54)

$$y = X\beta + \varepsilon \sim N(X\beta, \sigma^2 I) ,$$

so daß die Likelihood-Funktion von y die Gestalt hat

$$L(\beta, \sigma^2) = (2\pi\sigma^2)^{-T/2} \exp\left\{-\frac{1}{2\sigma^2}(y - X\beta)'(y - X\beta)\right\} . \tag{3.55}$$

Wegen der Monotonie der logarithmischen Transformation kann man statt $L(\beta, \sigma^2)$ auch $\ln L(\beta, \sigma^2)$ maximieren, ohne daß sich der Wert des Maximums ändert:

$$\ln L(\beta, \sigma^2) = -\frac{T}{2} \ln (2\pi\sigma^2) - \frac{1}{2\sigma^2} (y - X\beta)' (y - X\beta) .$$

Liegen keine a-priori-Restriktionen an die Parameter vor, so ist der Parameterraum $\Omega = \{\beta; \sigma^2 : \beta \in E^K; \sigma^2 > 0\}$. Wir erhalten die ML-Schätzungen von β, σ^2 durch Nullsetzen der ersten Ableitungen

$$\text{(I)} \quad \frac{\partial \ln L}{\partial \beta} = \frac{1}{2\sigma^2} 2X' (y - X\beta) = 0 \qquad \text{[Satz A 24]},$$

$$\text{(II)} \quad \frac{\partial \ln L}{\partial \sigma^2} = -\frac{T}{2\sigma^2} + \frac{1}{2(\sigma^2)^2} (y - X\beta)' (y - X\beta) = 0$$

aus den sog. *Likelihood-Gleichungen*

$$\left.\begin{array}{ll} \text{(I)} & X'X\hat{\beta} = X'y , \\ \text{(II)} & \hat{\sigma}^2 = \frac{1}{T} (y - X\hat{\beta})' (y - X\hat{\beta}) . \end{array}\right\} \tag{3.56}$$

Die Gleichung (I) ist die bekannte Normalgleichung (3.2), aus der wir auf Grund der Voraussetzung Rang $X = K$ die ML-Schätzung

$$\hat{\beta} = b = (X'X)^{-1} X'y$$

erhalten. Ein Vergleich von (II) mit der erwartungstreuen Schätzung s (3.39) ergibt die Relation

$$\hat{\sigma}^2 = \frac{T - K}{T} s^2 ,$$

so daß $\hat{\sigma}^2$ nicht erwartungstreu ist. Für den asymptotischen Erwartungswert erhalten wir

$$\lim_{T \to \infty} E(\hat{\sigma}^2) = \bar{E}(\hat{\sigma}^2) = E(s^2) = \sigma^2 .$$

Damit gilt

Satz 3.8. *Im Modell (3.54) der klassischen Normalregression stimmen die ML- und die KQ-Schätzung von β überein. Die ML-Schätzung $\hat{\sigma}^2$ (3.56) von σ^2 ist asymptotisch erwartungstreu.*

3.7. Prüfen von linearen Hypothesen

Wir entwickeln in diesem Abschnitt Testverfahren zum Prüfen von linear homogenen und inhomogenen — kurz linearen Hypothesen im Modell (3.15) der klassischen Normalregression.

Die allgemeine lineare Hypothese

$$H_0\colon R\beta = r;\ \sigma^2 > 0 \text{ beliebig} \tag{3.57}$$

wird gegen die Alternativhypothese

$$H_1\colon R\beta \neq r;\ \sigma^2 > 0 \text{ beliebig} \tag{3.58}$$

getestet, wobei wir voraussetzen:

$$\left.\begin{array}{l} R \text{ eine } (K-s) \times K\text{-Matrix,} \\ r \text{ ein } (K-s) \times 1\text{-Vektor,} \\ \text{Rang } R = K - s, \\ s \in \{0, 1, \ldots, K-1\}, \\ R,\ r \text{ nichtstochastisch und bekannt.} \end{array}\right\} \tag{3.59}$$

Die Hypothese H_0 besagt, daß der Parametervektor β zusätzlich zu den Modellannahmen $(K - s)$ exakten linearen Restriktionen genügt, die wegen Rang $R = K - s$ linear unabhängig sind. (Die Rangbedingung an R sichert, daß keine Scheinrestriktionen geprüft werden.)

Die allgemeine lineare Hypothese (3.57) läßt sich auf zwei wesentliche Spezialfälle ausrichten.

Fall 1: $s = 0$

Nach Voraussetzung (3.59) ist dann die $K \times K$-Matrix R regulär, und wir können H_0 und H_1 wie folgt darstellen:

$$H_0\colon \beta = R^{-1}r = \beta^*;\quad \sigma^2 > 0 \text{ beliebig}, \tag{3.60}$$

$$H_1\colon \beta \neq \beta^*;\quad \sigma^2 > 0 \text{ beliebig}. \tag{3.61}$$

Fall 2: $s > 0$

Wir wählen eine zu R komplementäre $s \times K$-Matrix G derart, daß die zusammengesetzte $K \times K$-Matrix $\begin{pmatrix} G \\ R \end{pmatrix}$ den vollen Rang K besitzt. Es sei

$$X \begin{pmatrix} G \\ R \end{pmatrix}^{-1} = \underset{T\times K}{\tilde{X}} = \Big(\underset{T\times s}{\tilde{X}_1},\ \underset{T\times(K-s)}{\tilde{X}_2}\Big) \quad \text{und}$$

$$\underset{s\times 1}{\tilde{\beta}_1} = G\beta\,,\quad \underset{(K-s)\times 1}{\tilde{\beta}_2} = R\beta\,.$$

Dann läßt sich folgende Umformung durchführen:

$$\begin{aligned} y = X\beta + \varepsilon &= X \begin{pmatrix} G \\ R \end{pmatrix}^{-1} \begin{pmatrix} G \\ R \end{pmatrix} \beta + \varepsilon \\ &= \tilde{X} \begin{pmatrix} \tilde{\beta}_1 \\ \tilde{\beta}_2 \end{pmatrix} + \varepsilon \\ &= \tilde{X}_1\tilde{\beta}_1 + \tilde{X}_2\tilde{\beta}_2 + \varepsilon\,. \end{aligned}$$

Dieses Modell genügt allen Voraussetzungen (3.15). Die Hypothesen H_0 und H_1 sind dann gleichwertig mit

$$H_0: \tilde{\beta}_2 = r; \quad \tilde{\beta}_1 \text{ und } \sigma^2 > 0 \text{ beliebig}, \tag{3.62}$$

$$H_1: \tilde{\beta}_2 \neq r; \quad \tilde{\beta}_1 \text{ und } \sigma^2 > 0 \text{ beliebig}. \tag{3.63}$$

Bezeichnen wir den vollen Parameterraum, d. h. den Raum, in dem entweder H_0 oder H_1 gilt, mit Ω und den durch H_0 eingeschränkten Parameterraum mit ω, so gilt $\omega \in \Omega$ mit

$$\Omega = \{\beta; \sigma^2: \beta \in E^K, \sigma^2 > 0\},$$

$$\omega = \{\beta; \sigma^2: \beta \in E^K \text{ und } R\beta = r; \sigma^2 > 0\}.$$

Als Teststatistik verwenden wir den Likelihood-Quotienten

$$\lambda(\xi) = \frac{\max\limits_{\omega} L(\Theta)}{\max\limits_{\Omega} L(\Theta)}, \tag{3.64}$$

der für das Modell (3.15) der klassischen Normalregression folgende Gestalt hat.

$L(\Theta)$ nimmt sein Maximum für die ML-Schätzung $\hat{\Theta}$ an, es gilt also mit $\Theta = (\beta, \sigma^2)$

$$\begin{aligned} \max L(\beta, \sigma^2) &= L(\hat{\beta}, \hat{\sigma}^2) \\ &= (2\pi\hat{\sigma}^2)^{-T/2} \exp\left\{-\frac{1}{2\hat{\sigma}^2}(y - X\hat{\beta})'(y - X\hat{\beta})\right\} \\ &= (2\pi\hat{\sigma}^2)^{-T/2} \exp\left\{-\frac{T}{2}\right\} \end{aligned}$$

und damit

$$\lambda(y) = \left(\frac{\hat{\sigma}_\omega^2}{\hat{\sigma}_\Omega^2}\right)^{-T/2}, \tag{3.65}$$

wobei $\hat{\sigma}_\omega^2$ bzw. $\hat{\sigma}_\Omega^2$ die ML-Schätzungen von σ^2 unter H_0 bzw. im vollen Parameterraum Ω sind.

Wie aus dem Aufbau (3.64) ersichtlich, liegt $\lambda(\xi)$ und damit $\lambda(y)$ zwischen 0 und 1. $\lambda(y)$ ist selbst eine Zufallsvariable. Ist H_0 richtig, so müßte der Zähler von $\lambda(y)$ bei wiederholter Stichprobennahme in der Mehrzahl der Fälle einen im Vergleich zum Nenner hinreichend großen Wert ergeben, so daß $\lambda(y)$ unter H_0 einen Wert nahe 1 annehmen müßte. Umgekehrt müßte $\lambda(y)$ bei Gültigkeit von H_1 vorwiegend Werte nahe 0 annehmen.

Wir führen folgende monotone Transformation durch:

$$\begin{aligned} F &= \{(\lambda(y))^{-2/T} - 1\}\,(T - K)\,(K - s)^{-1} \\ &= \frac{\hat{\sigma}_\omega^2 - \hat{\sigma}_\Omega^2}{\hat{\sigma}_\Omega^2} \cdot \frac{T - K}{K - s}. \end{aligned} \tag{3.66}$$

Für $\lambda \to 0$ gilt $F \to \infty$ und für $\lambda \to 1$ gilt $F \to 0$, so daß eine Stichprobe im Bereich „F nahe 0" für die Gültigkeit von H_0 und im Bereich „F hinreichend groß" für die Gültigkeit von H_1 spricht. Wir bestimmen nun F und seine Verteilung für die beiden Spezialfälle der allgemeinen linearen Hypothese.

Fall 1: $s = 0$

Die ML-Schätzungen unter H_0 (3.60) sind

$$\beta = \beta^* \quad \text{und} \quad \hat{\sigma}^2_\omega = \frac{1}{T}(y - X\beta^*)'(y - X\beta^*)\,.$$

Die ML-Schätzungen über dem vollen Parameterraum Ω sind nach Satz 3.8.

$$\hat{\beta} = b \quad \text{und} \quad \hat{\sigma}^2_\Omega = \frac{1}{T}(y - Xb)'(y - Xb)\,.$$

Wir führen nacheinander folgende Umformungen durch:

$$\left.\begin{aligned}
b - \beta^* &= (X'X)^{-1}X'(y - X\beta^*)\,,\\
(b - \beta^*)'X'X &= (y - X\beta^*)'X\,,\\
y - Xb &= (y - X\beta^*) - X(b - \beta^*)\,,\\
(y - Xb)'(y - Xb) &= (y - X\beta^*)'(y - X\beta^*)\\
&\quad + (b - \beta^*)'X'X(b - \beta^*)\\
&\quad - 2(y - X\beta^*)'X(b - \beta^*)\\
&= (y - X\beta^*)'(y - X\beta^*)\\
&\quad - (b - \beta^*)'X'X(b - \beta^*)\,.
\end{aligned}\right\} \qquad (3.67)$$

Hieraus folgt

$$T(\hat{\sigma}^2_\omega - \hat{\sigma}^2_\Omega) = (b - \beta^*)'X'X(b - \beta^*)\,.$$

Somit erhalten wir als Teststatistik

$$F = \frac{(b - \beta^*)'X'X(b - \beta^*)}{(y - Xb)'(y - Xb)} \cdot \frac{T - K}{K}\,. \qquad (3.68)$$

Verteilung von F

a) Zähler

Es gelten folgende Relationen:

$$b - \beta^* = (X'X)^{-1}X'[\varepsilon + X(\beta - \beta^*)] \qquad \text{[nach (3.67)]},$$

$$\tilde{\varepsilon} = \varepsilon + X(\beta - \beta^*) \sim N(X(\beta - \beta^*), \sigma^2 I) \qquad \text{[Satz A 30]},$$

$X(X'X)^{-1}X'$ idempotent vom Rang K [Satz 3.3.],

$$(b - \beta^*)' X'X (b - \beta^*) = \tilde{\varepsilon}' X(X'X)^{-1} X'\tilde{\varepsilon}$$
$$\sim \sigma^2 \chi^2_K(\sigma^{-2}(\beta - \beta^*)' X'X (\beta - \beta^*)) \qquad \text{[Satz A 33]}$$
$$\text{bzw.} \quad \sim \sigma^2 \chi^2_K \text{ unter } H_0 .$$

b) Nenner

$$(y - Xb)' (y - Xb) = (T - K) s^2 = \varepsilon' M \varepsilon \qquad \text{[nach (3.37)]},$$
$$M = I - X(X'X)^{-1}X' \text{ idempotent vom Rang } T - K \qquad \text{[Satz A 22]},$$
$$\varepsilon' M \varepsilon \sim \sigma^2 \chi^2_{T-K} \qquad \text{[Satz A 33]}.$$

Es gilt

$$MX(X'X)^{-1}X' = 0 \qquad \text{[Satz A 22]},$$

so daß Zähler und Nenner unabhängig verteilt sind [Sätze A 34, A 35].

Damit [Satz A 32] besitzt der Quotient F (3.68) unter H_1 eine $F_{K,T-K}(\sigma^{-2}(\beta - \beta^*)' X'X (\beta - \beta^*))$-Verteilung, unter $H_0: \beta = \beta^*$ also eine zentrale $F_{K,T-K}$-Verteilung.

Bezeichnen wir mit $F_{m,n,1-q}$ das q-Quantil der $F_{m,n}$-Verteilung (d. h. $P(F \geqq F_{m,n,1-q}) = 1 - q$), so erhalten wir auf Grund unserer eingangs geführten Überlegungen bei einer vorgegebenen Irrtumswahrscheinlichkeit erster Art α die Bereiche

Annahmebereich für H_0: $\quad 0 \leqq F < F_{K,T-K,\alpha}$,

kritischer Bereich von H_0: $\quad F \geqq F_{K,T-K,\alpha}$.

Die kritischen Werte der F-Verteilung sind in vielen Büchern tabelliert. Wir verweisen auf Weber [1], Tafel 6, S. 629. Das gesuchte $(1 - \alpha)$-Quantil $F_{K,T-K,\alpha}$ wird dort als $F(\alpha, K, T - K)$ bezeichnet.

Fall 2: $s > 0$

Um die ML-Schätzungen unter H_0 (3.62) bestimmen und mit den ML-Schätzungen über dem vollen Parameterraum Ω vergleichen zu können, führen wir folgende Aufspaltung des Modells durch. Es sei $\beta' = \left(\underset{1\times s}{\beta_1'}, \underset{1\times(K-s)}{\beta_2'}\right)$ und entsprechend

$$y = X\beta + \varepsilon = X_1\beta_1 + X_2\beta_2 + \varepsilon .$$

Wir setzen $\tilde{y} = y - X_2 r$. Wegen Rang $X = K$ gilt

$$\text{Rang} \underset{T\times s}{X_1} = s \quad \text{und} \quad \text{Rang} \underset{T\times(K-s)}{X_2} = K - s ,$$

so daß insbesondere die Inversen $(X_1'X_1)^{-1}$ und $(X_2'X_2)^{-1}$ existieren.

Die ML-Schätzungen unter H_0 sind

$$\hat{\beta}_2 = r\,, \quad \hat{\beta}_1 = (X_1'X_1)^{-1}\,X_1'\tilde{y}$$

und

$$\hat{\sigma}_\omega^2 = \frac{1}{T}\,(\tilde{y} - X_1\hat{\beta}_1)'\,(\tilde{y} - X_1\hat{\beta}_1)\,.$$

Aufspaltung von b

Wir erhalten zunächst entsprechend der Modellaufspaltung

$$\begin{aligned} b &= (X'X)^{-1}\,X'y \\ &= \begin{pmatrix} X_1'X_1 & X_1'X_2 \\ X_2'X_1 & X_2'X_2 \end{pmatrix}^{-1} \begin{pmatrix} X_1'y \\ X_2'y \end{pmatrix}. \end{aligned}$$

Nach der Formel der partiellen Inversion (Satz A 36) ergibt sich für die Inverse der Ausdruck

$$\begin{pmatrix} (X_1'X_1)^{-1}\,[I + X_1'X_2D^{-1}X_2'X_1(X_1'X_1)^{-1}] & -(X_1'X_1)^{-1}\,X_1'X_2D^{-1} \\ -\,D^{-1}X_2'X_1(X_1'X_1)^{-1} & D^{-1}\,, \end{pmatrix}$$

wobei

$$D = X_2'M_1X_2$$

und

$$M_1 = I - X_1(X_1'X_1)^{-1}\,X_1'$$

gesetzt sind.

M_1 ist (analog zu M) idempotent vom Rang $T - s$, es gilt ferner $M_1X_1 = 0$. Die $(K - s) \times (K - s)$-Matrix

$$D = X_2'X_2 - X_2'X_1(X_1'X_1)^{-1}\,X_1'X_2$$

ist symmetrisch und — auf Grund der eindeutigen Lösbarkeit der Normalgleichungen für b, woraus die eindeutige Lösung der partiellen Normalgleichungen für die Teilkomponente b_2 folgt — notwendig auch regulär.

Somit erhalten wir für die Teilschätzungen b_1 und b_2 von b

$$b = \begin{pmatrix} b_1 \\ b_2 \end{pmatrix} = \begin{pmatrix} (X_1'X_1)^{-1}\,X_1'y - (X_1'X_1)^{-1}\,X_1'X_2D^{-1}X_2'M_1y \\ D^{-1}X_2'M_1y \end{pmatrix}. \tag{3.69}$$

Daraus leiten wir die folgenden Relationen ab:

$$\left.\begin{aligned} b_2 &= D^{-1}X_2'M_1y\,, \\ b_1 &= (X_1'X_1)^{-1}\,X_1'(y - X_2b_2)\,, \\ b_2 - r &= D^{-1}X_2'M_1\,(y - X_2r) \\ &= D^{-1}X_2'M_1\tilde{y} \\ &= D^{-1}X_2'M_1\,(\varepsilon + X_2\,(\beta_2 - r))\,, \end{aligned}\right\} \tag{3.70}$$

$$\left.\begin{aligned} b_1 - \hat{\beta}_1 &= (X_1'X_1)^{-1} X_1'(y - X_2 b_2 - \tilde{y}) \\ &= -\,(X_1'X_1)^{-1} X_1'X_2\,(b_2 - r) \\ &= -\,(X_1'X_1)^{-1} X_1'X_2 D^{-1} X_2' M_1 \tilde{y}\,. \end{aligned}\right\} \tag{3.71}$$

Zerlegung von $\hat{\sigma}^2_\Omega$

Wir schreiben

$$\begin{aligned}(y - Xb) &= (y - X_2 r - X_1\hat{\beta}_1) - \big(X_1(b_1 - \hat{\beta}_1) + X_2(b_2 - r)\big) \\ &= u \qquad\qquad\qquad\qquad - v\end{aligned}$$

und können mit diesem Ansatz die ML-Schätzung $T\hat{\sigma}^2_\Omega = (y - Xb)' \times (y - Xb)$ wie folgt zerlegen:

$$(y - Xb)'\,(y - Xb) = u'u + v'v - 2u'v\,.$$

Es gilt

$$\begin{aligned} u &= y - X_2 r - X_1\hat{\beta}_1 = y - X_1\,(X_1'X_1)^{-1} X_1'\tilde{y} \\ &= M_1\tilde{y}\,, \\ u'u &= \tilde{y}' M_1 \tilde{y}\,, \\ v &= X_1(b_1 - \hat{\beta}_1) + X_2(b_2 - r) \\ &= -\,X_1(X_1'X_1)^{-1} X_1'X_2 D^{-1} X_2' M_1\tilde{y} && \text{[nach (3.71)]} \\ &\quad + X_2 D^{-1} X_2' M_1 \tilde{y} && \text{[nach (3.70)]} \\ &= M_1 X_2 D^{-1} X_2' M_1 \tilde{y}\,, \\ v'v &= \tilde{y}' M_1 X_2 D^{-1} X_2' M_1 \tilde{y} \\ &= (b_2 - r)'\,D(b_2 - r)\,, \\ u'v &= v'v\,. \end{aligned}$$

Damit gilt insgesamt

$$\begin{aligned}(y - Xb)'\,(y - Xb) &= u'u - v'v \\ &= (\tilde{y} - X_1\hat{\beta}_1)'\,(\tilde{y} - X_1\hat{\beta}_1) - (b_2 - r)'\,D(b_2 - r)\end{aligned}$$

oder, anders geschrieben,

$$T(\hat{\sigma}^2_\omega - \hat{\sigma}^2_\Omega) = (b_2 - r)'\,D(b_2 - r)\,.$$

Im Fall 2 erhalten wir also als Teststatistik

$$F = \frac{(b_2 - r)'\,D(b_2 - r)}{(y - Xb)'\,(y - Xb)} \cdot \frac{T - K}{K - s}\,. \tag{3.72}$$

Verteilung von F

a) Zähler

Es gelten folgende Relationen:

$$\begin{aligned} A &= M_1X_2D^{-1}X_2'M_1 \text{ ist idempotent },\\ \text{Rang}(A) &= \text{sp}(A) = \text{sp}(M_1X_2D^{-1})(X_2'M_1)\\ &= \text{sp}(X_2'M_1)(M_1X_2D^{-1}) \qquad \text{[Satz A 13, d]}\\ &= \text{sp}\, I_{K-s} = K - s\,,\end{aligned}$$

$$b_2 - r = D^{-1}X_2'M_1\tilde{\varepsilon} \qquad \text{[nach (3.70)]},$$

$$\tilde{\varepsilon} = \varepsilon + X_2(\beta_2 - r) \sim N(X_2(\beta_2 - r), \sigma^2 I) \qquad \text{[Satz A 30]},$$

$$(b_2 - r)'\, D(b_2 - r) = \tilde{\varepsilon}'A\tilde{\varepsilon} \sim \sigma^2\chi^2_{K-s}(\sigma^{-2}(\beta_2 - r)'\, D(\beta_2 - r)) \qquad \text{[Satz A 33]},$$

bzw.

$$\sim \sigma^2\chi^2_{K-s} \text{ unter } H_0\,.$$

b) Nenner

Der Nenner ist für beide Fälle gleich, es gilt

$$(y - Xb)'\,(y - Xb) = \varepsilon'M\varepsilon \sim \sigma^2\chi^2_{T-K}\,.$$

Wegen

$$MX = M(X_1, X_2) = (MX_1, MX_2) = (0, 0)$$

wird

$$MM_1 = M$$

und

$$MA = MM_1X_2D^{-1}X_2'M_1 = 0\,,$$

so daß Zähler und Nenner von F (3.72) unabhängig verteilt sind [Sätze A 34, A 35]. Damit [Satz A 32] besitzt die Teststatistik F unter H_1 eine $F_{K-s,T-K}(\sigma^{-2}(\beta_2 - r)'\, D(\beta_2 - r))$-Verteilung, unter H_0 eine zentrale $F_{K-s,T-K}$-Verteilung.

Der Annahmebereich für H_0 bei einer Irrtumswahrscheinlichkeit erster Art α ist dann durch

$$0 \leqq F < F_{K-s,T-K,\alpha}$$

und entsprechend der kritische Bereich von H_0 durch

$$F \geqq F_{K-s,T-K,\alpha}$$

gegeben.

4. Das verallgemeinerte lineare Regressionsmodell

4.1. Optimale lineare Schätzungen von β

In 2.6. wurde das verallgemeinerte lineare Regressionsmodell (2.17) als Spezialfall $M = 1$ des multivariaten (M-dimensionalen) Modells hergeleitet. Wir setzen die Gültigkeit von Annahme (H1) voraus und erhalten damit aus (2.17) das reguläre verallgemeinerte lineare Regressionsmodell in der Gestalt

$$\left.\begin{array}{l} y = X\beta + \varepsilon\,, \\ E\varepsilon = 0, \quad E\varepsilon\varepsilon' = \sigma^2 W\,, \\ W \text{ positiv definit und bekannt,} \\ X \text{ nichtstochastisch, Rang } X = K\,. \end{array}\right\} \tag{4.1}$$

[Modelle mit stochastischen Regressoren werden in Kap. 9 behandelt.]

Durch die Einführung der Kovarianzmatrix $\sigma^2 W$ würde sich zwangsläufig die Zahl der (unbekannten) zu schätzenden Parameter um maximal $T(T + 1)/2$ erhöhen, während die Anzahl T der Beobachtungen fest bleibt. Die simultane oder auch schrittweise Schätzung aller Parameter stellt ein kompliziertes Problem dar, das bei SCHÖNFELD [1] behandelt wird. Wir setzen deshalb voraus, daß W bekannt ist, so daß nur β und daraus σ^2 zu schätzen sind. (Da die Komponenten σ^2 und W bei der Aufspaltung von $E\varepsilon\varepsilon'$ im allgemeinen nicht eindeutig bestimmt sind, wird man die Elemente von W geeignet normieren. Üblich sind die Normierungen $\operatorname{sp}(W) = T$ oder $w_{11} = 1$.)

Wir beschränken uns wieder auf Schätzungen $\hat{\beta}$, die linear in y sind, wählen also den Ansatz (wie in (3.21))

$$\hat{\beta} = \underset{K\times T}{C'}\, y + \underset{K\times 1}{d}\,. \tag{4.2}$$

C und d sind nichtstochastisch und werden so gewählt, daß eine der folgenden Risikofunktionen minimiert wird:

$$R_1(\hat{\beta}) = E(\hat{\beta} - \beta)'\, A(\hat{\beta} - \beta) \tag{4.3}$$

(A eine positiv definite $K \times K$-Matrix),

$$R_2(\hat{\beta}) = E[(\hat{\beta} - \beta)'\, a]^2 \tag{4.4}$$

($a \neq 0$ ein $K \times 1$-Vektor),

$$R_3(\hat{\beta}) = E(y - X\hat{\beta})'\, W^{-1}(y - X\hat{\beta})\,. \tag{4.5}$$

Wir bestimmen dann die optimalen Schätzungen nach den drei Kriterien:

Kriterium K_i ($i = 1, 2$, oder 3). $\hat{\beta}$ heißt die *lineare Schätzung mit minimalem Risiko* $R_i(\hat{\beta})$ — oder $\hat{\beta}$ heißt R_i-optimal —, wenn für festes X und festes W und für alle β, σ^2

$$R_i(\hat{\beta}) \leqq R_i(\tilde{\beta}) \tag{4.6}$$

für jede lineare Schätzung $\tilde{\beta}$ gilt.

R_1-optimale Schätzungen

a) Inhomogene R_1-optimale Schätzung

Mit dem Ansatz (4.2) erhalten wir

$$\hat{\beta} - \beta = (C'X - I)\,\beta + d + C'\varepsilon \tag{4.7}$$

und daraus

$$\begin{aligned} R_1(\hat{\beta}) &= E[(C'X - I)\,\beta + d + C'\varepsilon]'\,A[(C'X - I)\,\beta + d + C'\varepsilon] \\ &= [(C'X - I)\,\beta + d]'\,A[(C'X - I)\,\beta + d] \\ &\quad + E(\varepsilon' CAC'\varepsilon)\,. \end{aligned}$$

Da der zweite Ausdruck von d unabhängig ist, erhalten wir sofort das optimale d durch Minimierung des ersten Ausdrucks als

$$\hat{d} = -\,(\hat{C}'X - I)\,\beta\,. \tag{4.8}$$

Damit reduziert sich das Problem auf

$$\begin{aligned} \min_{C'} E(\varepsilon' CAC'\varepsilon) &= \min_{C'} \operatorname{sp}\left(AC'(E\varepsilon\varepsilon')\,C\right) \\ &= \min_{C'} \sigma^2 \operatorname{sp}\left(AC'WC\right). \end{aligned}$$

Es gilt (Satz A 37)

$$\frac{\partial}{\partial C'}\,\sigma^2 \operatorname{sp}\,(AC'WC) = 2\sigma^2 AC'W\,,$$

woraus wir durch Nullsetzen (wegen A und W positiv definit und damit regulär) das optimale C' als $\hat{C}' = 0$ erhalten. Eingesetzt in (4.8) folgt $\hat{d} = \beta$.

Die inhomogene R_1-optimale Schätzung hat dann die Gestalt

$$\hat{\beta}_1 = \beta$$

mit

$$R_1(\hat{\beta}_1) = 0 \quad \text{und} \quad V_{\hat{\beta}_1} = 0\,.$$

Das ist die optimale Schätzung von β überhaupt. Sie ist außerdem erwartungstreu.

b) Homogene R_1-optimale Schätzung

Es gilt mit dem Ansatz (4.2) und $d = 0$

$$\hat{\beta} - \beta = (C'X - I)\,\beta + C'\varepsilon\,, \tag{4.9}$$

$$R_1(\hat{\beta}) = \beta'(X'C - I)\,A(C'X - I)\,\beta + \sigma^2 \operatorname{sp}(AC'WC)\,, \tag{4.10}$$

$$\frac{\partial R_1(\hat{\beta})}{\partial C'} = 2A\,[C'(X\beta\beta'X' + \sigma^2 W) - \beta\beta'X'] \tag{4.10a}$$

(Sätze A 26, A 37).

Die Matrix $(X\beta\beta'X' + \sigma^2 W)$ ist positiv definit (Satz A 10) und damit regulär, so daß wir durch Nullsetzen der ersten Ableitung das optimale C erhalten:

$$\hat{C}' = \beta\beta'X'\,(X\beta\beta'X' + \sigma^2 W)^{-1}\,. \tag{4.11}$$

Hieraus folgt für die homogene R_1-optimale Schätzung

$$\left.\begin{aligned} \hat{\beta}_2 &= \hat{C}_2'y = \beta\beta'X'\,(X\beta\beta'X' + \sigma^2 W)^{-1}\,y = \beta\beta'X'P^{-1}y,\\ E\hat{\beta}_2 &= \beta\beta'X'P^{-1}X\beta\,, \qquad \operatorname{bias}\hat{\beta}_2 = E\hat{\beta}_2 - \hat{\beta}\\ E_1(\hat{\beta}_2) &= \operatorname{sp}(AV_{\hat{\beta}_2}) + \operatorname{sp}A(\operatorname{bias}\hat{\beta}_2)(\operatorname{bias}\hat{\beta}_2)'\,,\\ V_{\hat{\beta}_2} &= \sigma^2\beta\beta'X'P^{-1}WP^{-1}X\beta\beta'\,. \end{aligned}\right\} \tag{4.12}$$

Wegen $d = 0 \neq \hat{d}$ [vgl. (4.8)] gilt sofort

$$R_1(\hat{\beta}_1) \leqq R_1(\hat{\beta}_2)\,.$$

c) Homogene erwartungstreue R_1-optimale Schätzung

Die Bedingung der Erwartungstreue einer homogenen Schätzung war nach (3.24) äquivalent zu

$$C'X - I = 0 \tag{4.13}$$

oder zeilenweise aufgeschlüsselt

$$c_i'X - e_i = 0 \qquad (i = 1, \ldots, K)\,, \tag{4.13a}$$

wobei e_i bzw. c_i der i-te Zeilenvektor von I bzw. C' ist. Damit reduziert sich $R_1(\hat{\beta})$ auf $R_1(\hat{\beta}) = \sigma^2 \operatorname{sp}(AC'WC)$, und wir erhalten das optimale C als Lösung des quadratischen Optimierungsproblems unter linearen Nebenbedingungen

$$\min_{C'} \tilde{R}_1 = \min_{C'} \left\{\sigma^2 \operatorname{sp}(AC'WC) - 2\sum_{i=1}^{K} \lambda_i'(c_i'X - e_i)'\right\} \tag{4.14}$$

aus den Normalgleichungen

$$\frac{\partial \tilde{R}_1}{\partial C'} = 2\sigma^2 AC'W - 2\lambda X' = 0 ,$$

$$\frac{\partial \tilde{R}_1}{\partial \lambda} = 2(C'X - I) = 0$$

(λ_i: $K \times 1$-Vektor aus LAGRANGE-Multiplikatoren, $\underset{K\times K}{\lambda} = \begin{pmatrix} \lambda_1' \\ \vdots \\ \lambda_K' \end{pmatrix}$) als

$$\hat{C}' = (X'W^{-1}X)^{-1} X'W^{-1} = S^{-1}X'W^{-1} . \tag{4.15}$$

Die Bedingung (4.13) der Erwartungstreue ist erfüllt:

$$\hat{C}'X = S^{-1}X'W^{-1}X = S^{-1}S = I .$$

Damit wird die homogene erwartungstreue R_1-optimale Schätzung

$$\hat{\beta}_3 = b = S^{-1}X'W^{-1}y \tag{4.16}$$

mit

$$R_1(b) = \sigma^2 \operatorname{sp}(AS^{-1}) = \operatorname{sp}(AV_b) ,$$
$$V_b = \sigma^2 S^{-1} .$$

Wir fassen die Ergebnisse zusammen.

Satz 4.1. *Im verallgemeinerten linearen Regressionsmodell haben die im Sinne der Minimierung der Risikofunktion $R_1(\hat{\beta}) = E(\hat{\beta} - \beta)' A(\hat{\beta} - \beta)$ optimalen Schätzungen von β die Gestalt*

a) *inhomogen:* $\hat{\beta}_1 = \beta$,

b) *homogen:* $\hat{\beta}_2 = \beta\beta'X'(X\beta\beta'X' + \sigma^2 W)^{-1} y$,

c) *homogen erwartungstreu:* $\hat{\beta}_3 = b = S^{-1}X'W^{-1}y$.

Die R_1-optimalen Schätzungen sind unabhängig von A.

R_2-optimale Schätzungen

Wegen der Unabhängigkeit der R_1-optimalen Schätzungen von A können wir das Kriterium K_1 so erweitern, daß alle symmetrischen positiv definiten $K \times K$-Matrizen A zugelassen sind. Schwächen wir die Bedingung weiter ab und fordern wir, daß A nichtnegativ definit ist, so erhalten wir

Kriterium $\tilde{K}_1$. $\hat{\beta}$ heißt *$\tilde{R}_1$-optimale Schätzung*, wenn für festes (X, W) und alle (β, σ^2) und für eine beliebige nichtnegativ definite Matrix A

$$E(\hat{\beta} - \beta)' A(\hat{\beta} - \beta) \leqq E(\tilde{\beta} - \beta)' A(\tilde{\beta} - \beta)$$

gilt, wobei $\tilde{\beta}$ eine beliebige lineare Schätzung ist. Damit ist jede R_1-optimale Schätzung auch $\tilde{R}_1$-optimal und zugleich eine R_2-optimale Schätzung, wie der folgende Satz zeigt.

Satz 4.2. *Die Kriterien $\tilde{K}_1$ und K_2 sind äquivalent.*

Beweis.

1. Jede R_2-optimale Schätzung $\hat{\beta}$ ist $\tilde{R}_1$-optimal:

Es sei A eine beliebige nichtnegativ definite Matrix mit den Eigenwerten $\lambda_i \geqq 0$ und den zugehörigen orthonormal gewählten Eigenvektoren x_i. Dann besitzt A die Darstellung

$$A = \sum_{i=1}^{K} \lambda_i x_i x_i' .$$

Wenn $\hat{\beta}$ R_2-optimal ist, so gilt für jede Schätzung $\tilde{\beta}$ und für $a = x_i$ $(i = 1, \ldots, K)$

$$E(\hat{\beta} - \beta)' x_i' x_i (\hat{\beta} - \beta) \leqq E(\tilde{\beta} - \beta)' x_i x_i' (\tilde{\beta} - \beta) ,$$

also auch

$$\lambda_i E (\hat{\beta} - \beta)' x_i x_i' (\hat{\beta} - \beta) \leqq \lambda_i E (\tilde{\beta} - \beta)' x_i x_i' (\tilde{\beta} - \beta)$$

und damit

$$E(\hat{\beta} - \beta)' (\sum \lambda_i x_i x_i') (\hat{\beta} - \beta) \leqq E(\tilde{\beta} - \beta)' (\sum \lambda_i x_i x_i') (\tilde{\beta} - \beta) .$$

D. h., β ist auch $\tilde{R}_1$-optimal.

2. Jede $\tilde{R}_1$-optimale Schätzung $\hat{\beta}$ ist R_2-optimal:

Zu den in Kriterium $\tilde{K}_1$ zugelassenen nichtnegativ definiten Matrizen A gehören speziell die Matrizen $A = aa'$, wobei $a \neq 0$ ein beliebiger $K \times 1$-Vektor ist.

Wenn $\hat{\beta}$ $\tilde{R}_1$-optimal ist, so gilt für $A = aa'$

$$E(\hat{\beta} - \beta)' aa' (\hat{\beta} - \beta) \leqq E(\tilde{\beta} - \beta)' aa' (\tilde{\beta} - \beta) ,$$

so daß $\hat{\beta}$ auch R_2-optimal ist.

R_3-optimale Schätzungen

Mit $\hat{\beta} = C'X + d$ wird

$$\begin{aligned} R_3(\hat{\beta}) &= E(y - X\hat{\beta})' W^{-1}(y - X\hat{\beta}) \\ &= [(I - C'X) \beta - d]' S[(I - C'X) \beta - d] \\ &\quad + \sigma^2 \operatorname{sp} [W^{-1}(I - XC') W(I - CX')] \\ &= u + v . \end{aligned}$$

Da d nur im ersten Ausdruck u enthalten ist, ergibt die Minimierung von $R_3(\hat{\beta})$ bezüglich d sofort

$$\hat{d} = (I - \hat{C}'X)\,\beta\,,$$

wobei wir $\hat{C}'$ aus der Minimierung von v gewinnen (Sätze A 27, A 37):

$$v = \sigma^2 \operatorname{sp}[I + CSC'W - 2CX'] \qquad (\text{Satz A 13})\,,$$

$$\frac{1}{2\sigma^2}\frac{\partial v}{\partial C'} = SC'W - X' = 0\,,$$

$$\hat{C}' = S^{-1}X'W^{-1}\,.$$

Daraus folgt

$$\hat{d} = (I - S^{-1}X'W^{-1}X)\,\beta = 0\,,$$

so daß der inhomogene und der homogene Ansatz dieselbe Lösung, d. h. die (überdies erwartungstreue) R_3-optimale Schätzung $b = S^{-1}X'W^{-1}y$ liefern, die wir bereits in (4.16) erhalten haben.

Satz 4.3. *Die R_3-optimale Schätzung von β hat die Gestalt*

$$b = S^{-1}X'W^{-1}y$$

mit

$$S = X'W^{-1}X\,, \qquad V_b = \sigma^2 S^{-1}$$

und

$$R_3(b) = \sigma^2 \operatorname{sp}(I - W^{-1}XS^{-1}X') = \sigma^2(T - K)\,.$$

4.2. Aitken-Schätzung

Wir wollen die der klassischen GM-Schätzung $b = (X'X)^{-1}X'y$ entsprechende Schätzung von β im verallgemeinerten Regressionsmodell (4.1) herleiten und verwenden deshalb die in 2.6. angeführte Transformation.

Die Produktdarstellungen von W und W^{-1} lauteten

$$W = MM' \quad \text{und} \quad W^{-1} = NN'$$

mit M, N regulär und quadratisch. Wir transformieren das Modell (4.1) durch Linksmultiplikation mit N':

$$N'y = N'X\beta + N'\varepsilon$$

und setzen

$$N'y = \tilde{y}\,, \qquad N'X = \tilde{X}\,, \qquad N'\varepsilon = \tilde{\varepsilon}\,.$$

Dann gilt

$$E\tilde{\varepsilon} = EN'\varepsilon = 0 \,, \qquad E\tilde{\varepsilon}\tilde{\varepsilon}' = EN'\varepsilon\varepsilon' N = \sigma^2 I \,,$$

so daß das transformierte Modell $\tilde{y} = \tilde{X}\beta + \tilde{\varepsilon}$ den Annahmen (3.15) des klassischen Regressionsmodells genügt. Die KQ-Schätzung von β in diesem Modell hat die Gestalt

$$\begin{aligned} b &= (\tilde{X}'\tilde{X})^{-1}\,\tilde{X}'\tilde{y} \\ &= (X'NN'X)^{-1}\,X'NN'y \\ &= (X'W^{-1}X)^{-1}\,X'W^{-1}y \,. \end{aligned}$$

Damit haben wir durch Rücktransformation die KQ-Schätzung von β im verallgemeinerten Modell abgeleitet.

$b = (\tilde{X}'\tilde{X})^{-1}\,\tilde{X}'\tilde{y}$ ist, wie wir wissen, auch die GM-Schätzung im transformierten Modell. Die GM-Eigenschaft von b überträgt sich auch auf das Modell (4.1):

$$b = S^{-1}X'W^{-1}y \quad \text{ist erwartungstreu:}$$

$$\begin{aligned} Eb &= (X'W^{-1}X)^{-1}\,X'W^{-1}Ey \\ &= (X'W^{-1}X)^{-1}\,X'W^{-1}X = \beta \,. \end{aligned}$$

b besitzt die kleinste Varianz (im Sinne von Satz 3.5.):
Es sei $\tilde{\beta} = \tilde{C}'y$ eine beliebige erwartungstreue Schätzung von β. Wir setzen wieder

$$\tilde{C}' = \hat{C}' + D'$$

mit

$$\hat{C}' = S^{-1}X'W^{-1} \,.$$

Die Erwartungstreue von $\tilde{\beta}$ bedingt $D'X = 0$ (also wird $\hat{C}'WD = 0$). Damit erhalten wir für die Kovarianzmatrix

$$\begin{aligned} V_{\tilde{\beta}} &= E(\tilde{C}'\varepsilon\varepsilon'\tilde{C}) \\ &= \sigma^2(\hat{C}' + D')\,W(\hat{C} + D) \\ &= \sigma^2\hat{C}'W\hat{C} + \sigma^2 D'WD \\ &= V_b + \sigma^2 D'WD \,, \end{aligned}$$

so daß $V_{\tilde{\beta}} - V_b = \sigma^2 D'WD$ nichtnegativ definit wird (Satz A 8).

Dieses Resultat formuliert der folgende

Satz 4.4. GAUSS-MARKOFF-AITKEN-Theorem. *Im verallgemeinerten linearen Regressionsmodell ist die verallgemeinerte KQ-Schätzung*

$$b = (X'W^{-1}X)^{-1}\,X'W^{-1}y \tag{4.17}$$

mit der Kovarianzmatrix

$$V_b = \sigma^2(X'W^{-1}X)^{-1} = \sigma^2 S^{-1}$$

die beste lineare erwartungstreue Schätzung von β.

(Wir bezeichnen b auch als AITKEN- oder als GM-Schätzung).

b ist gleichzeitig R_3-optimal und die homogene erwartungstreue R_1- bzw. R_2-optimale Schätzung. Analog zum klassischen Modell schätzen wir σ^2 und V_b durch

$$s^2 = (y - Xb)' W^{-1}(y - Xb) (T - K)^{-1} \tag{4.18}$$

und

$$\hat{V}_b = s^2 S^{-1} . \tag{4.19}$$

Beide Schätzungen sind erwartungstreu:

$$Es^2 = R_3(b) (T - K)^{-1} = \sigma^2 .$$

Analog zu Satz 3.7. gilt

Satz 4.5. *Im verallgemeinerten linearen Regressionsmodell ist*

$$\hat{d} = a'b \tag{4.20}$$

mit der Varianz

$$\operatorname{var}(\hat{d}) = \sigma^2 a' S^{-1} a = a' V_b a \tag{4.21}$$

die beste lineare erwartungstreue Schätzung der Linearform $d = a'\beta$.

4.3. Fehlspezifikation der Kovarianzmatrix

Wir setzen das verallgemeinerte Regressionsmodell (4.1) und damit speziell W als wahr voraus und untersuchen den Einfluß einer falschen Wahl der Kovarianzmatrix auf die Güte der damit verbundenen Schätzungen von β bzw. σ^2 im Vergleich zur GM-Schätzung b (4.17) bzw. s^2 (4.18).

Die Ursachen für diese Fehlspezifikation können darin begründet sein, daß

- der korrelative Zusammenhang zwischen den Fehlern ε_t nicht erkannt oder (etwa aus Gründen der Rechenerleichterung) vernachlässigt und die klassische KQ-Schätzung verwendet wurde,
- der korrelative Zusammenhang allgemein durch eine Matrix $\tilde{W} \neq W$ beschrieben wird,
- die Matrix W unbekannt ist und aus einer Vorstichprobe stochastisch unabhängig von y durch $\hat{W}$ geschätzt wird.

In jedem Fall erhalten wir eine Schätzung der Gestalt

$$\hat{\beta} = (X'AX)^{-1} X'Ay\,, \tag{4.22}$$

wobei wir $A \neq W^{-1}$, symmetrisch, nichtstochastisch und so gewählt voraussetzen, daß $(X'AX)$ regulär ist. Dann gilt

$$E\hat{\beta} = \beta$$

und

$$V_{\hat{\beta}} = \sigma^2(X'AX)^{-1} X'AWAX(X'AX)^{-1}\,.$$

Der durch den Satz 4.4. gesicherte Verlust an Wirksamkeit durch Verwendung von $\hat{\beta}$ anstelle der GM-Schätzung $b = S^{-1}X'W^{-1}y$ wird

$$V_{\hat{\beta}} - V_b = \sigma^2[(X'AX)^{-1} X'A - S^{-1}X'W^{-1}] \times W[(X'AX)^{-1} X'A - S^{-1}X'W^{-1}]'\,. \tag{4.23}$$

Diese Matrix ist nach Satz 4.4. und nach Satz A 8 nichtnegativ definit. Kein Verlust an Wirksamkeit tritt ein, wenn

$$(X'AX)^{-1} X'A = S^{-1}X'W^{-1} \quad \text{bzw.} \quad \hat{\beta} = b \text{ gilt.}$$

Besteht die erste Spalte von X nur aus Einsen, so setzen wir $X = (e, x_2, \ldots, x_K) = (e\tilde{X})$.

Für diesen Fall und $A = I$, d. h. $\hat{\beta} = (X'X)^{-1} X'y$, gibt McElroy [1] folgenden Satz an.

Satz 4.5. *Die klassische KQ-Schätzung $b = (X'X)^{-1} X'y$ ist GM-Schätzung im verallgemeinerten linearen Regressionsmodell genau dann, wenn $X = (e\tilde{X})$ und*

$$W = (1 - \varrho)\, I + \varrho ee' \tag{4.24}$$

mit $0 \leqq \varrho < 1$ und $e' = (1, 1, \ldots, 1)$ gilt.

Mit anderen Worten, es gilt in diesem Modell

$$(X'X)^{-1} X'y = (X'W^{-1}X)^{-1} X'W^{-1}y$$

genau dann, wenn die Fehler ε_t gleiche Varianzen σ^2 und gleiche nichtnegative Kovarianzen $\sigma^2\varrho$ besitzen.

Den Verlust an Wirksamkeit bei der Schätzung von σ^2 durch eine Statistik $\hat{\sigma}^2$, die auf der Basis von $\hat{\beta}$ gewonnen wird, erhält man wie folgt:

Es wird

$$\hat{\varepsilon} = y - X\hat{\beta} = (I - X(X'AX)^{-1} X'A)\,\varepsilon\,,$$

$$(T - K)\,\hat{\sigma}^2 = \hat{\varepsilon}'\hat{\varepsilon} = \operatorname{sp}(I - X(X'AX)^{-1} X'A) \times \varepsilon\varepsilon'\,(I - AX(X'AX)^{-1} X')\,,$$

$$E\hat{\sigma}^2\,(T - K) = \sigma^2 \operatorname{sp}(W - X(X'AX)^{-1} X'A) + \operatorname{sp}[\sigma^2 X(X'AX)^{-1} X'A\,(I - 2W) + XV_{\hat{\beta}}X']\,. \tag{4.25}$$

Wählt man die Normierung sp $(W) = T$, so wird der erste Ausdruck in (4.25) gleich $T - K$ (Satz A 13). Für den Fall $\hat{\beta} = (X'X)^{-1} X'y$ (d. h. $A = I$) erhalten wir

$$E\hat{\sigma}^2 = \sigma^2 + \frac{\sigma^2}{T - K} \operatorname{sp} [X(X'X)^{-1} X'(I - W)] . \tag{4.26}$$

Die mittlere Verzerrung der Schätzung von σ^2 auf der Basis der mit der klassischen KQ-Schätzung gebildeten Statistik $\hat{\sigma}^2$ wird also durch den zweiten Ausdruck in (4.26) gegeben. Diese Größe wird bei Fehlerprozessen mit positiven Korrelationen im allgemeinen negativ sein, so daß eine Unterschätzung der wahren Varianz vorliegt und damit eine bessere Anpassung vorgetäuscht wird (vgl. hierzu die Beispiele in GOLDBERGER, [1], S. 238ff. für die Fälle der Heteroskedastie und der Autoregression 1. Art).

4.4. Heteroskedastie und Autoregression

Der Fehlerprozeß $\{\varepsilon_t\}$ heißt *heteroskedastisch*, wenn

$$E\varepsilon_t\varepsilon_{t'} = \begin{cases} \sigma_t^2 & \text{für } t = t' , \\ 0 & \text{für } t \neq t' \end{cases}$$

gilt. Damit wird die Kovarianzmatrix

$$E\varepsilon\varepsilon' = \sigma^2 W = \sigma^2 \begin{pmatrix} k_1 & 0 & \cdots & 0 \\ 0 & k_2 & \cdots & 0 \\ \vdots & \vdots & & \vdots \\ 0 & 0 & \cdots & k_T \end{pmatrix} = \sigma^2 \operatorname{diag} (k_1, \ldots, k_T)$$

mit $k_t = \sigma_t^2/\sigma^2$.

Wählt man die Normierung sp $W = T$, so wird

$$\sum k_t = \sum \sigma_t^2/\sigma^2 = T \quad \text{und damit} \quad \sigma^2 = \sum \sigma_t^2/T$$

der Mittelwert der Varianzen. Die verallgemeinerte KQ-Schätzung hat wegen

$$W^{-1} = \operatorname{diag} (k_1^{-1}, \ldots, k_T^{-1})$$

und mit $X' = (x_1, \ldots, x_T)$ die Gestalt

$$b = \left(\sum x_t x_t' \cdot \frac{1}{k_t}\right)^{-1} \left(\sum x_t y_t \cdot \frac{1}{k_t}\right),$$

so daß b eine gewogene Regressionsschätzung darstellt, die die gewogene Fehlerquadratsumme

$$R_3(\hat{\beta}) = \hat{\varepsilon}' W^{-1} \hat{\varepsilon} = \sum \hat{\varepsilon}_t^2 \cdot \frac{1}{k_t}$$

minimiert.

Im Fall der Homoskedastie ($\sigma_t^2 = \sigma^2$ für alle $t = 1, \ldots, T$) liegt das klassische lineare Modell vor.

Als ein wichtiges und in Anwendungen (etwa in der Varianzanalyse) häufig auftretendes Beispiel für Heteroskedastie soll hier der Fall genannt sein, daß die Beobachtungen in m Gruppen zerfallen, wobei die Varianzen innerhalb einer Gruppe gleich sind. Der Fehlerprozeß besitzt dann eine spezielle blockdiagonale Kovarianzmatrix:

$$E\varepsilon\varepsilon' = \begin{pmatrix} \sigma_1^2 I & 0 & \cdots & 0 \\ 0 & \sigma_2^2 I & \cdots & 0 \\ \vdots & \vdots & & \vdots \\ 0 & \cdots \; 0 & \cdots & \sigma_m^2 I \end{pmatrix} = \operatorname{diag}\,(\sigma_1^2 I, \ldots, \sigma_m^2 I)\,.$$

Die Aufspaltung des Modells in die Beobachtungsgruppen hat dabei die Gestalt

$$\begin{pmatrix} y_1 \\ y_2 \\ \vdots \\ y_m \end{pmatrix} = \begin{pmatrix} X_1 \\ X_2 \\ \vdots \\ X_m \end{pmatrix} \beta + \begin{pmatrix} \varepsilon_1 \\ \varepsilon_2 \\ \vdots \\ \varepsilon_m \end{pmatrix}. \tag{4.27}$$

Diese Modellstruktur finden wir allgemeiner auch im m-dimensionalen (multivariaten) Regressionsmodell, wie es in 2.4. hergeleitet wurde.

Autoregression 1. Art

Es sei $\{u_t\}$ $(t = \ldots, -2, -1, 0, 1, 2, \ldots)$ ein zufälliger Prozeß mit

$$Eu_t = 0\,, \quad Eu_t^2 = \sigma_u^2\,, \quad Eu_t u_{t'} = 0 \quad \text{für } t \neq t'\,. \tag{4.28}$$

Mit $\{u_t\}$ werde der folgende stationäre zufällige Prozeß erzeugt:

$$v_t - \mu = \varrho(v_{t-1} - \mu) + u_t\,, \tag{4.29}$$

wobei $|\varrho| < 1$ und ϱ eine Prozeßkonstante ist. Durch wiederholte Substitution des Modells (4.29) in sich selbst finden wir die Relation

$$v_t - \mu = \sum_{s=0}^{\infty} \varrho^s u_{t-s} \tag{4.20}$$

und daraus wegen (4.28)

$$Ev_t = \mu + \sum_{s=0}^{\infty} \varrho^s E u_{t-s} = \mu\,, \tag{4.31}$$

$$\left.\begin{aligned} E(v_t - \mu)^2 &= \sum_{s=0}^{\infty} \sum_{r=0}^{\infty} \varrho^{s+r} E u_{t-s} u_{t-r} \\ &= \sigma_u^2 \sum_{s=0}^{\infty} \varrho^{2s} = \sigma_u^2 (1 - \varrho^2)^{-1} = \sigma^2 \,. \end{aligned}\right\} \tag{4.32}$$

Damit besitzt der Vektor $v' = (v_1, ..., v_T)$ den Erwartungswert $Ev' = (\mu, ..., \mu)$ und die Kovarianzmatrix $\sum = \sigma^2 W$ mit

$$W = \begin{pmatrix} 1 & \varrho & \varrho^2 & \cdots & \varrho^{T-1} \\ \varrho & 1 & \varrho & \cdots & \varrho^{T-2} \\ \vdots & \vdots & \vdots & & \vdots \\ \varrho^{T-1} & \varrho^{T-2} & \varrho^{T-3} & \cdots & 1 \end{pmatrix}, \tag{4.33}$$

deren Inverse von der Gestalt $\sum^{-1} = \sigma^{-2} W^{-1}$ mit

$$W^{-1} = \frac{1}{1-\varrho^2} \begin{Bmatrix} 1 & -\varrho & 0 & \cdots & 0 & 0 \\ -\varrho & 1+\varrho^2 & -\varrho & \cdots & 0 & 0 \\ 0 & -\varrho & 1+\varrho^2 & \cdots & 0 & 0 \\ \vdots & \vdots & \vdots & & \vdots & \vdots \\ 0 & 0 & 0 & \cdots & 1+\varrho^2 & -\varrho \\ 0 & 0 & 0 & \cdots & -\varrho & 1 \end{Bmatrix} \tag{4.34}$$

ist.

Wir setzen $\varepsilon_t = v_t$ und $\mu = 0$ und erhalten damit das verallgemeinerte lineare Regressionsmodell mit einem autoregressiven Fehlerprozeß 1. Art in der Gestalt (4.1), wobei W aus (4.33) ist. Die GM-Schätzung von β ist

$$b = (X'W^{-1}X)^{-1} X'W^{-1}y \quad \text{mit } W^{-1} \text{ aus (4.34)} \,.$$

Test auf Autoregression

Wie wir in 4.3. sahen, hat eine Fehlspezifikation der Kovarianzmatrix von ε starke Auswirkungen auf die Güte der Schätzungen. Haben die Fehler ε_t eine nichtsphärische Verteilung, d. h., gilt $W \neq I$, so besitzt die klassische KQ-Schätzung nicht mehr die GM-Eigenschaft, und es treten Verzerrungen bei der damit verbundenen Schätzung von σ^2 auf. Vor jeder Schätzung muß deshalb eine Prüfung der über W getroffenen Annahmen erfolgen, wobei in Ermangelung eines allgemeinen Tests auf sphärische Verteilung spezifische Nullhypothesen gegen abgegrenzte Alternativen getestet werden.

Der Durbin-Watson-Test für

$$H_0: \varrho = 0 \quad \text{gegen} \quad H_1: \varrho > 0$$

basiert auf der Test-Statistik

$$d = \frac{\sum_{t=2}^{T} (\hat{\varepsilon}_t - \hat{\varepsilon}_{t-1})^2}{\sum_{t=1}^{T} \hat{\varepsilon}_t^2}, \tag{4.35}$$

wobei die $\hat{\varepsilon}_t$ die geschätzten Fehler aus der klassischen Regression sind. d ist in Anlehnung an den empirischen Autokorrelationskoeffizienten $\hat{\varrho}$ des Stichprobenvektors $\hat{\varepsilon} = y - X(X'X)^{-1} X'y$ konstruiert:

$$\hat{\varrho} = \frac{\sum_{t=2}^{T} \hat{\varepsilon}_t \hat{\varepsilon}_{t-1}}{\sqrt{\sum_{t=2}^{T} \hat{\varepsilon}_t^2} \sqrt{\sum_{t=2}^{T} \hat{\varepsilon}_{t-1}^2}},$$

Verwendet man die Näherung

$$\sum_{t=1}^{T} \hat{\varepsilon}_t^2 = \sum_{t=2}^{T} \hat{\varepsilon}_t^2 = \sum_{t=2}^{T} \hat{\varepsilon}_{t-1}^2 ,$$

so wird

$$d = \frac{2 \sum \hat{\varepsilon}_t^2 - 2 \sum \hat{\varepsilon}_t \hat{\varepsilon}_{t-1}}{\sum \hat{\varepsilon}_t^2} = 2(1 - \hat{\varrho}) . \tag{4.36}$$

Es gilt $0 < d < 4$; für $\hat{\varrho} = 0$ wird $d = 2$.

Die Verteilung von d liegt für festes T und K zwischen den Verteilungen zweier anderer Statistiken d_l und d_u, für die kritische Werte d_l^*, d_u^* von Durbin, Watson ([1], [2]) tabelliert wurden.

Der einseitige Test der Hypothese $H_0: \varrho = 0$ gegen $H_1: \varrho > 0$ hat die Gestalt

H_0 annehmen, wenn $d \geqq d_u^*$,
H_0 ablehnen, wenn $d \leqq d_l^*$,
keine Entscheidung, wenn $d_l^* < d < d_u^*$

(vgl. auch Schönfeld [1]).

5. Optimale Punktvorhersagen im verallgemeinerten linearen Regressionsmodell

5.1. Das Vorhersagemodell

Analog zu dem Modell (4.1) der Realisierungen zu den Indizes (etwa Zeitpunkten) $t = 1, \ldots, T$ des regulären verallgemeinerten linearen Regressionsmodells nehmen wir an, daß für den Regressanden Y_τ mit τ aus einer endlichen (n-elementigen) Indexmenge T der gleiche lineare Regressionsansatz gültig ist. Es gelte also

$$y_\tau = x_\tau'\beta + \varepsilon_\tau \qquad (\tau \in T)$$

oder in Matrizendarstellung

$$y_* = X_*\beta + \varepsilon_* \,. \tag{5.1}$$

Dabei ist

$y_*' = (y_{1*}, \ldots, y_{n*})$ der $1 \times n$ Vektor des Regressanden,

$X_*' = (x_{1*}, \ldots, x_{n*})$ die $K \times n$-Matrix der Regressoren $x_{\tau k}$ mit $\tau \in T$,

$\varepsilon_*' = (\varepsilon_{1*}, \ldots, \varepsilon_{n*})$ der $1 \times n$ -Vektor der zufälligen Fehler.

Über die zufälligen Fehler treffen wir die Annahmen

$$E\varepsilon_\tau = 0\,, \quad E\varepsilon_\tau\varepsilon_t = \sigma^2 w_{\tau t}\,, \quad E\varepsilon_\tau\varepsilon = \sigma^2 \underset{T\times 1}{w_\tau}\,, \quad E\varepsilon_\tau\varepsilon_{\tau'} = \sigma^2 w_*(\tau, \tau')\,,$$

also in Vektorschreibweise

$$E\varepsilon_* = 0\,, \quad E\varepsilon_*\varepsilon_*' = \sigma^2 \underset{n\times n}{W_*}\,, \quad E\varepsilon\varepsilon_*' = \sigma^2 \underset{T\times n}{W_0} = \sigma^2(w_1, \ldots, w_n)\,. \tag{5.2}$$

Das Vorhersagemodell wird dann

$$y_* = X_*\beta + \varepsilon_* \qquad \text{und Annahmen (5.2)}\,. \tag{5.3}$$

Wir nehmen an, uns sei die Beobachtungsmatrix X_* bekannt. Die Werte $x_{\tau k}$ können Versuchspläne, Planziffern oder andere vorgegebene Werte sein. Die Werte y_* der zugehörigen Realisierungen des Regressanden seien nicht bekannt. Diese Situation ist typisch für die Prognose (Extrapolation) von ökonomischen Gesetzmäßigkeiten. Wir stellen uns die Aufgabe, für y_* bzw. für einzelne Komponenten auf Grund der Beobachtungen y, bei vorgegebener Matrix X_* und bei Annahme der Modelle (4.1) und (5.3) eine Prognoseschätzung oder — nach dem in 2.1. vereinbarten Sprachgebrauch — Vorhersagen abzuleiten, wobei verschiedene Typen von Vorhersagen (Punkt- und Bereichsvorhersagen), Optimalitätskriterien und Zusatzinformationen bzw. Restriktionen verwendet werden.

Klassische Vorhersage

Im klassischen Herangehen wird für y_* eine Prognoseschätzung durch die Schätzung des bedingten Erwartungswertes $E(y_*|X_*) = X_*\beta$ bestimmt. Unter den getroffenen Annahmen erhalten wir nach Satz 4.5. die GM-Schätzung für jede Komponente $x'_{*}\beta$ von $X_{*}\beta$ als

$$\hat{p}_\tau = x'_\tau \; S^{-1}X'W^{-1}\, y = x'_\tau b \tag{5.4}$$

mit var $\hat{p}_\tau = \sigma^2 x'_\tau \; S^{-1}x_\tau = x'_\tau V_b x_\tau$.

Wie man leicht verallgemeinert, hat die GM-Schätzung von $X_{*}\beta$, d. h. die klassische Vorhersage von y_{*}, die Gestalt

$$\hat{p}_{\text{klass.}} = X_{*}b \tag{5.5}$$

mit der Kovarianzmatrix

$$V_{\hat{p}} = X_{*}\, V_b X'_{*}\,.$$

5.2. Optimale inhomogene Vorhersage

Während die klassische Vorhersage nur den bedingten Erwartungswert des unbekannten Regressandenvektors y_{*} schätzt, sollen nun optimale Vorausberechnungen der zufälligen Variablen y_{*} selbst abgeleitet werden, wobei man sich einen Gewinn an Wirksamkeit durch die Nutzung der Information verspricht, die in den als bekannt vorausgesetzten (oder ggf. zweistufig zu schätzenden) Matrizen W_{*} und W_0 enthalten ist.

Die Vorhersage p von y_{*} wird von der in y enthaltenen Stichprobeninformation ausgehen: $p = f(y)$. Wir wählen die Statistik p auf Grund der Linearität des Stichproben- und des Vorhersagemodells und wegen der zu erwartenden günstigen statistischen Eigenschaften linear in y. Der lineare inhomogene Ansatz lautet

$$\underset{n\times 1}{p} = \underset{n\times T}{C'}\; y + \underset{n\times 1}{d}\;, \tag{5.6}$$

wobei C und d nichtstochastisch sind. Als Risikofunktion von p wählen wir die quadratische Form ($\underset{n\times n}{A}$ positiv definit)

$$R(p) = E(p - y_{*})'\, A(p - y_{*})\,. \tag{5.7}$$

Dabei muß A so gewählt sein, daß das Risiko $R(p)$ der praktischen Fragestellung angepaßt ist.

Beispiel. Es sei $T = (T+1, T+2, \ldots, T+n)$ und t ein Zeitindex (Jahre). Das Problem sei die Vorhersage einer ökonomischen Variablen (z. B. Nationaleinkommen) für die Jahre aus T. Es ist dann vernünftig zu fordern, daß die Güte der Vorhersagen $\hat{p}_\tau$ mit fallender Differenz $\tau - T$ zunimmt. Dieser Forderung wäre die folgende Wahl von A angepaßt:

$$A = \operatorname{diag}(a_1, \ldots, a_n) \qquad \text{mit } a_1 > a_2 > \cdots > a_n > 0\,,$$

woraus $R(p) = \sum_{\tau=1}^{n} a_\tau E\,(p_{T+\tau} - y_{T+\tau})^2$ folgt.

Mit dem Ansatz (5.6) wird

$$p - y_* = (C'X - X_*)\beta + d + (C'\varepsilon - \varepsilon_*)\,. \tag{5.8}$$

Die optimale Vorhersage $\hat{p} = \hat{C}'y + \hat{d}$ erhalten wir durch Minimierung der Risikofunktion $R(p) = \tilde{R}(C, d)$ bezüglich C, d:

$$\begin{aligned}\tilde{R}(C, d) &= \operatorname{sp} A[(C'X - X_*)\beta + d]\,[(C'X - X_*)\beta + d]' \\ &\quad + \sigma^2 \operatorname{sp} A[C'WC + W_* - 2C'W_0] \\ &= u + v\,. \end{aligned} \tag{5.9}$$

Da nur der erste Ausdruck u von d abhängt, gilt sofort

$$\hat{d} = -(\hat{C}'X - X_*)\beta\,,$$

$$\frac{1}{2\sigma^2}\frac{\partial v}{\partial C'} = AC'W - AW_0' \qquad \text{[Satz A 37].}$$

Aus $\frac{\partial v}{\partial C'} = 0$ folgt wegen der Regularität von A

$$\hat{C}' = W_0'W^{-1}$$

und damit

$$\hat{d} = X_*\beta - W_0'W^{-1}X\beta\,.$$

Satz 5.1. *Im verallgemeinerten linearen Regressionsmodell hat die R-optimale inhomogene Vorhersage die Gestalt*

$$\hat{p}_1 = X_*\beta + W_0'W^{-1}(y - X\beta) \tag{5.10}$$

mit $E\hat{p}_1 = X_*\beta$ *und*

$$R(\hat{p}_1) = \sigma^2 \operatorname{sp} A(W_* - W_0'W^{-1}W_0)\,. \tag{5.11}$$

$\hat{p}_1$ ist erwartungstreu bezüglich $X_*\beta$ und auf Grund des Ansatzes zudem auch die optimale lineare Vorhersage überhaupt. Damit gibt $R(\hat{p}_1)$ die untere Schranke für die Risikofunktion jeder anderen linearen Vorhersage. Dieses Ergebnis ist zunächst nur von theoretischem Interesse, da mit β auch $\hat{p}_1$ unbekannt ist.

Man könnte β durch eine Schätzung $\hat{\beta} = a$ oder durch einen dem Problem angepaßten (a-priori Information!) Vektor a aus Konstanten ersetzen. Für die so erhaltene Vorhersage $\hat{p}_1(a) = X_*a + W_0'W^{-1}(y - Xa)$ gilt von vornherein

$$R(\hat{p}_1(a)) \geqq R(\hat{p}_1)\,.$$

Da die Risikofunktion $R(p)$ den Vergleich alternativer Vorhersagen ermöglicht, bevorzugt man von zwei Vorhersagen p_1, p_2 die Vorhersage mit der kleineren Risikofunktion:

Definition 5.1. Die Vorhersage p_1 heißt *besser* als p_2, wenn

$$R(p_1) \leqq R(p_2)$$

gilt.

Es sei $\mathcal{A} = \{a\}$ eine Menge von zulässigen Vektoren, mit denen man Vorhersagen $\hat{p}_1(a)$ mit der Risikofunktion $R(\hat{p}_1(a))$ bildet. Man wird dann die unter $\mathcal{A}$ optimale Vorhersage als Lösung des Problems

$$\min_{a \in \mathcal{A}} \{R(\hat{p}_1(a)) - R(\hat{p}_1)\}$$

bestimmen. Wir betrachten dabei u. a. folgende zulässige Mengen $\mathcal{A}$:

$$\mathcal{A} = E^K \, [a_{\text{opt}} = \beta, \, \hat{p}_{\text{opt}} = \hat{p}_1] \,,$$

$$\mathcal{A} = \{\beta : \beta \in E^K, r = R\beta\} \,,$$

$$\mathcal{A} = \{\beta : \beta \in E^K, r = R\beta + d; Ed = 0, Edd' = V\} \,,$$

$$\mathcal{A} = \{\beta : \beta \in E^K, r \leqq R\beta\} \,.$$

Nicht nur über die Menge $\mathcal{A}$ läßt sich die Menge der zulässigen Vorhersagen einschränken, sondern auch über den Ansatz (homogen statt inhomogen) und über die Nebenbedingung der Erwartungstreue von p.

5.3. Optimale homogene Vorhersagen

Mit dem in y homogenen Ansatz

$$p = C'y \tag{5.12}$$

wird die Risikofunktion (5.9) zu

$$\begin{aligned} \tilde{R}(C) = \operatorname{sp} A(C'X - X_*)\, \beta\beta'\, (X'C - X_*') \\ + \sigma^2 \operatorname{sp} A[C'WC + W_* - 2C'W_0] \,. \end{aligned} \tag{5.13}$$

Die Normalgleichung zur Bestimmung des optimalen $C = \hat{C}_2$ erhalten wir über die Ableitung (Sätze A 26, A 37)

$$\frac{1}{2} \frac{\partial \tilde{R}(C)}{\partial C'} = AC' \, (X\beta\beta'X' + \sigma^2 W) - A(\sigma^2 W_0' + X_*\beta\beta'X')$$

durch Nullsetzen in der Gestalt

$$A\hat{C}' \, (\sigma^{-2}X\beta\beta'X' + W) = A(W_0' + \sigma^{-2}X_*\beta\beta'X') \,. \tag{5.14}$$

Da die Matrix $(\sigma^{-2}X\beta\beta'X' + W)$ regulär ist (Satz A 10), resultiert die optimale homogene Vorhersage sofort als

$$\hat{p}_2 = \hat{C}_2'y = (W_0' + \sigma^{-2}X_*\beta\beta'X')\,(\sigma^{-2}X\beta\beta'X' + W)^{-1}\, y \,. \tag{5.15}$$

Nebenbedingung der Erwartungstreue

Die Vorhersage $\hat{p}_2$ enthält den unbekannten Vektor $\sigma^{-1}\beta$, ist also nicht unmittelbar praktisch zu verwerten. Analog zur Schätztheorie setzen wir als ein Mittel zur Ableitung praktikabler Vorhersagen die Nebenbedingung der Erwartungstreue von p ein. Da Nebenbedingungen den Bereich zulässiger Vorhersagen einschränken, gilt für die erhaltenen Vorhersagen $\tilde{p}$ sofort $R(\tilde{p}) \geqq R(\hat{p}_2)$. Aus (5.8) folgt mit $d = 0$

$$E(p - y_*) = (C'X - X_*)\,\beta = 0 \text{ gdw. } C'X - X_* = 0\,. \tag{5.16}$$

Unter dieser Nebenbedingung wird die Risikofunktion $\tilde{R}(C)$ (5.13) zu

$$\tilde{R}(C) = \sigma^2 \operatorname{sp} A[C'WC + W_* - 2C'W_0] \tag{5.17}$$

und wir erhalten das unter (5.16) optimale $C = \hat{C}_3$ als Lösung des quadratischen Optimierungsproblems

$$\min_{C'} R^* = \min_{C'} \left\{\tilde{R}(C) - 2 \sum_{\tau=1}^{n} \lambda_\tau'(c_\tau' X - x_\tau')'\right\} \tag{5.18}$$

aus den Normalgleichungen (Sätze A 26, A 37)

$$\frac{1}{2}\frac{\partial R^*}{\partial C'} = AC'W - AW_0' - \sigma^{-2}\lambda X' = 0\,,$$

$$\frac{1}{2}\frac{\partial R^*}{\partial \lambda} = C'X - X_* = 0$$

[λ_i: $K\times 1$-Vektor aus LAGRANGE-Multiplikatoren, $\underset{K\times n}{\lambda'} = (\lambda_1, \dots, \lambda_n)$]. Es gilt

$$\hat{C}_3' = X_* S^{-1}X'W^{-1} + W_0'W^{-1}\,(I - XS^{-1}X'W^{-1}) \tag{5.19}$$

und

$$\hat{C}_3'X - X_* = 0\,.$$

Damit wird die optimale homogene erwartungstreue Vorhersage

$$\hat{p}_3 = \hat{C}_3'y = X_*b + W_0'W^{-1}\,(y - Xb)\,, \tag{5.20}$$

wobei b die GM-Schätzung (4.17) ist.

Satz 5.2. *Im verallgemeinerten linearen Regressionsmodell haben die R-optimalen homogenen Vorhersagen des $n\times 1$-Vektors y_* die Gestalt*

a) *nichterwartungstreu*

$$\left.\begin{aligned} \hat{p}_2 &= (W_0' + \sigma^{-2}X_*\beta\beta'X')\,(\sigma^{-2}X\beta\beta'X' + W)^{-1}\,y = \hat{C}_2'y\,,\\ E\hat{p}_2 &= \hat{C}_2'X\beta \quad (\textit{im allgemeinen} \neq X_*\beta)\,, \end{aligned}\right\} \tag{5.21}$$

$$R(\hat{p}_2) = \tilde{R}(\hat{C}_2) \qquad \textit{mit } \tilde{R}(C) \textit{ aus } (5.13), \tag{5.22}$$

b) *erwartungstreu*

$$\left.\begin{aligned} \hat{p}_3 &= X_* b + W_0' W^{-1} (y - Xb) , \\ E\hat{p}_3 &= X_* \beta , \end{aligned}\right\} \tag{5.23}$$

$$R(\hat{p}_3) = R(\hat{p}_1) + \operatorname{sp} A[(X_* - W_0' W^{-1} X) V_b (X_* - W_0' W^{-1} X)'] . \tag{5.24}$$

Beide Vorhersagen sind unabhängig von der Matrix A der Risikofunktion $R(p)$ und es besteht folgende Güterelation

$$R(\hat{p}_1) \leqq R(\hat{p}_2) \leqq R(\hat{p}_3) , \tag{5.25}$$

wobei das Gleichheitszeichen nur in Sonderfällen des Modells gilt.

Vereinbarung: Analog zur Schätztheorie wollen wir die beste lineare homogene erwartungstreue Vorhersage von y_* als GM-Vorhersage bezeichnen. $\hat{p}_3$ ist also GM-Vorhersage von y_* im Modell (4.1).

5.4. Zusammenhang Schätzung — Vorhersage

Die Ähnlichkeit des Aufbaus der beiden Risikofunktionen $R(p) = E(p - y_*)' A(p - y_*)$ und $R_1(\hat{\beta}) = E(\hat{\beta} - \beta)' A(\hat{\beta} - \beta)$, die jeweils auf die Minimierung des mittleren quadratischen Abstandes zwischen der Vorhersage p und dem unbekannten (zufälligen) Vektor y_* bzw. zwischen der Schätzstatistik $\hat{\beta}$ und dem unbekannten Parametervektor β orientieren, läßt einen engen mathematischen Zusammenhang der optimalen Vorhersagen und Schätzungen vermuten (vgl. auch Toutenburg [1]). Diesen Zusammenhang decken die klassischen Vorhersagen auf, die wir uns als unter der Annahme $W_0 = 0$ abgeleitete R-optimale Vorhersagen vorstellen können.

Unter Verwendung der Ergebnisse und Bezeichnungen der Sätze 4.1., 5.1. und 5.2. gilt

Satz 5.3. *Im verallgemeinerten linearen Regressionsmodell liefern die R_1-optimalen Schätzungen $\hat{\beta}$ die optimalen klassischen Vorhersagen $\check{p} = X_* \hat{\beta}$:*

a) *inhomogen:* $\check{p}_1 = X_* \hat{\beta}_1$ *mit*

$$\hat{\beta}_1 = \beta , \qquad V_{\hat{\beta}_1} = 0 ,$$

$$R(\check{p}_1) = \sigma^2 \operatorname{sp} A W_* , \tag{5.26}$$

b) *homogen:* $\check{p}_2 = X_* \hat{\beta}_2$ mit

$$\hat{\beta}_2 = \hat{C}' y \; [\hat{C} \textit{ aus } (4.12)] , \quad V_{\hat{\beta}_2} = \sigma^2 \hat{C}' W \hat{C} ,$$

$$\text{bias}\,\hat{\beta}_2 = E\hat{\beta} - \beta = (\hat{C}'X - I)\,\beta\,,$$

$$R(\check{p}_2) = R(\check{p}_1) + \text{sp}\,AX_* V_{\hat{\beta}_2} X'_*$$
$$+ \text{sp}\,A\{X_*[\text{bias}\,\hat{\beta}_2]\,[\text{bias}\,\hat{\beta}_2]'\,X'_* - 2\sigma^2 X_*\hat{C}'W_0\}\,, \quad (5.27)$$

c) *homogen erwartungstreu:* $\check{p}_3 = X_*\hat{\beta}_3$ *mit*

$$\hat{\beta}_3 = b\,, \qquad V_b = V_{\hat{\beta}_3} = \sigma^2 S^{-1}\,,$$

$$R(\check{p}_3) = R(\check{p}_1) + \text{sp}\,AX_* V_{\hat{\beta}_3} X'_* - 2\sigma^2\,\text{sp}\,AX_* S^{-1}X'W^{-1}W_0\,. \quad (5.28)$$

Im Fall $W_0 = 0$ stimmen die klassischen und die R-optimalen Vorhersagen überein.
[Bemerkung. Die Bezeichnung homogen bzw. inhomogen bezieht sich auf die Abhängigkeit der klassischen Vorhersagen $\check{p}$ von y, z. B. ist $\check{p}_1 = X_*\hat{\beta}_1 = X_*(\hat{C}'y + \hat{d})$ inhomogen in y.]

Gewinn an Wirksamkeit

Wir setzen voraus, daß $E\varepsilon\varepsilon_* = \sigma^2 W_0 \neq 0$ ist und weisen den Gewinn an Wirksamkeit nach, der sich ergibt, wenn wir die in W_0 enthaltene Information bei der Vorhersage nutzen. Die Annahme $W_0 \neq 0$ wird gerechtfertigt sein, wenn die Stichprobenfehler ε_t und $\varepsilon_{t'}$ $(t \neq t')$ korreliert sind, so daß auch auf eine Korrelation der ε_t mit den Fehlern ε_τ des Vorhersagemodells geschlossen werden kann.

Gemäß Definition 5.1. weisen wir den Gewinn an Wirksamkeit durch Vergleich der Risikofunktionen der R-optimalen und der klassischen Vorhersagen nach:

a) inhomogen

Mit (5.11) und (5.26) gilt

$$R(\check{p}_1) - R(\hat{p}_1) = \sigma^2\,\text{sp}\,A W'_0 W^{-1} W_0$$
$$= E\varepsilon' W^{-1} W_0 A W'_0 W^{-1}\varepsilon \geqq 0\,,$$

da mit der Matrix $W^{-1}W_0 A W'_0 W^{-1}$ auch die entsprechende quadratische Form in ε nichtnegativ definit ist und somit einen nichtnegativen Erwartungswert besitzt.

b) homogen

Mit (5.22), (5.27), der Beziehung $\hat{C}'_2 = W'_0(\sigma^{-2}X\beta\beta'X' + W)^{-1} + X_*\hat{C}'$ [$\hat{C}'_2$ aus (5.21) und $\hat{C}'$ aus (4.12)] und mit der nach bekannten Sätzen möglichen Darstellung $(\sigma^{-2}X\beta\beta'X' + W)^{-1} = NN'$ gilt

$$\begin{aligned} R(\check{p}_2) - R(\hat{p}_2) &= \sigma^2 \operatorname{sp} AW_0' (\sigma^{-2}X\beta\beta'X' + W)^{-1} W_0 \\ &= \sigma^2 \operatorname{sp} AW_0'NN'W_0 = Eu'N'W_0AW_0'Nu \geqq 0 , \end{aligned}$$

wobei u eine fiktive zufällige Variable mit $Euu' = \sigma^2 I$ sein soll.

c) homogen erwartungstreu

Mit (5.24), (5.28) und $NN' = W^{-1}$ gilt

$$\begin{aligned} R(\check{p}_3) - R(\hat{p}_3) &= \sigma^2 \operatorname{sp} AW_0' [W^{-1} - W^{-1}XS^{-1}X'W^{-1}] W_0 \\ &= \sigma^2 \operatorname{sp} AW_0' (N - W^{-1}XS^{-1}X'N) \\ &\quad \times (N' - N'X'S^{-1}X'W^{-1}) W_0 = E\tilde{u}'A\tilde{u} \geqq 0 , \end{aligned}$$

wobei $\tilde{u}' = u'(N' - N'X'S^{-1}X'W^{-1}) W_0$ und u eine fiktive zufällige Variable mit $Euu' = \sigma^2 I$ ist (vgl. auch GOLDBERGER [1]).

5.5. Zusatzinformation in Gestalt von Abschätzungen

Das Ziel der folgenden Untersuchungen wird darin liegen, ausgehend von der homogenen R-optimalen Vorhersage $\hat{p}_2$ (5.21), die den unbekannten Vektor $\sigma^{-1}\beta$ enthält und somit nicht unmittelbar für die Praxis verwertbar ist, bekannte Vorhersagen durch Verwendung geeigneter Zusatzinformation abzuleiten. Wir gehen dabei in zwei Richtungen vor, indem wir inhomogene Vorhersagen $\tilde{p}_1$ mit $R(\hat{p}_1) \leqq R(\tilde{p}_1) \leqq R(\hat{p}_2)$ und homogene Vorhersagen $\tilde{p}_2$ mit $R(\hat{p}_2) \leqq R(\tilde{p}_2) \leqq R(\hat{p}_3)$ unter Einsatz praktisch nachprüfbarer Einschränkungen an den Vektor $\sigma^{-1}\beta$ anstreben.

Dabei wollen wir uns o. B. d. A. auf den Fall $n = 1$, d. h. $T = \{T^*\}$, konzentrieren und geben zunächst die entsprechenden Formeln für die R-optimalen Vorhersagen an. Für den Spezialfall $\tau = T^*$ wird die Risikofunktion

$$R(p) = E(p - y_*)^2 \tag{5.29}$$

und das Vorhersagemodell

$$\left.\begin{aligned} &y_* = x_*'\beta + \varepsilon_* \\ &E\varepsilon_* = 0 , \quad E\varepsilon_*^2 = \sigma_*^2 , \quad E\underset{T\times 1}{\varepsilon\varepsilon_*} = \sigma^2 w , \end{aligned}\right\} \tag{5.30}$$

wobei x_* der $K\times 1$-Vektor der Regressoren zum Index T^* und y_*, ε_* Skalare sind.

Die Vorhersagen haben dann die Gestalt

$$\hat{p}_1 = x'_* \beta + w' W^{-1} (y - X\beta) , \tag{5.31}$$

$$R(\hat{p}_1) = \sigma_*^2 - \sigma^2 w' W^{-1} w , \tag{5.32}$$

$$\hat{p}_2 = \underset{1 \times T}{\hat{c}'_2} y = (w' + \sigma^{-2} x'_* \beta\beta' X') (\sigma^{-2} X\beta\beta' X' + W)^{-1} y , \tag{5.33}$$

$$R(\hat{p}_2) = \sigma_*^2 + (\hat{c}'_2 X - x'_*) \beta\beta' (X' \hat{c}_2 - x_*) + \sigma^2 \hat{c}'_2 W \hat{c}_2 - 2\sigma^2 \hat{c}'_2 w , \tag{5.34}$$

$$\hat{p}_3 = x'_* b + w' W^{-1} (y - Xb) , \tag{5.35}$$

$$R(\hat{p}_3) = R(\hat{p}_1) + \sigma^2 (x'_* - w' W^{-1} X) S^{-1} (X' W^{-1} w - x_*) . \tag{5.36}$$

Inhomogener Ansatz

Ähnlich wie beim Problem der Verbesserung von $\hat{p}_3$ (Toutenburg [1] und Kapitel 6), so hängt auch hier die Möglichkeit der Verbesserung von $\hat{p}_2$ durch Verwendung von Zusatzinformation in starkem Maße von der Information selbst als auch von der Methode der Ausnutzung dieser Informationen bei der Ableitung neuer Vorhersagen ab. Läuter [1] wies z. B. nach, daß sich bei alleiniger Einschränkung der Richtung von $X\beta$ keine inhomogene Vorhersage $p + d$ finden läßt, die besser als die (beliebige) homogene Vorhersage $p = c'y$ ist. Mit anderen Worten, in diesem Fall der Information existiert kein d derart, daß $R(p + d) < R(p)$ gilt. Die Information muß also wesentlich größer sein, um die angestrebte Verbesserung zu garantieren.

Für den Fall $K = 1$ schlug Thiele [1] eine Lösung vor, die im folgenden verallgemeinert werden soll (vgl. Toutenburg [3] sowie weitere inhomogene Ansätze bei Läuter [1]).

Voraussetzung für unser Vorgehen ist das Vorliegen starker Zusatzinformation in Form der Auszeichnung eines Vektors β_0 in der Menge E^K der möglichen Parameterwerte derart, daß sich der Vektor

$$\sigma^{-1}\delta = \sigma^{-1}(\beta - \beta_0)$$

a-priori in Richtung und Betrag einschränken läßt.

Wir setzen die Vorhersage inhomogen als $\tilde{p}_1 = \underset{1 \times T}{c'} y + \underset{1 \times 1}{d}$ an und wählen dabei d so, daß die Vorhersage $\tilde{p}_1 = p_1^\delta$ und die Risikofunktion explizit von δ abhängen:

$$d = -(c'X - x'_*) \beta_0 . \tag{5.37}$$

Daraus folgt

$$p_1^\delta - y_* = (c'X - x'_*) \delta + c'\varepsilon - \varepsilon_* ,$$

$$R(p_1^\delta) = [(c'X - x'_*) \delta]^2 + \sigma^2 c' W c + \sigma_*^2 - 2\sigma^2 c' w .$$

Wir können Satz 5.2. übertragen und erhalten als R-optimale Vorhersage in der Klasse der inhomogenen Vorhersagen $p = c'y + d$ mit d aus (5.37) sofort

$$\hat{p}_1^\delta = \hat{c}'^\delta(y - X\beta_0) + x'_*\beta_0 \tag{5.38}$$

mit

$$\hat{c}'^\delta = (w' + \sigma^{-2}x'_* \delta\delta'X')(\sigma^{-2}X\delta\delta'X' + W)^{-1} \tag{5.39}$$

und

$$R(\hat{p}_\delta^1) = [(\hat{c}'^\delta X - x'_*)\delta]^2 + \sigma^2\hat{c}'^\delta W\hat{c} + \hat{c}_2^* - 2\sigma^2\hat{c}'^\delta w\,. \tag{5.40}$$

Wir nehmen an, uns sei folgende Zusatzinformation über $\sigma^{-1}\delta$ gegeben: Es existiere ein $K \times 1$-Vektor Δ mit bekannten Komponenten derart, daß

$$[(\hat{c}'^\Delta X - x'_*)\sigma^{-1}\delta]^2 \leqq [(\hat{c}'^\Delta X - x'_*)\Delta]^2 \tag{5.41}$$

gilt, wobei $\hat{c}'^\Delta = (w' + x'_*\Delta\Delta'X')(X\Delta\Delta'X' + W)^{-1}$ ist.

Diese Beziehung ist in ihrer Gestalt sehr unübersichtlich und für praktische Probleme ungeeignet. Wir nehmen deshalb an, uns sei stärkere a-priori-Information über $\sigma^{-1}\delta$ gegeben, die für die Erfüllung von (5.41) hinreichend ist. Diese Information besagt, daß ein Vektor $\mu = (\mu_1, \ldots, \mu_K)$ mit $\mu_i \geqq 0 \;\forall\; i$ bekannt sei, so daß

$$|\sigma^{-1}\delta_i| \leqq \mu_i \qquad (i = 1, \ldots, K) \tag{5.42}$$

erfüllt ist.

Wenn das Modell (genauer: X, x_*, W, w) dann so beschaffen ist, daß mindestens ein Vektor Δ mit

$$\sum_i |\{\hat{c}'^\Delta X - x'_*\}_i|\,\mu_i \leqq |\sum_i \{\hat{c}'^\Delta X - x'_*\}\;\Delta_i| \tag{5.43}$$

existiert, so wird mit (5.42) und (5.43) die Beziehung (5.41) erfüllt:

$$\begin{aligned} |(\hat{c}'^\Delta X - x'_*)\sigma^{-1}\delta| &\leqq \sum |\{\hat{c}'^\Delta X - x'_*\}_i\,\sigma^{-1}\delta_i| \\ &\leqq \sum |\{\hat{c}'^\Delta X - x'_*\}_i\,\mu_i| \leqq |\sum \{\hat{c}'^\Delta X - x'_*\}_i\,\Delta_i| \\ &= |(\hat{c}'^\Delta X - x'_*)\Delta|\,, \end{aligned}$$

wobei $\{\hat{c}'^\Delta X - x'_*\}_i$ die i-te Komponente des Vektors $(\hat{c}'^\Delta X - x'_*)$ bezeichnet. [Mit Δ erfüllt trivialerweise auch $-\Delta$ (5.43).] Über die Erfüllbarkeit der Bedingung (5.43) läßt sich allgemein nichts aussagen, sie hängt in starkem Maße vom Modell selbst als auch von der Stärke der Zusatzinformation über $|\sigma^{-1}\delta_i|$, d. h. von den μ_i ab. Im Fall $\mu_i = 0$ ($\forall\; i$) kann der Vektor Δ beliebig gewählt werden. Aus Stetigkeitsgründen wird dann (5.43) auch für den Fall $\mu_i < \xi$ ($\forall\; i$) für hinreichend kleines ξ erfüllt sein. Die prinzipielle Erfüllbarkeit von (5.43) ist für das Modell $y = X\beta + \varepsilon$ mit $K = 2$ Regressoren unmittelbar gegeben. Wählt man etwa $\Delta_2 = k\Delta_1$ und ist $\mu_2 \leqq \mu_1$, so wird (5.43) zu

$$\sum_{i=1}^{2} |\{\hat{c}'^{\Delta}X - x'_*\}_i| \, \mu_i \leqq \mu_1 \sum |\{\hat{c}'^{\Delta}X - x'_*\}_i| = \mu_1 A$$
$$\leqq |\Delta_1| \, |\{\hat{c}'^{\Delta}X - x'_*\}_1 + \{\hat{c}'^{\Delta}X - x'_*\}_2 \, k| = |\Delta_1| \, B\,.$$

Damit ist (5.43) in diesem Fall erfüllt, wenn

$$\mu_1 \leqq |\Delta_1| \, \frac{B}{A} \tag{5.44}$$

gilt.

Im Fall eines Regressors (d. h. $K = 1$) entfällt die Bedingung (5.43), hier benötigt man nur Zusatzinformation der Gestalt (5.42): $|\sigma^{-1}\delta| \leqq \Delta$.

Wir werden nun unsere Information über $\sigma^{-1}\delta$ und das Modell zur Ableitung einer Vorhersage $\hat{p}_1^{\Delta}$ verwenden, die besser als $\hat{p}_2$ sein soll. Dazu ersetzen wir $\sigma^{-1}\delta$ in $\hat{p}_1^{\delta}$ durch einen Vektor Δ, der (5.43) erfüllt. Dann ergibt sich die Vorhersage (die keine unbekannten Parameter mehr enthält)

$$\hat{p}_1^{\Delta} = \hat{c}'^{\Delta}(y - X\beta_0) + x'_*\beta_0 \tag{5.45}$$

mit

$$R(\hat{p}_1^{\Delta}) = [(\hat{c}'^{\Delta}X - x'_*)\,\delta]^2 + \sigma^2\hat{c}'^{\Delta}W\hat{c}^{\Delta} + \sigma_*^2 - 2\sigma^2\hat{c}'^{\Delta}w\,. \tag{5.46}$$

Da $\hat{p}_1^{\delta}$ die R-optimale Vorhersage in der Klasse $\{p = c'y - (c'X - x'_*)\,\beta_0\}$ war, gilt zunächst $R(\hat{p}_1^{\delta}) \leqq R(\hat{p}_1^{\Delta})$ und bei Annahme der Information (5.41) insgesamt

$$R(\hat{p}_1^{\delta}) \leqq R(\hat{p}_1^{\Delta}) \leqq f(\Delta)$$

mit

$$f(\Delta) = [(\hat{c}'^{\Delta}X - x'_*)\,\sigma\Delta]^2 + \sigma^2\hat{c}'^{\Delta}W\hat{c}^{\Delta} + \sigma_*^2 - 2\sigma^2\hat{c}'^{\Delta}w\,.$$

Hinreichend für eine Verbesserung von $\hat{p}_1^{\Delta}$ gegenüber $\hat{p}_2$ ist das Bestehen der Ungleichung [vgl. Definition 5.1.]

$$f(\Delta) \leqq f(\sigma^{-1}\beta) = R(\hat{p}_2)\,. \tag{5.47}$$

Es gilt der

Hilfssatz. *Hinreichend für das Bestehen der Ungleichung $f(\Delta) \leqq f(\sigma^{-1}\beta)$ ist die a-priori-Kenntnis einer Einschränkung von $\sigma^{-1}\beta$ in Richtung und Betrag durch Vektoren Δ, die (5.43) erfüllen, in der Form*

$$\sigma^{-1}\beta = \alpha\Delta\,, \qquad \alpha^2 > 1\,. \tag{5.48}$$

Beweis. Es ist

$$\hat{c}^{|\alpha\Delta} = \tilde{c}' = (w' + \alpha^2 x'_* \Delta\Delta' X') (\alpha^2 X\Delta\Delta' X' + W)^{-1} ,$$

$$\frac{d\tilde{c}'}{d\alpha^2} = - (\tilde{c}'X - x'_*) \Delta\Delta' X' (\alpha^2 X\Delta\Delta' X' + W)^{-1} ,$$

und damit gilt

$$\frac{df(\alpha\Delta)}{d\alpha^2} = [(\tilde{c}'X - x'_*) \sigma\Delta]^2 + 2\alpha^2\sigma^2\Delta' (X'\tilde{c} - x_*) \frac{d\tilde{c}'}{d\alpha^2} X\Delta$$

$$+ 2\sigma^2 \frac{d\tilde{c}'}{d\alpha^2} W\tilde{c} - 2\sigma^2 \frac{d\tilde{c}'}{d\alpha^2} w = \sigma^2[(\tilde{c}'X - x'_*) \Delta]^2 \geqq 0 .$$

Also ist $f(\Delta) \leqq f(\sigma^{-1}\beta) = f(\alpha\Delta)$ mit $\alpha^2 > 1$. Im Fall $(\tilde{c}'X - x'_*) \Delta \neq 0$ für $\alpha^2 \geqq 1$ ist $f(\alpha\Delta)$ streng monoton wachsend in α^2, d. h., es gilt $f(\Delta) < f(\sigma^{-1}\beta)$, so daß durch Verwendung der Vorhersage $\hat{p}_1^\Delta$ eine echte Verbesserung gegenüber der Vorhersage $\hat{p}_2$ erreicht wird, sofern Δ den Bedingungen (5.43) und (5.48) genügt.

Wir fassen unsere Ergebnisse zusammen:

Satz 5.4. *Es existiere a priori ein Vektor μ und ein Vektor β_0 derart, daß $|\sigma^{-1}(\beta_i - \beta_{0i})| = |\sigma^{-1}\delta_i| \leqq \mu_i$ $(i = 1, \ldots, K)$ gilt. Das Regressionsmodell sei so beschaffen, daß die Menge der Vektoren Δ, die (5.43) und (5.48) erfüllen, nicht leer ist. Dann ist die Vorhersage $\hat{p}_1^\Delta = \hat{c}'^\Delta(y - X\beta_0) + x'_*\beta_0$ mit $\hat{c}'^\Delta = (w' + x'_*\Delta\Delta'X') (X\Delta\Delta'X' + W)^{-1}$ besser als die homogene R-optimale Vorhersage $\hat{p}_2$, d. h., es gilt*

$$R(\hat{p}_1^\Delta) \leqq f(\Delta) \leqq R(\hat{p}_2) \; ; \tag{5.49}$$

im Fall $(c'X - x'_*) \Delta \neq 0$ gilt sogar

$$R(\hat{p}_1^\Delta) < R(\hat{p}_2) . \tag{5.50}$$

Wir wollen noch bemerken, daß im Fall $\beta_0 = 0$, $\sigma^{-1}\delta = \sigma^{-1}\beta$ und damit $R(\hat{p}_1^\delta) = R(\hat{p}_2)$ wird, so daß keine Verbesserung von $\hat{p}_2$ mit Hilfe der vorgeschlagenen Methode möglich ist. Von Interesse ist der Fall $\mu_i = 0$ $(\forall\, i)$, d. h. $\beta = \beta_0$ exakt bekannt. Dann wird (5.43) durch $\Delta = 0$ erfüllt, und wir erhalten $\hat{c}'^0 = w'W^{-1}$, $\hat{p}_1^0 = \hat{p}_1$.

Bemerkung. Eine Zusatzinformation über $\sigma^{-1}\beta$ in der Gestalt (5.48) ist in der Praxis nicht selten gegeben, wie etwa im Fall einer Produktionsfunktion des Typs

$$Y = c \cdot A^{\beta_1} \cdot B^{\beta_2} \cdot e^\varepsilon .$$

Der Parameter c dient in gewisser Weise einfach zur proportionalen Umformung der Dimension von A und B in die von Y. Er weist auch jene

Einflüsse aus, die nicht oder nur mittelbar aus A und B herrühren. Wir wollen annehmen, daß man c für einen interessierenden Bereich entweder kennt oder genügend genau geschätzt hat, so daß nur noch β_1, β_2 zu schätzen sind. Dann haben wir nach Linearisierung das lineare Regressionsmodell mit $K = 2$ Regressoren:

$$\ln(Yc^{-1}) = \beta_1 \ln A + \beta_2 \ln B + \varepsilon .$$

β_1 und β_2 sind die sogenannten *Elastizitätskoeffizienten*, ihr Verhältnis $\beta_2/\beta_1 = k$ wollen wir als bekannt voraussetzen. Ferner sei etwa bekannt, daß die Funktion den Fall extensiven Zuwachses ($\beta_1 + \beta_2 > 1$) beschreibt. Dann ist durch den Vektor $\Delta = (\Delta_1, \Delta_2) = (\Delta_1, k\Delta_1)$ mit $\Delta_1(1 + k) < 1$ die Bedingung (5.48) erfüllt. Im allgemeinen genügt die Angabe eines Intervalls $k_1 < \alpha < k_2$ für das Verhältnis $\beta_2/\beta_1 = k$, woraus man dann eine untere Schranke für die rechte Seite von (5.44) errechnen kann.

Der Spezialfall $K = 1$

Wir betrachten den Fall eines Regressors X, d. h. das Modell

$$y_t = x_t\beta + \varepsilon_t \qquad (t = 1, \ldots, T, T^*)$$

mit den in (5.30) getroffenen Annahmen über die Fehler. Die in den vorangegangenen Abschnitten angegebenen Vorhersagen vereinfachen sich zu

$$\hat{p}_2 = \hat{c}_2' y$$

mit

$$\hat{c}_2' = w' W^{-1} + \frac{\sigma^{-2}\beta^2 (x_* - w' W^{-1} X) X' W^{-1}}{(1 + \sigma^{-2}\beta^2 X' W^{-1} X)} ,$$

$$R(\hat{p}_2) = \sigma_*^2 - \sigma^2 w' W^{-1} w + \frac{\beta^2 (x_* - w' W^{-1} X)^2}{(1 + \sigma^{-2}\beta^2 X' W^{-1} X)^2} ,$$

$$\hat{p}_1 = \hat{c}_1' y + \hat{d} = \hat{c}_1'(y - X\beta) + x_*'\beta \tag{5.51}$$

mit

$$\hat{c}_1' = w' W^{-1}$$

$$R(\hat{p}_1) = \sigma_*^2 - \sigma^2 w' W^{-1} w ,$$

$$\hat{p}_1^\delta = \hat{c}'^\delta (y - X\beta_0) + x_*'\beta_0 \tag{5.52}$$

mit

$$\hat{c}'^\delta = w' W^{-1} + \frac{\sigma^{-2}\delta^2 (x_* - w' W^{-1} X) X' W^{-1}}{(1 + \sigma^{-2}\delta^2 X' W^{-1} X)} ,$$

$$R(\hat{p}_1^\delta) = \sigma_*^2 - \sigma^2 w' W^{-1} w + \frac{\delta^2 (x_* - w' W^{-1} X)^2}{(1 + \sigma^{-2}\delta^2 X' W^{-1} X)^2} .$$

Wir nehmen an, uns sei folgende Zusatzinformation über $\sigma^{-1}\delta$ gegeben: Es existiere ein $\Delta \geqq 0$ so, daß

$$|\sigma^{-1}\delta| \leqq \Delta \tag{5.53}$$

gilt ($\beta_0 \neq 0$ vorausgesetzt).

Ferner sei bekannt, daß

$$|\sigma^{-1}\beta| > \Delta \tag{5.54}$$

gilt. Beide Voraussetzungen sind miteinander vereinbar, wenn etwa die folgende Bedingung erfüllt ist:

$$\sigma^{-1}|\beta_0| - 2\Delta > 0\,. \tag{5.55}$$

Wir ersetzen $\sigma^{-1}\delta$ in (5.52) durch Δ, erhalten also die Vorhersage

$$\hat{p}_1^\Delta = \hat{c}'^\Delta(y - X\beta_0) + x_*'\beta_0 \tag{5.56}$$

mit

$$\hat{c}'^\Delta = w'W^{-1} + \frac{\Delta^2(x_* - w'W^{-1}X)\,X'W^{-1}}{(1 + \Delta^2X'W^{-1}X)}\,,$$

$$R(\hat{p}_\Delta^1) = \sigma_* - \sigma^2 w'W^{-1}\,w + \sigma^2\,\frac{(\sigma^{-2}\delta^2 + \Delta^4X'W^{-1}X)\,(x_* - w'W^{-1}X)^2}{(1 + \Delta^2X'W^{-1}X)^2}\,.$$

Bezeichnen wir $R(\hat{p}_2)$ mit $f(\sigma^{-1}\beta)$, so gilt mit (5.53) und (5.54)

$$R(\hat{p}_1^\delta) \leqq R(\hat{p}_1^\Delta) \leqq f(\Delta) < f(\sigma^{-1}\beta) = R(\hat{p}_2)\,, \tag{5.57}$$

so daß $\hat{p}_1^\Delta$ bei Vorliegen der Zusatzinformation (5.53) und (5.54) und bei Erfüllung der Bedingung (5.55) echt besser als $\hat{p}_2$ ist, wobei $\hat{p}_1^\Delta$ keine unbekannten Parameter mehr enthält.

Im Fall $\Delta = 0$, d. h. $\beta = \beta_0$ exakt bekannt, wird $R(\hat{p}_1^\Delta) = R(\hat{p}_1^0) = R(\hat{p}_1)$. Liegt etwa nur die Information $|\sigma^{-1}\delta| \leqq \Delta$ vor, so ist die Vorhersage $\hat{p}_1^\Delta$ — wenn schon nicht mehr besser als $\hat{p}_2$ — so doch besser als $\hat{p}_3$. Es gilt

$$\hat{p}_3 = \hat{c}_3'y \tag{5.58}$$

mit

$$\hat{c}_3' = w'W^{-1} + \frac{(x_* - w'W^{-1}X)\,X'W^{-1}}{X'W^{-1}X}\,,$$

$$R(\hat{p}_3) = \sigma_*^2 - \sigma^2 w'W^{-1}w + \sigma^2\,\frac{(x_* - w'W^{-1}X)^2}{X'W^{-1}X}\,,$$

und damit erhalten wir

$$R(\hat{p}_1^\Delta) \leqq f(\Delta) = \sigma_*^2 - \sigma^2 w'W^{-1}w + \sigma^2\,\frac{\Delta^2(x_* - w'W^{-1}X)^2}{1 + \Delta^2X'W^{-1}X} \leqq R(\hat{p}_3)\,, \tag{5.59}$$

und für $\Delta < +\infty$ und $x_* - w'W^{-1}X \neq 0$ gilt $R(\hat{p}_1^\Delta) < R(\hat{p}_3)$. Insbesondere gilt

$$\lim_{\Delta\to\infty} R(\hat{p}_1^\Delta) = R(\hat{p}_3)\,. \tag{5.60}$$

Homogener Ansatz

Wir betrachten den Optimalvektor $\hat{c}_2'$ aus (5.33) als Funktion von $\sigma^{-1}\beta$, d. h., es sei $\hat{c}_2' = z'(\sigma^{-1}\beta)$ und damit $\hat{p}_2 = \hat{p}_2(\sigma^{-1}\beta)$ und $R(\hat{p}_2) = R(\hat{p}_2(\sigma^{-1}\beta))$. Wir ersetzen den unbekannten Vektor $\sigma^{-1}\beta$ durch einen festen $K\times 1$-Vektor $a \in \mathcal{A} \leqq E^K$ mit dem Ziel, durch geeignete Zusatzinformation zu sichern, daß die so erhaltene Vorhersage $\hat{p}_2(a)$ besser als die bekannte GM-Vorhersage $\hat{p}_3$ (5.35) ist. Die den Bereich $\mathcal{A}$ der zulässigen Vektoren a einschränkende Forderung lautet also

$$f(a) = R(\hat{p}_3) - R(\hat{p}_2(a)) \geqq 0\,. \tag{5.61}$$

Auf Grund der R-Optimalität von $\hat{p}_2(\sigma^{-1}\beta)$ gilt von vornherein

$$R(\hat{p}_2(a)) \geqq R(p_2(\sigma^{-1}\beta)) = \min_{a\in E^K} R(\hat{p}_2(a)) \tag{5.62}$$

und damit und gemäß (5.25)

$$\max_a f(a) = f(\sigma^{-1}\beta) \geqq 0\,. \tag{5.63}$$

Das folgende Vorgehen liefert die gewünschte Vorhersage $\hat{p}_2(a)$ mit der Eigenschaft (5.61) auf der Grundlage einer a-priori-Abschätzung. Wir nehmen an, es existiere ein $K\times 1$-Vektor $\gamma \in \mathcal{A}$ mit bekannten Komponenten derart, daß für $a = \gamma$ die Ungleichung

$$(z'(\gamma)\,X - x_*')\,[\gamma\gamma' - \sigma^{-2}\beta\beta']\,(X'z(\gamma) - x_*) \geqq 0 \tag{5.64}$$

erfüllt ist. Das Bestehen dieser Ungleichung stellt eine Zusatzinformation über $\sigma^{-1}\beta$ dar. Mit Hilfe von (5.64) können wir $f(\gamma)$ nach unten abschätzen:

$$\begin{aligned}
\sigma^{-2}f(\gamma) &= (x_*' - w'W^{-1}X)\,S^{-1}(X'W^{-1}w - x_*) - w'W^{-1}w \\
&\quad - z'(\gamma)\,Wz(\gamma) + 2z'(\gamma)\,w \\
&\quad - (z'(\gamma)\,X - x_*')\,(\sigma^{-1}\beta)\,(\sigma^{-1}\beta)'\,(X'z(\gamma) - x_*) \\
&\geqq (x_*' - w'W^{-1}X)\,S^{-1}(X'W^{-1}w - x_*) - w'W^{-1}w \\
&\quad - z'(\gamma)\,Wz(\gamma) + 2z'(\gamma)\,w \\
&\quad - (z'(\gamma)\,X - x_*')\,\gamma\gamma'\,(X'z(\gamma) - x_*) = \sigma^{-2}g(\gamma)\,.
\end{aligned}$$

Wir betrachten einmal ein modifiziertes Modell

$$y_t = x_t'(\sigma\gamma) + \varepsilon_t \qquad (t = 1, \ldots, T, T^*)\,, \tag{5.65}$$

das ansonsten alle Voraussetzungen aus (4.1) und (5.2) erfüllen möge. Dann erhalten wir für dieses Modell sofort die homogenen R-optimalen Vorhersagen als $\hat{p}_2(\gamma)$ bzw. $\hat{p}_3$, so daß analog zu (5.25) gilt

$$R(\hat{p}_3) - R(\hat{p}_2(\gamma)) = g(\gamma) \geqq 0\,. \tag{5.66}$$

Somit gilt insgesamt

$$R(\hat{p}_3) - R(\hat{p}_2(\gamma)) = f(\gamma) \geqq g(\gamma) \geqq 0\,. \tag{5.67}$$

Satz 5.5. *Es sei $\mathcal{A}^* \subset \mathcal{A}$ die Menge der Vektoren $a = \gamma$, die* (5.64) *erfüllen. Dann ist für jedes $\gamma \in \mathcal{A}^*$ die Vorhersage*

$$\hat{p}_2(\gamma) = (w' + x_*'\gamma\gamma' X')\,(X\gamma\gamma' X' + W)^{-1}\,y = z'(\gamma)\,y \tag{5.68}$$

mit

$$\begin{aligned} R(\hat{p}_2(\gamma)) = {} & (z'(\gamma)\,X - x_*')\,\beta\beta'\,(X'z(\gamma) - x_*) \\ & + \sigma^2 z'(\gamma)\,Wz(\gamma) - 2\sigma^2 z'(\gamma)\,w + \sigma_*^2 \end{aligned} \tag{5.69}$$

besser als die GM-Vorhersage $\hat{p}_3$.

Stärkere a-priori-Information

Die Bedingung (5.64) ist in ihrer Gestalt recht unübersichtlich; wir nehmen deshalb an, uns sei stärkere Information über $\sigma^{-1}\beta$ und über die nichtnegativ definite $K \times K$-Matrix

$$Q_\gamma = (X'z(\gamma) - x_*)\,(z'(\gamma)\,X - x_*') = (q_{ij}^\gamma)$$

gegeben, die hinreichend für die Erfüllung von (5.64) ist. Wir schreiben (5.64) um:

$$\sum_{i,j=1}^{K} q_{ij}^\gamma(\gamma_i\gamma_j - \sigma^{-2}\beta_i\beta_j) \geqq 0\,. \tag{5.70}$$

Das Modell sei z. B. so beschaffen, daß $q_{ij}^\gamma \geqq 0$ (für alle $i, j = 1, \ldots, K$) gilt. Dann wäre für die Gültigkeit von (5.70) das Bestehen der Ungleichung

$$\sigma^{-2}\beta_i\beta_j \leqq \gamma_i\gamma_j \qquad \text{(für jedes Paar } (i, j)) \tag{5.71}$$

hinreichend. Im Fall $K = 1$ bedeutet dies eine a-priori-Abschätzung $\sigma^{-2}\beta^2 \leqq \gamma^2$.

Interessant ist der Fall $\gamma \to 0$:

$$\lim_{\gamma \to 0} \hat{p}_2(\gamma) = \hat{p}_2(0) = w'W^{-1}y\,. \tag{5.72}$$

Die Zusatzinformation (5.70) besagt dann

$$(\sigma^{-1}\beta)'\,Q_0(\sigma^{-1}\beta) = 0\,.$$

In den Fällen, wo der Vektor $(z'(0)\,X - x'_*) \neq 0$ und damit $Q_0 \neq 0$ ist, folgt daraus $\beta = 0$. Das entspricht der exakten Kenntnis sämtlicher Koeffizienten und stellt den Grenzfall der in 6.5. angegebenen Vorhersage bei Kenntnis einer Zusatzschätzung der Regressionskoeffizienten dar. Wir bemerken noch, daß $\hat{p}_2(0) = \hat{p}_1$ im Fall $\beta = 0$ gilt.

Bemerkung

Analog zu den Untersuchungen in 5.4. läßt sich auch hier ein Zusammenhang zu den homogenen R_1-optimalen Schätzungen nachweisen.

Wir ersetzen $\sigma^{-1}\beta$ in der homogenen R_1-optimalen Schätzung

$$\hat{\beta}_2 = \sigma^{-2}\beta\beta'X'\,(\sigma^{-2}X\beta\beta'X' + W)^{-1}\,y = Z'(\sigma^{-1}\beta)\,y$$

durch einen festen Vektor a und erhalten die $\hat{p}_2(a)$ entsprechende Schätzung

$$\hat{\beta}_2(a) = aa'X'\,(Xaa'X' + W)^{-1}\,y = Z'(a)\,y\,. \tag{5.73}$$

Wir stellen die Forderung, a so zu wählen, daß $\hat{\beta}_2(a)$ besser als die GM-Schätzung $\hat{\beta}_3 = b$ ist:

$$\tilde{f}(a) = R_1(b) - R_1(\hat{\beta}_2(a)) \geqq 0\,. \tag{5.74}$$

Wenn wir annehmen, es existiere ein bekannter $K \times 1$-Vektor γ derart, daß für $a = \gamma$ die (5.64) entsprechende Ungleichung

$$\begin{aligned}&(\sigma^{-1}\beta)'\,(X'Z(\gamma) - I)\,A(Z'(\gamma)\,X - I)\,(\sigma^{-1}\beta)\\ \leqq\;&\gamma'(X'Z(\gamma) - I)\,A(Z'(\gamma)\,X - I)\,\gamma\end{aligned} \tag{5.75}$$

erfüllt ist, so gilt für die Schätzung $\hat{\beta}_2(\gamma)$ analog zu (5.67) die gewünschte Relation $\tilde{f}(\gamma) \geqq 0$.

Zur Demonstration der allgemeinen Überlegungen wollen wir wieder den wichtigen Spezialfall eines Regressors betrachten.

Der Spezialfall $K = 1$

Wir betrachten das Modell

$$y_t = x_t\beta + \varepsilon_t \qquad (t = 1, \ldots, T, T^*)\,, \qquad W = I,\; w = 0\,.$$

Es sei eine a-priori-Abschätzung

$$\sigma^{-2}\beta^2 \leqq \gamma^2$$

bekannt, aus der (5.64) folgt. Die Vorhersage $\hat{p}_2(\gamma)$ wird dann

$$\hat{p}_2(\gamma) = \gamma^2 x_* X'\,(\gamma^2 XX' + I)^{-1}\,y$$

oder explizit

$$\hat{p}_2(\gamma) = x_*\,\frac{\Sigma x_t y_t}{\Sigma\, x_t^2 + \gamma^{-2}} = x_*\hat{\beta}_2(\gamma)\,.$$

Aus (5.8) erhalten wir die GM-Vorhersage

$$\hat{p}_3 = x_* \frac{\sum x_t y_t}{\sum x_t^2} = x_* b .$$

Wegen $\lim_{\gamma \to \infty} \hat{p}_2(\gamma) = \hat{p}_3$ stimmt die GM-Vorhersage bei Vorgabe der Abschätzung $\sigma^{-2}\beta^2 < \infty = \gamma^2$ mit $\hat{p}_2(\gamma)$ überein.

Diese Ungleichung ist natürlich immer erfüllt und enthält keine Zusatzinformation über den Parameter $\sigma^{-1}\beta$. $\gamma^2 = 0$ ist die größtmögliche Zusatzinformation über $\beta = 0$ und entspricht der Vorhersage

$$\lim_{\gamma^2 \to 0} \hat{p}_2(\gamma) = \hat{p}_2(0) = \hat{p}_1 = x_* \beta = 0 .$$

Qualitative Aussage für zufälliges a

Man kann den unbekannten Vektor $\sigma^{-1}\beta$ in $\hat{p}_2$ auch durch einen zufälligen Vektor a schätzen und ersetzen. Für die so erhaltene Vorhersage $\hat{p}_2(a)$ wird die Risikofunktion $R(\hat{p}_2(a))$ nur näherungsweise zu berechnen sein, so daß auch Aussagen über das Vorzeichen der Funktion $f(a)$ (5.61) nur näherungsweise gültig sind. Wir demonstrieren die Problematik für die Schätzung $\hat{\beta}_2(a)$ anhand eines sehr einfachen Modells:

$$y_t = \mu + \varepsilon_t , \qquad \varepsilon \sim N(0, I) . \tag{5.76}$$

Die homogenen R_1-optimalen Schätzungen von μ sind

$$\hat{\beta}_3 = \bar{y} \quad \text{mit} \quad R_1(\hat{\beta}_3) = E(\bar{y} - \mu)^2 = T^{-1} \tag{5.77}$$

und

$$\hat{\beta}_2 = \hat{\beta}_2(\mu) = \frac{T\mu^2 \bar{y}}{1 + T\mu^2} . \tag{5.78}$$

Wir ersetzen den unbekannten Parameter μ in (5.78) durch $a = \bar{y}$ und erhalten

$$\hat{\beta}_2(\bar{y}) = \frac{T\bar{y}^3}{1 + T\bar{y}^2} = h(\bar{y}) . \tag{5.79}$$

Wir entwickeln die Funktion $h(\bar{y})$ an der Stelle $E\bar{y} = \mu$ in eine TAYLOR-Reihe bis zum dritten Glied und können dann $E\hat{\beta}_2(\bar{y})$, var $\hat{\beta}_2(\bar{y})$ und damit $R_1(\hat{\beta}_2(\bar{y})) = E(\hat{\beta}_2(\bar{y}) - \mu)^2$ näherungsweise berechnen:

$$E\hat{\beta}_2(\bar{y}) = h(\mu) + \frac{1}{2} \frac{\partial^2 h}{\partial \bar{y}^2} (\mu) \, E(\bar{y} - \mu)^2 ,$$

$$\operatorname{var} \hat{\beta}_2(\bar{y}) = E \left[\frac{\partial h}{\partial \bar{y}} (\mu) \, (\bar{y} - \mu) + \frac{1}{6} \frac{\partial^3 h}{\partial \bar{y}^3} (\mu) \, (\bar{y} - \mu)^3 + \frac{1}{2} \frac{\partial^2 h}{\partial \bar{y}^2} (\mu) \, \{ (\bar{y} - \mu)^2 - E(\bar{y} - \mu)^2 \} \right]^2 .$$

Setzt man zur Abkürzung $T\mu^2 = z$, so folgt

$$E\hat{\beta}_2(\bar{y}) = (1 + z)^{-3}\, T^{-1}\mu^{-1}\, (3z + 2z^3 + z^4)\,,$$

$$\begin{aligned}\operatorname{var}\hat{\beta}_2(\bar{y}) = (1 + z)^{-8}\, T^{-1}\, (z^8 + 10z^7 + 45z^6 + 72z^5 \\ - 46z^4 - 346\, z^3 + 537z^2 - 144z + 15)\,.\end{aligned}$$

Im Rahmen der Näherung ist für eine Verbesserung der Schätzung von μ durch $\hat{\beta}_2(\bar{y})$ gegenüber $\hat{\beta}_3 = \bar{y}$ notwendig und hinreichend, daß

$$R_1(\bar{y}) - R_1\big(\hat{\beta}_2(\bar{y})\big) = T^{-1}(1 + z)^{-8}\, g(z) \geqq 0 \tag{5.80}$$

mit

$$\begin{aligned}g(z) = -\, 3z^7 - 26z^6 - 34z^5 + 112z^4 + 417z^3 \\ - 505z^2 + 148z - 14\,,\end{aligned}$$

also $g(z) \geqq 0$ gilt.

Wir wollen dieses Problem nicht weiter verfolgen. Es genügt festzustellen, daß $g(z) \geqq 0$ für gewisse Intervalle (z_1, z_2) erfüllt ist. Damit erhalten wir für μ gewisse Intervalle

$$\left(\pm\sqrt{\frac{z_1}{T}}\,,\ \pm\sqrt{\frac{z_2}{T}}\right).$$

Nur wenn μ in diesen Intervallen liegt, erfolgt eine Verbesserung der Schätzung (und damit auch der klassischen Vorhersage) im Sinne von (5.80). Die Intervallängen hängen vom Grad der Näherung ab; sie streben mit wachsendem Stichprobenumfang T gegen Null, so daß die Möglichkeiten der Verbesserung geringer werden. Die Aussagen sind nur qualitativer Natur und zeigen die Grenzen der Methode.

6. Optimale Vorhersagen unter linearen Restriktionen

6.1. Restriktionen und Zusatzinformation

Wie bereits in den vorangehenden Abschnitten angedeutet wurde, spielen die externen Informationen über die Modellvariablen und -parameter sowie über die Struktur eine entscheidende Rolle bei der Identifizierung von ökonometrischen Gleichungen, bei der Überwindung der Multikollinearität oder bei der Konstruktion von Vorhersagen mit bekannten Elementen, die im Sinne einer Norm (vgl. Ausführungen in 5.5.) in optimaler Weise Zusatzinformationen über β oder $\sigma^{-1}\beta$ nutzen. Verfügt der Statistiker nur über die im Stichprobenmodell (4.1) und im zugehörigen Vorhersagemodell (5.3) repräsentierten Informationen, so sind die Vorhersagen $\hat{p}_1$, $\hat{p}_2$ bzw. $\hat{p}_3$ in der jeweiligen Klasse zugelassener Vorhersagen R-optimal (diese Aussage gilt analog für R_1-Optimalität der den $\hat{p}_i$ entsprechenden Schätzungen $\hat{\beta}_i$). In der Praxis wird jedoch darüber hinaus weitere Information zur Verfügung stehen, die der Statistiker entweder aus der Theorie ableiten oder aus vorhergehenden empirischen Untersuchungen bzw. vergleichbaren Stichproben entnehmen kann, wobei ihr Einsatz unter dem Gesichtspunkt erfolgt, die bekannten R-optimalen Vorhersagen und R_1-optimalen Schätzungen zu verbessern. Diese a-priori-Information kann sich auf die Regressionskoeffizienten oder auf die Verteilung der zufälligen Fehler beziehen. So sind häufig die Werte oder zumindest das Vorzeichen gewisser Koeffizienten β_i von β, der Wert des Verhältnisses von Koeffizienten oder der Wert einer Linearkombination der β_i a priori bekannt oder als aus der Theorie abzuleitende (d. h. sachlogisch gerechtfertigte) Restriktion gegeben. Diese Restriktionen können in Gleichungsform bzw. in Gestalt von Ungleichungen auftreten. Dadurch wird der Einsatz von LAGRANGE-Multiplikatoren bzw. der Theorie der quadratischen Optimierung unter linearen Restriktionen in Form von Ungleichungen erforderlich, wobei die Lösungen der letztgenannten Probleme über einen Simplexalgorithmus erhalten werden und somit im allgemeinen nicht in geschlossener Form darstellbar sind.

Wir behandeln hier den für die Praxis wesentlichen Fall von Zusatzinformation über gewisse Koeffizienten β_i von β in Form von J unabhängigen linearen Restriktionen (vgl. auch (3.8)):

$$r = R\beta + d . \tag{6.1}$$

Dabei ist

r ein (bekannter) $J \times 1$-Vektor,

R eine (bekannte) $J \times K$-Matrix vom Rang $J < K$

und

d ein zufälliger $J \times 1$-Fehlervektor.

Über d treffen wir die Annahmen

$$Ed = 0 , \quad Edd' = V , \quad Ed\varepsilon' = 0 , \quad Ed\varepsilon_*' = 0 . \tag{6.2}$$

Die Annahme der Unkorreliertheit der Fehler $(\varepsilon, \varepsilon_*)$ und d ist durch den als extern vorausgesetzten Charakter der Zusatzinformation (Restriktion) gerechtfertigt. Die Annahmen über die Kovarianzmatrix V werden bei Bedarf noch präzisiert, wobei man in der Praxis die Matrix V häufig als bekannt voraussetzen kann.

Die Einführung des zufälligen Fehlers d gestattet die einheitliche Behandlung sowohl von exakten Restriktionen ($d = 0$, $V = 0$) als auch von stochastischen Zusatzinformationen wie Schätzungen aus Vorstichproben, Schwankungsbereiche für gewisse β_i usw. Wir sehen allgemein, daß der Fehler d auftritt, wenn die Restriktionen $r = R\beta$ nicht exakt erfüllt sind. r ist dann wegen (6.2) als erwartungstreue Schätzung von $R\beta$ aufzufassen.

Beispiele für Restriktionen

a) Exakte Kenntnis eines Teilvektors β_1 von β, z. B.

$$\underset{K_1 \times 1}{\beta_1} = b_1^* \qquad (K_1 + K_2 = K)\,.$$

Mit Hilfe von (6.1) schreiben wir

$$b_1^* = \left(I_{K_1}, \underset{K_1 \times K_2}{0}\right)\beta\,, \tag{6.3}$$

d. h., es ist $r = b_1^*$, $R = (I, 0)$, $\quad J = K_1$.

Ein typisches Beispiel für die exakte Kenntnis von Koeffizienten wurde bereits in 2.4. im Fall des multivariaten linearen Regressionsmodells gegeben, wo die Information $\tilde{\beta}_{km} = 0$ (für gewisse k, m) direkt genutzt wurde und zu dem präzisierten Modell (2.10) führte. Das Modell (2.9) unter den Restriktionen $0 = \tilde{\beta}_{km}$, die sich leicht als $r = R\begin{pmatrix}\tilde{\beta}_1\\ \vdots \\ \tilde{\beta}_M\end{pmatrix}$ darstellen lassen, ist dem Modell (2.10) äquivalent.

b) Kenntnis einer Zusatzschätzung $b_1^* = \beta_1 + d$ eines Teilvektors $\underset{K_1 \times 1}{\beta_1}$ von $\beta' = (\beta_1', \beta_2')$:

$$b_1^* = (I_{K_1}, 0)\,\beta + d\,, \qquad J = K_1\,. \tag{6.4}$$

c) Exakte Kenntnis des Verhältnisses gewisser Koeffizienten β_i und β_j, etwa $\beta_1/\beta_2 = a$, $\beta_2/\beta_3 = b$. Damit erhalten wir die Restriktion als $r = R\beta$ mit $J = 3$ und

$$r = \begin{pmatrix}0\\0\\0\end{pmatrix}, \quad R = \begin{pmatrix}1 & -a & 0 & 0 \cdots 0\\ 0 & 1 & -b & 0 \cdots 0\\ 1 & 0 & -ab & 0 \cdots 0\end{pmatrix}. \tag{6.5}$$

d) Exakte Kenntnis des Wertes einer Linearkombination von Koeffizienten β_i, etwa in der Gestalt (vgl. AHRENS [1]) $\sum_{i=1}^{K} \beta_i = c$:

$$r = c\,, \quad R = (1, \ldots, 1)\,, \quad J = 1\,. \tag{6.6}$$

Hierfür läßt sich sofort die in 5.5. benutzte Produktionsfunktion

$$\ln (Yc^{-1}) = \beta_1 \ln A + \beta_2 \ln B + \varepsilon$$

als Beispiel anführen. Im Fall gleichbleibender Produktionsintensität wird $\beta_1 + \beta_2 = 1$. Zur Erfüllung der Bedingung (5.48) war hier die a-priori-Kenntnis des Quotienten $\beta_2/\beta_1 = k$ vorausgesetzt, womit wir auch ein praktisches Beispiel für den Fall c) haben (vgl. auch NAGAR/KAKWANI [1] und CHIPMAN/RAO [1]).

e) Kenntnis eines Schwankungsbereiches

In der ökonometrischen Theorie aber auch in der Biometrie lassen sich häufig a-priori-Grenzen für einzelne β_i angeben, in denen die β_i mit großer Sicherheit (etwa innerhalb der 3σ-Grenze der Verteilung von d) liegen werden. Es sei z. B. für den ersten Koeffizienten β_1 ein Intervall $[a, b]$ bekannt, in dem β_1 „fast sicher" liegt. Wir greifen auf die Darstellung (6.1) zurück und können damit diese a-priori-Information wie folgt umformulieren:

$$\left.\begin{aligned} &r = \frac{b+a}{2} = \beta_1 + d\,, \qquad R = (1, 0, \ldots, 0) \\ &Ed = 0\,, \qquad Ed^2 = \sigma_d^2\,, \qquad 3\sigma_d = \frac{b-a}{2}\,. \end{aligned}\right\} \tag{6.7}$$

Schwieriger wird es schon, die Kovarianzen zwischen den Fehlern $d_1, d_2, \ldots$ a priori vorzugeben, wenn für mehrere Koeffizienten β_i eine Information der Form (6.7) vorliegt (vgl. auch THEIL [2]).

6.2. Stochastische Restriktionen

Wir behandeln zunächst den allgemeinen Fall stochastischer (nicht exakter) Restriktionen $r = R\beta + d$ unter der Voraussetzung

$$Edd' = V \qquad \text{positiv definit.} \tag{6.8}$$

Diese Voraussetzung gestattet die Erweiterung des verallgemeinerten linearen Regressionsmodells um die Zusatzinformation (6.1):

$$\begin{pmatrix} y \\ r \end{pmatrix} = \begin{pmatrix} X \\ R \end{pmatrix} \beta + \begin{pmatrix} \varepsilon \\ d \end{pmatrix}. \tag{6.9}$$

Wir führen die Bezeichnungen $\underset{(T+J)\times 1}{\tilde{y}}$, $\underset{(T+J)\times 1}{\tilde{\varepsilon}}$, $\underset{(T+J)\times K}{\tilde{X}}$ für die entsprechenden erweiterten Matrizen aus (6.9) ein und erhalten als restriktives

Modell (bei Beachtung von (6.2) und (6.8)):

$$\left.\begin{aligned} &\tilde{y} = \tilde{X}\beta + \tilde{\varepsilon}\,, \\ &E\tilde{\varepsilon} = 0\,, \qquad E\tilde{\varepsilon}\tilde{\varepsilon}' = \sigma^2\Phi = \sigma^2 \begin{pmatrix} W & 0 \\ 0 & \sigma^{-2}V \end{pmatrix} \\ &\text{Rang}\,\tilde{X} = K\,, \quad \Phi \text{ positiv definit.} \end{aligned}\right\} \tag{6.10}$$

Damit liegt wieder ein verallgemeinertes lineares Regressionsmodell der Gestalt (4.1) vor, wobei die in (6.2) enthaltene Annahme über die Unkorreliertheit der Fehler ε und d jedoch sichert, daß (6.10) ein qualitativ neues Modell und nicht nur eine einfache Erweiterung der Dimension des Modells (4.1) darstellt.

Eine formale Erweiterung auch des Vorhersagemodells (5.1) um die Restriktion (6.1) zu

$$\begin{pmatrix} y_* \\ r \end{pmatrix} = \begin{pmatrix} X_* \\ R \end{pmatrix}\beta + \begin{pmatrix} \varepsilon_* \\ d \end{pmatrix} \tag{6.11}$$

erübrigt sich, da wir die Vorhersage p von y_* linear in $\tilde{y}' = (y', r')$ ansetzen und somit p die Restriktion berücksichtigt. Wir beschränken uns auf die Ableitung in $\tilde{y}$ homogener erwartungstreuer Vorhersagen unter der Restriktion (6.1), da die Probleme inhomogener und nichterwartungstreuer Vorhersagen (und Schätzungen) in 5. ausführlich diskutiert wurden und die Ergebnisse leicht auf restriktive Modelle zu übertragen sind.

Der in $\tilde{y}$ homogene Ansatz der Vorhersage lautet

$$\underset{n\times 1}{p} = \underset{n\times(T+J)}{C'}\;\tilde{y} \tag{6.12}$$

und die Nebenbedingung der Erwartungstreue wird

$$E(p - y_*) = (C'\tilde{X} - X_*)\,\beta = 0 \quad \text{gdw.}\; C'\tilde{X} - X_* = 0\,. \tag{6.13}$$

Wir wählen als Risikofunktion wieder

$$R(p) = E(p - y_*)'\,A(p - y_*)$$

und erhalten mit (6.13) und

$$E\tilde{\varepsilon}\varepsilon_* = \sigma^2\varphi = \sigma^2 \begin{pmatrix} W_0 \\ 0 \end{pmatrix}$$

$$R(p)\;\tilde{R}(C) = \sigma^2\,\text{sp}\,A[C'\Phi C + W_* - 2C'\varphi]\,.$$

Die Minimierung von $\tilde{R}(C)$ unter der Nebenbedingung (6.13) der Erwartungstreue entspricht dem (zu (5.18) analogen) quadratischen Optimierungsproblem

$$\min_{C'} R^* = \min_{C'}\left\{\tilde{R}(C) - 2\sum_{\tau=1}^{n}\lambda_\tau'\,(c_\tau' X - x_\tau')'\right\}, \tag{6.14}$$

dessen Lösung wir sofort aus Satz 5.2. erhalten, wenn wir in (5.18) folgende Ersetzung vornehmen: $X \to \tilde{X}$, $W \to \Phi$, $W_0 \to \varphi$.

Setzen wir

$$\tilde{S} = \tilde{X}'\Phi^{-1}\tilde{X} = (S + \sigma^2 R'V^{-1}R) = \sigma^2(\sigma^{-2}S + R'V^{-1}R)$$

und beachten die Relation

$$\varphi'\Phi^{-1} = (W_0'W^{-1}, 0)\,,$$

so folgt aus (5.19) sofort

$$\begin{aligned}\hat{C}_4' &= X_*\tilde{S}^{-1}\tilde{X}'\Phi^{-1} + \varphi'\Phi^{-1}\,(I_{T+J} - \tilde{X}\tilde{S}^{-1}\tilde{X}'\Phi^{-1}) \\ &= X_*\tilde{S}^{-1}\tilde{X}'\Phi^{-1} + W_0'W^{-1}\,[(I_T, 0) - X\tilde{S}^{-1}\tilde{X}'\Phi^{-1}]\end{aligned}$$

und mit $b_4 = \tilde{S}^{-1}\tilde{X}'\Phi^{-1}\tilde{y}$

$$\hat{p}_4 = \hat{C}_4'\tilde{y} = X_*b_4 + W_0'W^{-1}\,(y - Xb_4)\,.$$

Satz 6.1. *Die in $\tilde{y}$ homogene R-optimale lineare erwartungstreue (also GM-) Vorhersage von y_* im restriktiven Modell* (6.10) *hat die Gestalt*

$$\hat{p}_4 = X_*b_4 + W_0'W^{-1}\,(y - Xb_4) \tag{6.15}$$

mit

$$R(\hat{p}_4) = R(\hat{p}_1) + \operatorname{sp} A[(X_* - W_0'W^{-1}X)\,V_{b_4}(X_* - W_0'W^{-1}X)'] \tag{6.16}$$

(b_4 und V_{b_4} aus Satz 6.2).

Wir übertragen die Sätze 4.1. und 4.4 auf unser restriktives Modell (6.10) und erhalten

Satz 6.2. *Im restriktiven Modell* (6.10) *hat die in $\tilde{y}$ homogene erwartungstreue R_1-optimale Schätzung von β die Gestalt*

$$\begin{aligned}\hat{\beta}_4 = b_4 &= \tilde{S}^{-1}\tilde{X}'\Phi^{-1}y \\ &= (\sigma^{-2}S + R'V^{-1}R)^{-1}\,(\sigma^{-2}X'W^{-1}y + R'V^{-1}r)\end{aligned} \tag{6.17}$$

mit

$$Eb_4 = \beta\,,$$

$$V_{b_4} = (\sigma^{-2}S + R'V^{-1}R)^{-1} = \sigma^2(S + \sigma^2R'V^{-1}R)^{-1} \tag{6.18}$$

und

$$R_1(b_4) = \operatorname{sp}(AV_{b_4})\,. \tag{6.19}$$

b_4 ist GM-Schätzung im Modell (6.10).

Wir bemerken, daß b_4 eine spezielle, in y inhomogene Schätzung im Modell (4.1), ist. b_4 ist im Modell (4.1) bedingt erwartungstreu:

$$E[b_4 | r = R\beta + d, Ed = 0] = \beta .$$

Schätzung bei Multikollinearität

Wir verzichten auf die Rangbedingung an X und betrachten das (3.45) entsprechende verallgemeinerte restriktive Modell

$$\left.\begin{aligned} & y = X\beta + \varepsilon\,, \qquad E\varepsilon = 0\,, \qquad E\varepsilon\varepsilon' = \sigma^2 W\,, \\ & \operatorname{Rang} X = p < K\,, \qquad W^{-1} = NN'\,, \\ & 0 = R\beta\,, \qquad \operatorname{Rang} R = J = K - p\,, \\ & \operatorname{Rang}\begin{pmatrix} XN \\ R \end{pmatrix} = K\,. \end{aligned}\right\} \tag{6.20}$$

Dann gilt analog zu Satz 3.7.

Satz 6.8. *Im Modell* (6.20) *ist die bedingte* (*restriktive*) *KQ-Schätzung*

$$b(R) = (S + R'R)^{-1} X'W^{-1}y \tag{6.21}$$

mit der Kovarianzmatrix

$$V_{b(R)} = \sigma^2 (S + R'R)^{-1} S (S + R'R)^{-1} \tag{6.22}$$

die beste lineare bedingt erwartungstreue Schätzung von β.

Gewinn an Wirksamkeit

Die Berücksichtigung der Zusatzinformation $r = R\beta + d$ erfolgte unter der Zielstellung, eine bessere Vorhersage von y_* und damit über die klassische Vorhersage $p_{\text{Klass}} = \hat{p}_4 = X_* b_4$ eine R_1-bessere Schätzung von β zu erhalten. Gemäß Definition 5.1. weisen wir den Gewinn an Wirksamkeit bei der Vorhersage durch den Vergleich der Risikofunktionen nach.

Es gilt

$$V_{b_4}^{-1} = \sigma^{-2} S + R'V^{-1}R = V_b^{-1} + R'V^{-1}R\,,$$

$R'V^{-1}R$ nichtnegativ definit [Satz A 8], $(V_b^{-1})^{-1} - (V_{b_4}^{-1})^{-1} = V_b - V_{b_4}$ nichtnegativ definit [Satz A 11], so daß wir die Darstellung

$$V_b - V_{b_4} = BB' \tag{6.23}$$

(B eine quadratische Matrix) geben können (vgl. fundamentale Faktorzerlegung einer symmetrischen Matrix, SCHNEEWEISS [1], 338—339).

Da A positiv definit vorausgesetzt wird, hat A die Darstellung $A = D'D$ (D eine quadratische reguläre Matrix). Setzen wir $(X - W_0'W^{-1}X)\, B = \tilde{B}$, so gilt

$$\begin{aligned} R(\hat{p}_3) - R(\hat{p}_4) &= \operatorname{sp} A[(X_* - W_0'W^{-1}X)\,(V_b - V_{b_4}) \\ &\qquad \times (X_* - W_0'W^{-1}X)'] \\ &= \operatorname{sp} A\tilde{B}\tilde{B}' = \operatorname{sp} D'D\tilde{B}\tilde{B}' \\ &= \operatorname{sp} (D\tilde{B})'\,(D\tilde{B}) \geqq 0\,. \end{aligned} \tag{6.24}$$

Damit ist $\hat{p}_4$ R-besser als $\hat{p}_3$.

Vergleich der Schätzungen

Wir stützen uns auf Kriterium K_1 (4.6) und erhalten

$$\begin{aligned} R_1(b) - R_1(b_4) &= \operatorname{sp}(AV_b) - \operatorname{sp}(AV_{b_4}) \\ &= \operatorname{sp} A(V_b - V_{b_4}) && \text{[Satz A 13, a]} \\ &= \operatorname{sp} ABB' && \text{[nach (6.23)]} \\ &= \operatorname{sp}(DB)'\,(DB) \geqq 0\,. \end{aligned} \tag{6.25}$$

Die Berücksichtigung der in (6.1) enthaltenen Zusatzinformation führt damit zu einer inhomogenen bedingt erwartungstreuen Schätzung von β im verallgemeinerten linearen Regressionsmodell (4.1), die R_1-besser als die Schätzung b (GM-Schätzung im Modell (4.1)) ist.

6.3. Zusatzinformation über σ^2

Selbst wenn wir die Matrix V als vollständig bekannt voraussetzen, so ist doch mit σ^2 auch b_4 und damit $\hat{p}_4$ unbekannt.

Wenn wir annehmen können, daß

$$V = \sigma^2 \tilde{V}, \quad \tilde{V} \text{ bekannt} \tag{6.26}$$

gilt, so ist

$$b_4 = (S + R'\tilde{V}^{-1}R)^{-1}\,(X'W^{-1}y + R'\tilde{V}^{-1}r) \tag{6.27}$$

(und damit $\hat{p}_4$) vollständig bekannt. Diese Annahme würde u. a. bedeuten, daß es sich bei dem Modell (6.10) um eine Aufstockung des Regressionsmodells (4.1) um die Regression $r = R\beta + d$ aus derselben Fehlergrundgesamtheit handelt. Sie ist nur in Spezialfällen von Zusatzinformationen — etwa bei einer Schätzung aus einer Vorstichprobe — gerechtfertigt.

Für den allgemeinen Fall $Edd' = V$ ist das folgende Vorgehen praktikabel. Die Schätzung b_4 ist Lösung der Normalgleichung

$$\sigma^{-2}X'W^{-1}y + R'V^{-1}r = (\sigma^{-2}S + R'V^{-1}R)\,\hat{\beta}\,.$$

Wir ersetzen hierin $(\sigma^2)^{-1} = \sigma^{-2}$ durch eine zunächst nichtstochastische Größe $c \geqq 0$ und definieren durch die Klasse von Normalgleichungen

$$cX'W^{-1}y + R'V^{-1}r = (cS + R'V^{-1}R)\,\hat{\beta}_c \tag{6.28}$$

eine Klasse $K_c = \{\hat{\beta}_c\}$ von zugelassenen Schätzungen, die keine unbekannten Parameter mehr enthalten und somit praktikabel sind. Wegen Rang $R = J$ ist die Matrix

$$\underset{K\times K}{M_c} = (cS + R'V^{-1}R)$$

für alle $c \geqq 0$ positiv definit (Satz A 5). Wir erhalten bei Gültigkeit des restriktiven Modells (6.10) die Lösungen von (6.28) als

$$\begin{aligned}\hat{\beta}_c &= M_c^{-1}(cX'W^{-1}y + R'V^{-1}r)\\ &= \beta + M_c^{-1}(cX'W^{-1}\varepsilon + R'V^{-1}d)\,.\end{aligned} \tag{6.29}$$

Damit sind alle $\hat{\beta}_c \in K_c$ erwartungstreu und haben als Kovarianzmatrix

$$V_{\hat{\beta}_c} = M_c^{-1}(c^2\sigma^2 S + R'V^{-1}R)\,M_c^{-1}\,. \tag{6.30}$$

Wegen der GM-Eigenschaft von b_4 gilt von vornherein

$$V_{\hat{\beta}_c} - V_{b_4} \text{ nichtnegativ definit und damit} \tag{6.31}$$

$$R_1(\hat{\beta}_c) - R_1(b_4) = \operatorname{sp}(AV_{\hat{\beta}_c}) - \operatorname{sp}(AV_{b_4}) \geqq 0\,. \tag{6.32}$$

Wir bilden mit $\hat{\beta}_c$ die Vorhersage

$$p(\hat{\beta}_c) = X_*\hat{\beta}_c + W_0'W^{-1}(y - X\hat{\beta}_c) \tag{6.33}$$

und erhalten

$$E[p(\hat{\beta}_c) - y_*] = 0 \qquad [\text{nach } (6.29)], \tag{6.34}$$

$$R[p(\hat{\beta}_c)] = R(\hat{p}_1) + \operatorname{sp} A[(X_* - W_0'W^{-1}X)\,V_{\hat{\beta}_c}(X_* - W_0'W^{-1}X)']\,, \tag{6.35}$$

$$R[p(\hat{\beta}_c)] - R(\hat{p}_4) \geqq 0 \qquad [\text{nach } (6.31)]. \tag{6.36}$$

Interessant sind die beiden Grenzwerte $c \to 0$ und $c \to \infty$. Für $c \to \infty$ dominiert die mit c gewichtete Stichprobeninformation. Für hinreichend groß gewähltes c gilt

$$cX'W^{-1}y + R'V^{-1}r \approx cX'W^{-1}y$$

und

$$cS + R'V^{-1}R \approx cS\,,$$

so daß

$$\lim_{c\to\infty} \hat{\beta}_c = \hat{\beta}_\infty = b = S^{-1}X'W^{-1}y \tag{6.37}$$

nur noch auf der Stichprobeninformation basiert. Damit wird

$$\lim_{c\to\infty} R[p(\hat{\beta}_c)] = R(\hat{p}_3) .$$

Für $c \to 0$ gilt

$$\lim_{c\to 0} \hat{\beta}_c = \hat{\beta}_0 = (R'V^{-1}R)^{-1} R'V^{-1}r , \tag{6.38}$$

$$V_{\hat{\beta}_0} = (R'V^{-1}R)^{-1} , \tag{6.39}$$

so daß die Schätzung im Grenzfall nur noch die Zusatzinformation berücksichtigt.

Die Ersetzung von σ^{-2} in b_4 durch c ist natürlich nur dann sinnvoll, wenn die Vorhersage $p(\hat{\beta}_c)$ R-besser als die nur auf der Stichprobeninformation basierende Vorhersage $\hat{p}_3$ ist. Wir führen die Bezeichnungen

$$\Delta(c) = V_b - V_{\hat{\beta}_c} ,$$

$$Z = X_* - W_0'W^{-1}X , \tag{6.40}$$

$$\delta(c) = R(\hat{p}_3) - R[p(\hat{\beta}_c)] = \mathrm{sp}\,(\Delta(c)\,Z'AZ) \qquad \text{[Satz A 13]} \tag{6.41}$$

ein. Mit $\Delta(c)$ nichtnegativ definit gilt $\delta(c) \geqq 0$. Wir beachten

$$M_cS^{-1}M_c = c^2S + (R'V^{-1}R)\,S^{-1}(R'V^{-1}R) + 2c\,(R'V^{-1}R)$$

und erhalten mit (6.30)

$$\begin{aligned}\Delta(c) &= M_c^{-1}[\sigma^2M_cS^{-1}M_c - c^2\sigma^2S - R'V^{-1}R]\,M_c^{-1}\\ &= M_c^{-1}(R'V^{-1}R)\,B(c;\sigma^2)\,(R'V^{-1}R)\,M_c^{-1} .\end{aligned}$$

Der Erfolg unserer Bemühungen, $\hat{\beta}_c$ durch geeignete Wahl von c besser als b (d. h. $\Delta(c)$ nichtnegativ definit und damit $\delta(c) \geqq 0$) zu gestalten, hängt also von der Definitheit der Matrix

$$B(c;\sigma^2) = \sigma^2S^{-1} + (2c\sigma^2 - 1)\,(R'V^{-1}R)^{-1} \tag{6.42}$$

ab.

Sei $\underset{K\times 1}{a}$ ein beliebiger fester Vektor, so haben wir als Klasse zulässiger Schätzungen

$$\bar{K}_c = \{\hat{\beta}_c;\, c\colon a'B(c;\sigma^2)\,a \geqq 0\} .$$

Fall 1: $B(0;\sigma^2) = \sigma^2S^{-1} - (R'V^{-1}R)^{-1}$ negativ definit.

Wegen $B(0;\sigma^2) = \Delta(0) = V_b - V_{\hat{\beta}_c}$ negativ definit und $B\left(\frac{\sigma^{-2}}{2};\sigma^2\right) = \sigma^2S^{-1}$ positiv definit existiert aus Stetigkeitsgründen ein kritischer Wert

$c_0(a)$ mit $a'B(c_0(a);\sigma^2)\,a = 0$, $0 < c_0(a) < \frac{\sigma^{-2}}{2}$ und $a'B(c;\sigma^2)\;a \geqq 0$ für $c > c_0(a)$. Wir erhalten

$$\bar{K}_c = \{\hat{\beta}_c;\, c \geqq c_0(a)\}\,.$$

Ohne die Bestimmungsgleichung

$$a'B(c_0(a);\sigma^2)\,a = 0 \tag{6.43}$$

für den kritischen Wert $c_0(a)$ direkt zu lösen, läßt sich folgern, daß $c_0(a)$ eine Funktion von a und von σ^2 und damit selbst unbekannt ist.

Wir benötigen deshalb weitere Zusatzinformation über σ^2.

Es seien a-priori-Grenzen σ_1^2, σ_2^2 bekannt, so daß

$$0 < \sigma_1^2 < \sigma^2 < \sigma_2^2 < \infty \tag{6.44}$$

gilt. Die quadratische Funktion $R_1(\hat{\beta}_c)$ nimmt ihr Minimum für $c = \sigma^{-2}$ an ($\beta_{\sigma^{-2}} = b_4$) und ist für $c > \sigma^{-2}$ monoton wachsend in c. Damit ist $\delta(c)$ für $c > \sigma^{-2}$ monoton fallend in c. Wenn wir beachten, daß mit $B(0;\sigma_2^2)$ auch $B(0;\sigma^2)$ negativ definit ist und daß $c = \sigma_1^{-1} > c_0(a)$ ist, so haben wir den folgenden Satz bewiesen.

Satz 6.3. *Es sei a priori eine Abschätzung* $0 < \sigma_1^2 < \sigma^2 < \sigma_2^2 < \infty$ *bekannt derart, daß* $B(0;\sigma_2^2)$ *negativ definit ist. Dann hat die in der Klasse* $\tilde{K}_c = \{\hat{\beta}_c;\, c \geqq \sigma_1^{-2}\}$ *optimale Schätzung die Gestalt*

$$\hat{\beta}_{\text{opt}} = \hat{\beta}_{\sigma_1^{-2}} = (\sigma_1^{-2}S^{-1} + R'V^{-1}R)^{-1}\,(\sigma_1^{-2}X'W^{-1}y + R'V^{-1}r)\,. \tag{6.45}$$

Für die damit gebildete Vorhersage

$$\hat{p}(\hat{\beta}_{\sigma_1^{-2}}) = X_*\hat{\beta}_{\sigma_1^{-2}} + W_0'W^{-1}\,(y - X\hat{\beta}_{\sigma_1^{-2}}) \tag{6.46}$$

gilt

$$\delta(\sigma_1^{-2}) > 0\,. \tag{6.47}$$

Fall 2: $B(0;\sigma^2)$ nichtnegativ definit

Trivialerweise ist dann $B(c;\sigma^2)$ für alle $c > 0$ positiv definit, und wir erhalten $\bar{K}_c = \{\hat{\beta}_c;\, c \geqq 0\} = K_c$. Mit $B(0;\sigma_1^2)$ ist auch $B(0;\sigma^2)$ nichtnegativ definit.

Satz 6.4. *Es sei a-priori eine Abschätzung* $0 < \sigma_1^2 < \sigma^2 < \sigma_2^2 < \infty$ *bekannt mit* $B(0;\sigma_1^2)$ *nichtnegativ definit. Es sei* $c = c(\alpha) = \sigma_2^{-2} + \alpha(\sigma_1^{-2} - \sigma_2^{-2})$ *mit* $0 \leqq \alpha \leqq 1$ *gewählt. Dann erhalten wir als optimale Schätzung* $\hat{\beta}_{\text{opt}} = \hat{\beta}_{c(\hat{\alpha})}$ *und als optimale Vorhersage*

$$\hat{p}_{\text{opt}} = p(\hat{\beta}_{c(\hat{\alpha})}) = X_*\hat{\beta}_{c(\hat{\alpha})} + W_0'W^{-1}\,(y - X\hat{\beta}_{c(\hat{\alpha})})\,, \tag{6.48}$$

wobei $\hat{\alpha}$ die Lösung von

$$\min_{0 \leqq \alpha \leqq 1} \delta(c(\alpha)) = \delta[\sigma_2^{-2} + \hat{\alpha}(\sigma_1^{-2} - \sigma_2^{-2})] > 0 \tag{6.49}$$

ist.

Bemerkung. Da $\hat{\alpha}$ als Funktion von σ^2 unbekannt ist, wird man in der Praxis bei Erfüllung der Voraussetzungen von Satz 6.4 mit dem Kompromiß $c^* = \sigma_2^{-2} + \frac{1}{2}(\sigma_1^{-2} - \sigma_2^{-2})$ arbeiten, für den gilt:

$$R(\hat{p}_4) \leqq R[p(\hat{\beta}_{c^*})] \leqq R(\hat{p}_3) = R[p(\hat{\beta}_\infty)] \tag{6.50}$$

und

$$R(\hat{p}_4) \leqq R[p(\hat{\beta}_{c^*})] \leqq R[p(\hat{\beta}_0)] \,. \tag{6.61}$$

Schätzen wir σ^2 in b_4 nicht durch eine Konstante sondern durch eine Stichprobenfunktion, so stößt die Bestimmung der exakten Verteilungseigenschaften von $\hat{\beta}_c$ auf Schwierigkeiten (vgl. auch THEIL [2]). Für den praktisch bedeutsamen Fall $c = s^{-2}$ mit s^2 aus (4.18) lassen sich jedoch folgende Grenzwertaussagen treffen. Wir geben den Modellvariablen aus (4.1) zusätzlich den Index T (Stichprobenumfang) und setzen voraus (vgl. auch (2.7)):

$$\left.\begin{aligned} &\varepsilon_T \sim N(0, \sigma^2 W_T)\,, \quad \text{Rang } X_T = K \text{ für alle } T\,,\\ &\lim_{T\to\infty} (T^{-1}X_T' W_T^{-1} X_T)^{-1} = S \text{ existiert und ist endlich}\,,\\ &p\lim T^{-1}X_T'\varepsilon_T = 0\,, \quad p\lim T^{-1}\varepsilon_T\varepsilon_T' = \sigma^2 W\,. \end{aligned}\right\} \tag{6.52}$$

Da s^2 konsistent ist, gilt mit $p\lim s^2 = \sigma^2$ nach dem Theorem von SLUTSKY (Satz A 38, c) auch

$$p\lim (s^{-2} - \sigma^{-2}) = 0\,.$$

Satz 6.5. *Unter den Voraussetzungen* (6.52) *gilt für die Schätzung*

$$\hat{\beta}_{s^{-2}} = (s^{-2}S + R'V^{-1}R)^{-1}(s^{-2}X'W^{-1}y + R'V^{-1}r)$$

$$p\lim \hat{\beta}_{s^{-2}} = \beta \quad \text{(Konsistenz)}\,, \tag{6.53}$$

$$p\lim V(\hat{\beta}_{s^{-2}}) = V_{b_4}\,. \tag{6.54}$$

6.4. Exakte Restriktionen

Die exakte lineare Restriktion $r = R\beta$ läßt sich als Grenzfall „$d \to 0$, $V \to 0$" der stochastischen Restriktionen (6.1) behandeln, wenn wir die Voraussetzung (6.8) aufgeben, wenn also

$$\text{Rang } V < J$$

ist. Das Modell (6.10) ist dann singulär (Annahme (H1) verletzt) und wir können die KQ-Methode nicht mehr unmittelbar sondern nur über die Einführung verallgemeinerter Inversen oder als bedingte KQ-Methode anwenden. Im zweiten Fall bestimmen wir die R-optimale Vorhersage im nichtrestriktiven Modell (4.1) unter der Nebenbedingung

$$r = R\beta + d\,, \quad \text{Annahmen (6.2), Rang } V < J\,. \tag{6.55}$$

Wir berücksichtigen die Restriktion (6.55) durch einen speziellen in y inhomogenen Ansatz:

$$p = \underset{n\times T}{C_1'}\, y + \underset{n\times J}{C_2'}\, r\,.$$

Die bedingte Erwartungstreue von p (wir schreiben symbolisch $E[p - y|$ (6.55)$] = 0$) ist wegen

$$p - y_* = (C_1'X + C_2'R - X_*)\,\beta + C_1'\varepsilon + C_2'd - \varepsilon_*$$

folgender Bedingung äquivalent:

$$C_1'X + C_2'R - X_* = 0\,. \tag{6.56}$$

Hieraus folgt bei Gültigkeit von (6.55) für die Risikofunktion

$$R(p) = \operatorname{sp} A[\sigma^2 C_1'WC_1 + C_2'VC_2 + \sigma^2 W_* - 2\sigma^2 C_1'W_0]\,.$$

Wir erhalten somit als Optimierungsproblem

$$\min_{C_1, C_2, \lambda} \tilde{R}(p) = \min_{C_1, C_2, \lambda} \left\{ R(p) - 2 \sum_{\tau=1}^{n} \lambda_\tau'(c_{1\tau}'X + c_{2\tau}'R - x_\tau') \right\}$$

mit $C_1 = \Big(\underset{T\times 1}{c_{11}}, \ldots, \underset{T\times 1}{c_{1n}}\Big)$, $C_2 = \Big(\underset{J\times 1}{c_{21}}, \ldots, \underset{J\times 1}{c_{2n}}\Big)$ und $\underset{K\times n}{\lambda'} = (\lambda_1, .., \lambda_n)$ eine Matrix aus LAGRANGE-Multiplikatoren. Die Normalgleichungen für p lauten dann (Sätze A 25, A 27, A 37)

$$\frac{1}{2}\frac{\partial \tilde{R}}{\partial C_1'} = \sigma^2 AC_1'W - \sigma^2 AW_0' - \lambda X' = 0\,,$$

$$\frac{1}{2}\frac{\partial \tilde{R}}{\partial C_2'} = AC_2'V - \lambda R' = 0\,,$$

$$\frac{1}{2}\frac{\partial \tilde{R}}{\partial \lambda} = C_1'X + C_2'R - X_* = 0\,.$$

Hieraus folgt als eindeutig bestimmte Lösung

$$\hat{p}_5 = \hat{C}_1'y + \hat{C}_2'\,r = X_* b_5 + W_0'W^{-1}(y - Xb_5)\,.$$

Für die bedingte KQ-Schätzung b_5 gilt

$$b_5 = b + S^{-1}R'\,[\sigma^{-2}V + RS^{-1}R']^{-1}\,(r - Rb)\,, \tag{6.57}$$

$RS^{-1}R'$ positiv definit (Satz A 5) und damit regulär (Satz A 4),

b_5 ist bedingt erwartungstreu:

$$E(b_5|(6.55)) = \beta ,$$

$$E[(b_5 - \beta)(b_5 - \beta)'|(6.55)] = V_{b_5}$$
$$= \sigma^2 S^{-1} - \sigma^2 S^{-1}R'[\sigma^{-2}V + RS^{-1}R']^{-1} RS^{-1} , \qquad (6.58)$$

$$V_b - V_{b_5} = \sigma^2 S^{-1}R'[\sigma^{-2}V + RS^{-1}R']^{-1} RS^{-1} \qquad (6.59)$$

ist nichtnegativ definit.

Wie wir sehen, enthält jede der K Komponenten des in b_5 zur GM-Schätzung b des nichtrestriktiven Modells (4.1) addierten Gliedes den Anteil $(r - Rb)$. Diese Differenz mißt den bei Nichtbeachten der Restriktion $r = R\beta + d$ auftretenden Schätzfehler von b.

Satz 6.6. *In der Klasse* $\{p: p = C_1'y + C_2'r\}$ *von inhomogenen Vorhersagen von* y_* *im Modell* (4.1) *hat die unter* (6.55) *R-optimale erwartungstreue Vorhersage die Gestalt*

$$\hat{p}_5 = X_* b_5 + W_0' W^{-1}(y - Xb_5) \qquad (6.60)$$

mit b_5 *aus* (6.57) *und*

$$E[p_5 - y_*|(6.55)] = 0 ,$$

$$R(\hat{p}_5) = R(\hat{p}_1) + \operatorname{sp} A[(X_* - W_0'W^{-1}X) V_{b_5}(X_* - W_0'W^{-1}X)'] , \qquad (6.61)$$

$$R(\hat{p}_3) - R(\hat{p}_5) = \operatorname{sp} A[(X_* - W_0'W^{-1}X)(V_b - V_{b_5}) \times (X_* - W_0'W^{-1}X)' \geqq 0 \quad [\text{nach } (6.59)] . \qquad (6.62)$$

Damit haben wir durch Berücksichtigung der Restriktion (6.55) im Modell (4.1) eine Vorhersage $\hat{p}_5$ bzw. eine Schätzung b_5 erhalten, die beide bedingt erwartungstreu und R-besser als die nichtrestriktive Vorhersage $\hat{p}_3$ bzw. R_1-besser als die Schätzung b sind. $\hat{p}_5$ bzw. b_5 sind zudem noch die optimale bedingte Vorhersage bzw. bedingte Schätzung in der Klasse der jeweils zugelassenen Vorhersagen/Schätzungen. Die Schätzung und Ersetzung von σ^{-2} in b_5 läßt sich wie im vorhergehenden Abschnitt durchführen. Uns interessiert hier vornehmlich der Fall „$V = 0$".

Für den Fall exakter linearer Restriktionen $r = R\beta$ gilt

Satz 6.7. $b_5 = b + S^{-1}R'(RS^{-1}R')^{-1}(r - Rb)$ *ist GM-Schätzung in der Klasse* $\{\hat{\beta}: \hat{\beta} = D_1 y + D_2 r\}$ *aller inhomogenen Schätzungen im Modell* (4.1), *die bedingt erwartungstreu im Sinne von* $E[\hat{\beta} - \beta|r = R\beta] = 0$ *sind.*

Beweis. Für die Schätzung b_5 gilt

$$\begin{aligned} b_5 &= D_1^* y + D_2^* r \\ &= [(I - S^{-1}R'(RS^{-1}R')^{-1} R) S^{-1}X'W^{-1}] y \\ &\quad + [S^{-1}R'(RS^{-1}R')^{-1}] r , \end{aligned}$$

$$E[b_5 - \beta | r = R\beta] = D_1^* X\beta + D_2^* R\beta - \beta = 0 , \tag{6.63}$$

also $b_5 - \beta = D_1^* \varepsilon$ und damit

$$V_{b_5} = \sigma^2 D_1^* W D_1^{*\prime} .$$

Es sei $\hat{\beta} = D_1' y + D_2' r$ eine beliebige Schätzung, die wir o. B. d. A. darstellen als

$$\hat{\beta} = (D_1^* + E) y + (D_2^* + F) r .$$

Die bedingte Erwartungstreue von $\hat{\beta}$ erfordert:

$$E[\hat{\beta} - \beta | r = R\beta] = (EX + FR) \beta + (D_1^* X + D_2^* R - I) \beta = 0 ,$$

also wegen (6.63) notwendig die Erfüllung von

$$EX + FR = 0 . \tag{6.64}$$

Hieraus folgt sofort

$$\hat{\beta} - \beta = (D_1^* + E) ,$$

$$V_{\hat{\beta}} = \sigma^2 D_1^* W D_1^{*\prime} + \sigma^2 E W E' + 2\sigma^2 D_1^* W E' .$$

Der letzte Ausdruck verschwindet:

$$\begin{aligned} D_1^* W E' &= (I - S^{-1}R'(RS^{-1}R')^{-1} R) S^{-1}X'E' \\ &= -(I - S^{-1}R'(RS^{-1}R')^{-1} R) S^{-1}R'F' = 0 . \end{aligned}$$

Damit (Satz 3.5.) ist die GM-Eigenschaft von b_5 bewiesen: $V_{\hat{\beta}} - V_{b_5} = \sigma^2 E W E'$ nichtnegativ definit [Satz A 8].

6.5. Zusatzschätzung und schrittweise Regression

Liegt dem Statistiker a-priori-Information in Gestalt einer Zusatzschätzung $b_1^* = \beta_1 + d$ einer Teilkomponente β_1 von $\beta' = \left(\underset{1 \times K_1}{\beta_1'} , \underset{1 \times K_2}{\beta_2'} \right) (K_1 + K_2 = K)$ vor, d. h., hat die Restriktion (6.1) die spezielle Form (6.4), so bietet sich mit der schrittweisen Regression ein effektives Verfahren zur Berücksichtigung von (6.4) bei der Schätzung und Vorhersage an. Die Güte der schrittweisen Schätzung und Vorhersage hängt jedoch direkt von der

Stärke der Zusatzinformation, also von den Elementen der Kovarianzmatrix V ab.

Die zu β_1 bzw. β_2 gehörenden Teilmatrizen von X seien $\underset{T \times K_1}{X_1}$ bzw. $\underset{T \times K_2}{X_2}$:

$$y = X_1\beta_1 + X_2\beta_2 + \varepsilon \,. \tag{6.65}$$

Wir nutzen die Zusatzinformation (6.4), indem wir den bereits in einer Vorstichprobe geschätzten Anteil β_1 zusammen mit der zugehörigen Regressorenmatrix X_1 aus der Regression (6.65) entfernen. Dabei geht der Fehler d in die reduzierte Gleichung mit ein:

$$y_- = y - X_1 b_1^* = X_2\beta_2 + \varepsilon + X_1(\beta_1 - b_1^*) \,,$$

$$y_- = X_2\beta_2 + (\varepsilon - X_1 d) = X_2\beta_2 + \tilde{\varepsilon} \,, \tag{6.66}$$

$$E\tilde{\varepsilon}\tilde{\varepsilon}' = \tilde{W} = \sigma^2 W + X_1 V X_1' \qquad [\text{nach } (6.2)] \,. \tag{6.67}$$

Die Anzahl der Regressoren X_i hat sich gegenüber (6.65) verringert. Es sei $X_* = \left(\underset{n \times K_1}{X_{1*}}, \underset{n \times K_2}{X_{2*}} \right)$ die entsprechende Aufspaltung von X_*, so daß die (6.66) entsprechende Vorhersagegleichung folgendes Aussehen hat:

$$y_{*-} = X_{2*}\beta_2 + (\varepsilon_* - X_{1*}d) = X_{2*}\beta_2 + \tilde{\varepsilon}_* \,, \tag{6.68}$$

$$\left. \begin{aligned} E\tilde{\varepsilon}_*\tilde{\varepsilon}_*' &= \tilde{W}_* = \sigma^2 W_* + X_{1*} V X_{1*}' \\ E\tilde{\varepsilon}\tilde{\varepsilon}_*' &= \tilde{W}_0 = \sigma^2 W_0 + X_1 V X_{1*}' \qquad [\text{nach } (6.2)] \,. \end{aligned} \right\} \tag{6.69}$$

Wir setzen die schrittweise Vorhersage von y_* an als

$$p = X_{1*} b_1^* + p_- \,,$$

wobei p_- durch Minimierung der Risikofunktion

$$R_2(p_-) = E(p_- - y_{*-})' \, A_2(p_- - y_{*-})$$

gewonnen wird. A_2 ist die $K_2 \times K_2$-Teilmatrix der Matrix

$$A = \begin{pmatrix} A_1 & A_{12} \\ A_{21} & A_2 \end{pmatrix}$$

der Risikofunktion $R(p)$ (aus (5.7)).

Wir erhalten die R_2-optimale homogene erwartungstreue Vorhersage von y_{*-} sofort aus Satz 5.2 als

$$\hat{p}_- = X_{2*} b_2^* + \tilde{W}_0' \tilde{W}^{-1} (y_- - X_2 b_2^*) \,.$$

Dabei ist nach Satz 4.4.

$$b_2^* = (X_2' \tilde{W}^{-1} X_2)^{-1} \, X_2' \tilde{W}^{-1} y_-$$

mit

$$V(b_2^*) = (X_2' \tilde{W}^{-1} X_2)^{-1} = \tilde{S}_2^{-1}$$

die GM-Schätzung von β_2 im reduzierten Modell (6.66). Insgesamt wird also die schrittweise Vorhersage

$$\hat{p}_6 = X_{1*}b_1^* + X_{2*}b_2^* + \tilde{W}_0'\tilde{W}^{-1}(y_- - X_2 b_2^*) . \qquad (6.70)$$

Wir berechnen die Risikofunktion von $\hat{p}_6$:

$$\begin{aligned}\hat{p}_6 - y_* &= X_{1*}(\beta_1 + d) - X_{1*}\beta_1 + X_{2*}(b_{2*} - \beta_2) - \varepsilon_* \\ &\quad + \tilde{W}_0'\tilde{W}^{-1}[X_2(\beta_2 - b_2^*) + \tilde{\varepsilon}] \\ &= (X_{2*}\tilde{W}_0'\tilde{W}^{-1}X_2)\tilde{S}_2^{-1}X_2'\tilde{W}^{-1}\tilde{\varepsilon} - \tilde{\varepsilon}_* + \tilde{W}_0'\tilde{W}^{-1}\tilde{\varepsilon} , \\ R(\hat{p}_6) &= \operatorname{sp}[AE(\hat{p}_6 - y_*)(\hat{p}_6 - y_*)'] \\ &= \operatorname{sp} A\left[(X_* - \tilde{W}_0'\tilde{W}^{-1}[0, X_2])\begin{pmatrix} V & 0 \\ 0 & V(b_2^*)\end{pmatrix}\right. \\ &\quad \times (X_* - \tilde{W}_0'\tilde{W}^{-1}[0, X_2])' + \operatorname{sp} A[\sigma^2 W_* - \tilde{W}_0'\tilde{W}^{-1}\tilde{W}_0] .\end{aligned} \qquad (6.71)$$

Gewinn an Wirksamkeit

Wir vergleichen die Vorhersage $\hat{p}_6$ mit der GM-Vorhersage im nichtrestriktiven Modell $\hat{p}_3$ und den restriktiven Vorhersagen $\hat{p}_4$ und $\hat{p}_5$. Die Güterelationen gelten dann auch für die in den Vorhersagen enthaltenen Schätzungen.

a) Rang $V = J$

Wegen der GM-Eigenschaft von $\hat{p}_4$ (Satz 6.1) gilt hier sofort

$$R(\hat{p}_6) - R(\hat{p}_4) \geqq 0 .$$

b) Rang $V < J$

Im Fall exakter Kenntnis der im Teilvektor β_1 zusammengefaßten Koeffizienten wird $V = 0$ und damit $\tilde{W} = \sigma^2 W$, $\tilde{W}_* = \sigma^2 W_*$, $\tilde{W}_0 = \sigma^2 W_0$ und

$$\begin{aligned}&\hat{p}_6(V = 0) = X_{1*}\beta_1 + X_{2*}b_2^* + W_0'W^{-1}(y - X_2 b_2^*) , \\ &b_2^* = S_{22}^{-1}X_2'W^{-1}y_- , \\ &b_2^* - \beta_2 = S_{22}^{-1}X_2'W^{-1}\varepsilon , \qquad (6.72) \\ &V(b_2^*) = \sigma^2 S_{22}^{-1} = \sigma^2(X_2'W^{-1}X_2)^{-1} ,\end{aligned}$$

$$b_6 = \begin{pmatrix}\beta_1 \\ b_2^*\end{pmatrix}, \quad V_{b_6} = \begin{pmatrix} 0 & 0 \\ 0 & V(b_2^*)\end{pmatrix}, \qquad (6.73)$$

$$\begin{aligned}R[\hat{p}_6(V = 0)] &= R(\hat{p}_1) + \operatorname{sp} A[(X_* - W_0'W^{-1}X) \\ &\quad \times V_{b_6}(X_* - W_0'W^{-1}X)'] .\end{aligned} \qquad (6.74)$$

Aufspaltung von b

Zum Vergleich der Vorhersagen $\hat{p}_6$ und $\hat{p}_3$ benötigen wir die β_1, β_2 entsprechenden Komponenten b_1, b_2 von b. Mit $S_{ij} = X_i' W^{-1} X_j$ $(i = 1, 2)$ und (6.65) erhalten wir zunächst (vgl. auch (3.69))

$$b = \begin{pmatrix} b_1 \\ b_2 \end{pmatrix} = \begin{pmatrix} S_{11} & S_{12} \\ S_{21} & S_{22} \end{pmatrix}^{-1} \begin{pmatrix} X_1' W^{-1} y \\ X_2' W^{-1} y \end{pmatrix}$$

und daraus [Satz A 36] die beiden Komponenten als

$$b_2 = D^{-1} E W^{-1} y \,, \tag{6.75}$$

$$b_1 = S_{11}^{-1} X_1' W^{-1} y - S_{11}^{-1} S_{12} b_2 \tag{6.76}$$

mit

$$\left.\begin{aligned} &E = (X_2' - S_{21} S_{11}^{-1} X_1') \,, \quad D = E W^{-1} X_2 \,, \\ &E W^{-1} X_1 = 0 \,, \quad E W^{-1} E' = D \,. \end{aligned}\right\} \tag{6.77}$$

Wir berechnen nun die ersten und zweiten zentralen Momente von b_1, b_2 und damit die Teilmatrizen von

$$V_b = \sigma^2 S^{-1} = \begin{pmatrix} V_1 & V_{12} \\ V_{21} & V_2 \end{pmatrix} .$$

Mit (6.75) bis (6.77) gelten folgende Relationen:

$$b_2 - \beta_2 = D^{-1} E W^{-1} \varepsilon \,, \tag{6.78}$$

$$V_2 = E(b_2 - \beta_2)(b_2 - \beta_2)' = \sigma^2 D^{-1} \,, \tag{6.79}$$

$$b_1 - \beta_1 = S_{11}^{-1} [X_1' - S_{12} D^{-1} E] W^{-1} \varepsilon \,, \tag{6.80}$$

$$V_1 = E(b_1 - \beta_1)(b_1 - \beta_1)' = \sigma^2 S_{11}^{-1} + V_{12} V_2^{-1} V_{21} \,, \tag{6.81}$$

$$V_{21}' = V_{12} = E(b_1 - \beta_1)(b_2 - \beta_2)' = -\sigma^2 S_{11}^{-1} S_{12} D^{-1} \,, \tag{6.82}$$

also wird

$$V_b = \sigma^2 S^{-1} = \sigma^2 \begin{pmatrix} S_{11}^{-1} + S_{11}^{-1} S_{12} D^{-1} S_{21} S_{11}^{-1} & -S_{11}^{-1} S_{12} D^{-1} \\ -D^{-1} S_{21} S_{11}^{-1} & D^{-1} \end{pmatrix} . \tag{6.83}$$

Die Matrix $(b - b_6)(b - b_6)'$ ist für alle ε nichtnegativ definit [Satz A 8]. Folglich ist mit

$$b_2^* - \beta_2 = S_{22}^{-1} X_2' W^{-1} \varepsilon$$

und wegen (6.75)–(6.77)

$$E(b - b_6)(b - b_6)' = \begin{pmatrix} V_1 & V_{12} \\ V_{21} & V_2 - V(b_2^*) \end{pmatrix} = V_b - V_{b_6}$$

nichtnegativ definit.

Hieraus folgt für die Vorhersagen

$$R(\hat{p}_3) - R[\hat{p}_6(V = 0)]$$
$$= \operatorname{sp} A[(X_* - W_0'W^{-1}X)(V_b - V_{b_6})(X_* - W_0'W^{-1}X)'] \geqq 0\,. \tag{6.84}$$

Im Fall exakter Kenntnis eines Teilvektors β_1 von β ist die schrittweise Vorhersage $\hat{p}_6$ also R-besser als die nichtrestriktive Vorhersage $\hat{p}_3$ (b_6 ist R_1-besser als b). Dieses Ergebnis überrascht nicht, da die Komponente β_1 in b_6 ohne Fehler, in b dagegen mit einem zufälligen Fehler geschätzt wird. Setzen wir

$$R(\hat{p}_3) - R(\hat{p}_6) = \tilde{\delta}(V) \quad [R(\hat{p}_6) \text{ aus } (6.71)]\,,$$

so gilt in allen Modellen mit $\tilde{\delta}(0) > 0$ aus Stetigkeitsgründen auch in einer gewissen Umgebung von $V = 0$ (d. h. für eine hinreichend gute Zusatzschätzung $b_1^* = \beta_1 + d$) die Ungleichung $\tilde{\delta}(V) > 0$.

Vergleich mit $\hat{p}_5$

Wir betrachten zunächst die Schätzung b_5 aus (6.57) im Fall der Zusatzinformation (6.3). Mit $R = (I, 0)$ aus (6.3) wird

$$b_5 = b + S^{-1}\begin{pmatrix} I \\ 0 \end{pmatrix}\left((I, 0)\, S^{-1}\begin{pmatrix} I \\ 0 \end{pmatrix}\right)^{-1}(I, 0)\begin{pmatrix} \beta_1 - b_1 \\ \beta_2 - b_2 \end{pmatrix},$$

$$b_5 = \begin{pmatrix} \beta_1 \\ b_2 - V_{21}V_1^{-1}(b_1 - \beta_1) \end{pmatrix}, \tag{6.85}$$

$$V_{b_5} = \begin{pmatrix} 0 & 0 \\ 0 & V_2 - V_{21}V_1^{-1}V_{12} \end{pmatrix} \quad [\text{nach } (6.78)-(6.82)]\,. \tag{6.86}$$

Aus Satz 6.6. wissen wir bereits, daß die Schätzung b_5 für alle R und alle V besser als b ist. Wir können nun die Güterelation (6.59) auch unter (6.3), d. h. $R = (I, 0)$ und $V = 0$ explizit angeben (vgl. (6.81) und (6.86)):

$$V_b - V_{b_5} = \begin{pmatrix} V_1 & V_{12} \\ V_{21} & V_{21}V_1^{-1}V_{12} \end{pmatrix} \quad \text{nichtnegativ definit}\,.$$

Wir bemerken noch, daß

$$V_b - V_{b_5} = E(b - b_5)(b - b_5)'$$

gilt. Für den eigentlich interessanten Vergleich der beiden Methoden — schrittweise Regression bzw. restriktive Regression — leiten wir ab:

$$b_6 - b_5 = \begin{pmatrix} 0 \\ (b_2^* - \beta_2) - (b_2 - \beta_2) + V_{21}V_1^{-1}(b_1 - \beta_1) \end{pmatrix}$$

[nach (6.73), (6.85)],

$$E(b_2^* - \beta_2)(b_2^* - \beta_2)' = \sigma^2 S_{22}^{-1} = V(b_2^*) \qquad [(6.72), (6.78)],$$

$$E(b_2^* - \beta_2)(b_1 - \beta_1)' = 0 \qquad [(6.72), (6.80), (6.77)],$$

$$E(b_6 - b_5)(b_6 - b_5)' = \begin{pmatrix} 0 & 0 \\ 0 & V_2 - V_{21}V_1^{-1}V_{12} - V(b_2^*) \end{pmatrix}.$$

Mit der Matrix $(b_6 - b_5)(b_6 - b_5)'$ ist natürlich auch ihr Erwartungswert

$$E(b_6 - b_5)(b_6 - b_5)' = V_{b_5} - V_{b_6} \qquad \text{[nach (6.73), (6.86)]}$$

nichtnegativ definit, woraus unter Beachtung von (6.74) und (6.61) die Güterelation

$$R(\hat{p}_5) - R[\hat{p}_6(V = 0)] \geqq 0$$

folgt. Setzen wir

$$\delta(V) = R(\hat{p}_5) - R(\hat{p}_6) \tag{6.87}$$

mit $R(\hat{p}_6)$ aus (6.71), so gilt mit $\delta(0) > 0$ aus Stetigkeitsgründen auch $\delta(V) > 0$ in einer gewissen Umgebung von $V = 0$. Wir fassen die Ergebnisse des gesamten Abschnitts 6.5. zusammen.

Satz 6.8. *Es sei eine Zusatzschätzung* $b_1^* = \beta_1 + d$ (6.4) *bekannt. Dann hat die schrittweise Vorhersage die Gestalt* $\hat{p}_6$ (6.70) *mit* $R(\hat{p}_6)$ *aus* (6.71), *und es bestehen folgende Güterelationen:*

a) *Rang* $V = J$

$$R(\hat{p}_6) - R(\hat{p}_4) \geqq 0 \qquad \text{[nach Satz 6.1.]} \tag{6.88}$$

b) $V = 0$

$$R(\hat{p}_6(V = 0)) \leqq R(\hat{p}_5) \leqq R(\hat{p}_3) \qquad \text{[nach (6.84), (6.87), Satz 6.6.]} \tag{6.89}$$

c) *Rang* $V < J$

Mit $\delta(0) > 0$ [(6.87)] *gilt in einer gewissen Umgebung von* $V = 0$

$$R(\hat{p}_6) < R(\hat{p}_5) \leqq R(\hat{p}_3)\,. \tag{6.90}$$

Damit ist die schrittweise Regression zumindest im Fall der exakten Kenntnis von Komponenten von β wirksamer als die restriktive Regression (Schätzung/Vorhersage unter Nebenbedingungen), deren Ergebnisse in Satz 6.6. angegeben sind. (Der Satz 6.8. läßt sich analog für die in den aufgeführten Vorhersagen enthaltenen Schätzungen formulieren.)

6.6. Prüfen linearer Hypothesen

Wir können die exakte lineare Restriktion $r = R\beta$ auch als eine Hypothese über den Parameter β ansehen und uns erst nach einem Test endgültig für eine der beiden Schätzungen b bzw. b_5 entscheiden. Die Güterelation (6.59) gilt gerade unter der Voraussetzung, daß $r - R\beta = 0$ erfüllt ist. Wir setzen zusätzlich zu (4.1) die Normalverteilung von ε voraus (Annahme (K)) und prüfen die lineare Hypothese

$$H_0: r = R\beta; \quad \sigma^2 > 0 \text{ beliebig}$$

gegen die Alternativhypothese

$$H_1: r \neq R\beta; \quad \sigma^2 > 0 \text{ beliebig}$$

mit Hilfe des Likelihood-Quotienten-Tests. Die entsprechende Teststatistik ist F aus (3.66), wobei die Likelihood-Funktion $L(\beta, \sigma^2)$ die Gestalt

$$L(\beta, \sigma^2) =$$

$$\left\{(2\pi\sigma^2)^{-T/2} \, |W|^{-1/2}\right\} \exp\left\{-\frac{1}{2\sigma^2} (y - X\beta)' W^{-1} (y - X\beta)\right\}$$

hat. Die ML-Schätzungen $\hat{\beta}_\omega$, $\hat{\sigma}^2_\omega$ unter H_0 sind die Lösungen des quadratischen Optimierungsproblems ($\underset{J\times 1}{\lambda}$ ein Vektor aus LAGRANGE-Multiplikatoren)

$$\max_{\beta\,\sigma^2} \{\ln L(\beta, \sigma^2) - \lambda'(r - R\beta)\} = \max_{\beta,\sigma^2} \bar{L} \,,$$

also Lösung der Normalgleichungen

$$\frac{\partial \bar{L}}{\partial \sigma^2} = -\frac{T}{2\sigma^2} + \frac{1}{2\sigma^4} (y - X\beta)' W^{-1}(y - X\beta) = 0 \,,$$

$$\frac{\partial \bar{L}}{\partial \beta} = X' W^{-1} (y - X\beta) + R'\lambda = 0 \,,$$

$$\frac{\partial \bar{L}}{\partial \lambda} = r - R\beta = 0 \,.$$

Wir erhalten hieraus die ML-Schätzungen unter H_0

$$\hat{\beta}_\omega = b_5 = b + S^{-1}R'(RS^{-1}R')^{-1} (r - Rb) \,,$$

$$\hat{\sigma}^2_\omega = \frac{1}{T} (y - Xb_5)' W^{-1}(y - Xb_5)$$

und (durch Einsetzen von $R = 0$) die ML-Schätzungen unter H_1

$$\hat{\beta}_\Omega = b \,,$$

$$\hat{\sigma}^2_\Omega = \frac{1}{T} (y - Xb)' W^{-1}(y - Xb) \,.$$

Es gilt

$$T(\hat{\sigma}^2_\omega - \hat{\sigma}^2_\Omega) = (r - Rb)' (RS^{-1}R')^{-1} (r - Rb) \,,$$

so daß die Teststatistik analog zu (3.66) folgendes Aussehen hat:

$$F = \frac{(r - Rb)' (RS^{-1}R')^{-1} (r - Rb)}{(y - Xb)' W^{-1}(y - Xb)} \cdot \frac{T - K}{J} . \tag{6.91}$$

Verteilung von F

a) Zähler

Es gelten folgende Relationen:

$$r - Rb = r - R\beta - RS^{-1}X'W^{-1}\varepsilon ,$$

$$r - Rb \sim N(r - R\beta, \sigma^2 RS^{-1}R') \qquad \text{[Satz A 30]},$$

$$RS^{-1}R' \text{ positiv definit vom Rang } J \qquad \text{[Satz A 5]},$$

$$(r - Rb)' (RS^{-1}R')^{-1} (r - Rb)$$
$$\sim \sigma^2\chi_J^2 (\sigma^{-2}(r - R\beta)' (RS^{-1}R')^{-1} (r - R\beta))$$

[nichtzentrale χ_J^2-Verteilung mit dem Nichtzentralitätsparameter $\sigma^{-2}(r - R\beta)' (RS^{-1}R')^{-1} (r - R\beta)$ gemäß Satz A 31, b] bzw. $\sim \sigma^2\chi_J^2$ unter H_0: $r = R\beta$.

Es seien wieder N, N' regulär und quadratisch und so gewählt, daß

$$W^{-1} = NN'$$

gilt. Dann können wir folgende Umformung vornehmen:

$$(r - Rb)' (RS^{-1}R')^{-1} (r - Rb)$$
$$= \varepsilon'NAN'\varepsilon - 2\varepsilon'NB + (r - R\beta)' (RS^{-1}R')^{-1} (r - R\beta)$$

mit

$$A = N'XS^{-1}R'(RS^{-1}R')^{-1} RS^{-1}X'N ,$$

A idempotent,

$$B = N'XS^{-1}R'(RS^{-1}R')^{-1} (r - R\beta) .$$

Für die Zufallsvariable $N\varepsilon$ gilt [Satz A 30]

$$\tilde{\varepsilon} = N\varepsilon \sim N(0, \sigma^2 I) .$$

b) Nenner

Es gilt

$$y - Xb = (I - XS^{-1}X'W^{-1}) \varepsilon = M\varepsilon ,$$

$$M'W^{-1}M = W^{-1}M = M'W^{-1} ,$$

$$MX = 0 , \tag{6.92}$$

$$\operatorname{sp} M = \operatorname{sp} I_T - \operatorname{sp} I_K = T - K \qquad \text{[Satz A 13]},$$

$$
\begin{aligned}
T\hat{\sigma}_\Omega^2 &= (y - Xb)'\, W^{-1}(y - Xb) \\
&= \varepsilon' M' W^{-1} M \varepsilon \\
&= \varepsilon' W^{-1} W M' W^{-1} M W W^{-1} \varepsilon \\
&= \tilde{\varepsilon}' N' W M' W^{-1} M W N \tilde{\varepsilon} \\
&= \tilde{\varepsilon}' C \tilde{\varepsilon}\,, \qquad (6.93)
\end{aligned}
$$

C idempotent,

$\operatorname{Rang} C = \operatorname{sp} C = \operatorname{sp} M = T - K$ [Satz A 13],

$T\hat{\sigma}_\Omega^2 = \tilde{\varepsilon}' C \tilde{\varepsilon} \sim \sigma^2 \chi^2_{T-K}$ [Satz A 33] (6.94)

$CA = 0$ [wegen (6.92)]

und

$CB = 0$ [wegen (6.92)].

Die beiden letzten Relationen sichern, daß die quadratische Form $\tilde{\varepsilon}'C\tilde{\varepsilon}$ unabhängig von $\tilde{\varepsilon}'A\tilde{\varepsilon}$ und $\tilde{\varepsilon}'B$ verteilt ist [Sätze A 34, A 35], woraus die Unabhängigkeit des Zählers und des Nenners von F folgt. Damit [Satz A 32] besitzt die Teststatistik F (6.91) unter H_1 eine nichtzentrale $F_{J,T-K}(\sigma^{-2}(r - R\beta)'\,(RS^{-1}R')^{-1}\,(r - R\beta))$-Verteilung und unter H_0 eine zentrale $F_{J,T-K}$-Verteilung. Der Annahmebereich für H_0 bei einer Irrtumswahrscheinlichkeit erster Art α ist wieder durch

$$0 \leqq F < F_{J,T-K,\alpha}$$

und der kritische Bereich für H_0 durch

$$F \geqq F_{J,T-K,\alpha}$$

gegeben ($F_{J,T-K,\alpha}$ ist das $(1-\alpha)$-Quantil der $F_{J,T-K}$-Verteilung; vgl. Weber [1], Tafel 6). Wir wollen noch bemerken, wie die in 3.7. behandelten Spezialfälle linearer Hypothesen den Zähler von F (6.91) verändern.

Fall 1: $J = K$ (H_0: $\beta = R^{-1}r$; $\sigma^2 > 0$ beliebig)

Dann ist R regulär und mit $R^{-1}r = \beta^*$ wird

$$(r - Rb)'\,(RS^{-1}R')^{-1}\,(r - Rb) = (\beta^* - b)\,S(\beta^* - b) \quad \text{[vgl. (3.68)]}.$$

Fall 2: $J < K$ und $R = (0, I)$

Dann wird

H_0: $\beta_1 = 0$; β_2 und $\sigma^2 > 0$ beliebig,

$RS^{-1}R' = \sigma^{-2}V_2 = D^{-1}$ [nach (6.79)],

$Rb = b_2$ (aus (6.78)), $r = \beta_2$

und

$$(r - Rb)' (RS^{-1}R')^{-1} (r - Rb)$$
$$= (\beta_2 - b_2)' D(\beta_2 - b_2) \qquad \text{[vgl. (3.72)].}$$

7. Vorhersage und Modellwahl

7.1. Restriktionen im nichtrestriktiven Modell

Wenn wir die Gültigkeit des verallgemeinerten linearen Regressionsmodells (4.1) voraussetzen, so ist b (4.16) die GM-Schätzung von β (oder beste lineare erwartungstreue Schätzung, vgl. Satz 4.4.) und $\hat{p}_3$ (5.20) die GM-Vorhersage von y_*. Die Entscheidung des Statistikers für b bzw. $\hat{p}_3$ basiert also auf der Anerkennung des Modells (4.1) und auf den Kriterien der R_1- bzw. R-Optimalität. In vielen Problemen der Praxis wird die Beobachtung von gewissen Regressoren aus X mit erheblichen Kosten oder anderen Schwierigkeiten (etwa Abhängigkeit von der Technologie, Saatfolge usw.) verbunden sein, so daß sich das wahre Modell (4.1) nur schwer realisieren läßt. Ein auf sachlogischen Erwägungen gegründetes Weglassen von Regressoren X_i — etwa vereinigt in der Teilmatrix X_2 von $X = (X_1, X_2)$ — liefert neue Schätzungen und Vorhersagen im reduzierten Modell $y = X_1\beta_1 + \varepsilon$, die nicht mehr erwartungstreu und auch nicht R_1- bzw. R-optimal sind, jedoch im Sinne anderer noch einzuführender Kriterien besser als b bzw. $\hat{p}_3$ sein können. Dadurch würde (wie auch schon im Sinne von Satz 5.5.) die Eigenschaft der Erwartungstreue an Bedeutung verlieren.

Die oben befürwortete Modellreduktion betten wir in das allgemeine Problem der restriktiven Schätzung von β und der restriktiven Vorhersage eines Regressanden y_* (also Beschränkung auf den Fall $n = 1$) ein.

Wir setzen die Gültigkeit des folgenden (nichtrestriktiven) Modells voraus:

$$\left.\begin{aligned} y &= X\beta + \varepsilon\,, & \varepsilon &\sim N(0, \sigma^2 W)\,,\\ \underset{1\times 1}{y_*} &= \underset{1\times K}{x_*'}\beta + \underset{1\times 1}{\varepsilon_*}\,, & \varepsilon_* &\sim N(0, \sigma_*^2)\,,\\ E\varepsilon\varepsilon_* &= \sigma^2 \underset{T\times 1}{w}\,. \end{aligned}\right\} \qquad (7.1)$$

Das Modell (7.1) enthält also die Annahmen über die Regressionsbeziehung $y = X\beta + \varepsilon$ der Stichprobe und die Beziehung $y_* = x'_*\beta + \varepsilon_*$ zum Vorhersageindex T^* sowie die Annahmen über die spezielle Normalverteilung der Fehlervariablen ε und ε_*. Weitere Informationen oder gar Restriktionen sind nicht bekannt, so daß wir mit gutem Grund von einem nichtrestriktiven Modell sprechen können. Wie wir wissen, ist $\hat{p}_3 = x'_*b + w'W^{-1}(y - Xb)$ die GM-Vorhersage von y_* im Modell (7.1.). Wir berechnen die Verteilung von $\hat{p}_3$. Es gilt nach Satz A 30

$$\hat{p}_3 = x'_*b + w'W^{-1}(y - Xb) \sim N(\mu, \sigma_3^2) \tag{7.2}$$

mit

$$\{Ex'_*b + w'W^{-1}(y - Xb)\} = x'_*\beta + w'W^{-1}(X\beta - X\beta),$$

also

$$E\hat{p}_3 = \mu = x'_*\beta \tag{7.3}$$

und

$$\text{var}(\hat{p}_3) = E(\hat{p}_3 - \mu)^2 = \sigma_3^2$$

mit

$$\sigma_3^2 = \sigma^2(x'_*S^{-1}x_* + w'W^{-1}w - w'W^{-1}XS^{-1}X'W^{-1}w). \tag{7.4}$$

μ und σ_3^2 verwenden wir als Abkürzungen.

Wir nehmen an, der Statistiker sei an der Einführung der exakten Restriktion $r = R\beta$ in das Modell (7.1) interessiert.

Angenommen, die Beobachtung der Regressoren $X_{i+1}, \ldots, X_K$ sei sehr kostenaufwendig. Man würde etwa prüfen wollen, wie sich ein Weglassen der Beobachtungen dieser Regressoren (wir nehmen an, sie seien in der Teilmatrix X_2 von $X = (X_1, X_2)$ vereinigt) auf die Güte der danach erhaltenen Vorhersage auswirkt. Hier wäre also konkret $R = (I, 0)$, $r = 0$ zu wählen. Wir sprechen dann von der Modellreduktion.

Die Restriktion $r = R\beta$ wird optimal [Satz 6.7.] in der Schätzung

$$b_5 = b + S^{-1}R'(RS^{-1}R')^{-1}(r - Rb)$$

und in der restriktiven Vorhersage

$$\hat{p}_5 = x'_*b_5 + w'W^{-1}(y - Xb_5) \tag{7.5}$$

berücksichtigt.

Wir führen folgende Bezeichnungen ein:

$$\left.\begin{aligned} z' &= (x'_* - w'W^{-1}X)\,S^{-1}R'(RS^{-1}R')^{-1}, \\ \hat{p}_R &= z'(r - Rb), \\ \gamma &= z'(r - R\beta). \end{aligned}\right\} \tag{7.6}$$

Wenn wir das nichtrestriktive Modell (7.1) voraussetzen, wenn also nicht $r = R\beta$ gilt, so erhalten wir

$$\hat{p}_R \sim N(\gamma, \sigma_R^2) , \tag{7.7}$$

$$\begin{aligned} E\hat{p}_R &= \gamma \neq 0 \quad (\text{sofern } x'_* \neq w'W^{-1}X) , \\ \sigma_R^2 &= E(z'(r - Rb - r + R\beta))^2 \\ &= z'RE\,(b-\beta)\,(b-\beta)'\,R'z \\ &= \sigma^2 z'(RS^{-1}R')\,z . \end{aligned} \tag{7.8}$$

$\hat{p}_3$ und $\hat{p}_R$ sind korreliert:

$$\begin{aligned} E(\hat{p}_3 - \mu)\,(\hat{p}_R - \gamma) &= -\,\sigma^2 x'_* S^{-1}R'z \\ &= -\,\sigma_R^2 - \sigma^2 w'W^{-1}XS^{-1}R'z \\ &= -\,1/2\,(\sigma_R^2 + g) . \end{aligned} \tag{7.9}$$

Damit resultiert für die restriktive Vorhersage $\hat{p}_5$ im Modell (7.1) insgesamt

$$\hat{p}_5 = \hat{p}_3 + \hat{p}_R \sim N(\mu + \gamma, \sigma_5^2) \tag{7.10}$$

mit

$$\sigma_5^2 = \sigma_3^2 + \sigma_R^2 + 2E\,(\hat{p}_3 - \mu)\,(\hat{p}_R - \gamma) ,$$

also nach (7.9)

$$\sigma_5^2 = \sigma_3^2 - \sigma_R^2 - 2\sigma^2 w'W^{-1}XS^{-1}R'z = \sigma_3^2 - g . \tag{7.11}$$

Folglich besitzt die nichterwartungstreue Vorhersage $\hat{p}_5$ genau dann eine kleinere Varianz als die erwartungstreue Vorhersage $\hat{p}_3$, wenn $g > 0$ mit

$$\begin{aligned} g &= \sigma_R^2 + 2\sigma^2 w'W^{-1}XS^{-1}R'z \\ &= \sigma^2 x'_* S^{-1}R'(RS^{-1}R')^{-1}\,RS^{-1}x_* \\ &\quad - \sigma^2 w'W^{-1}XS^{-1}R'(RS^{-1}R')^{-1}\,RS^{-1}X'W^{-1}w \end{aligned} \tag{7.12}$$

gilt. Das Vorzeichen von g ist durch das Modell determiniert. Vergleicht man die beiden klassischen Vorhersagen $\check{p}_3 = x'_* b$ und $\check{p}_5 = x'_* b_5$, so gelten alle bisherigen Beziehungen mit $w = 0$. Es sei $g = g(w)$. Dann gilt

$$\max_w g(w) = g(0) = \sigma_R^2 < 0 \tag{7.13}$$

und damit

$$\min_w \sigma_5^2(w) = \sigma_3^2 - \sigma_R^2 < \sigma_3^2 .$$

Nach diesen Betrachtungen läßt sich die Problemstellung wie folgt formulieren:

Bei Voraussetzung der Gültigkeit des nichtrestriktiven Modells (7.1) ist die Vorhersage $\hat{p}_3$ erwartungstreu und besitzt innerhalb der Klasse der erwartungstreuen Vorhersagen die Minimalvarianz σ_3^2. Die restriktive Vorhersage $\hat{p}_5$ ist nicht erwartungstreu mit dem Bias γ ($\gamma \neq 0$ für $r \neq R\beta$ und $x'_* \neq w'W^{-1}X$), besitzt aber im Fall $g > 0$ eine kleinere Varianz als $\hat{p}_3$.

Der Statistiker ist an einer Vorhersage von y_* (bzw. bei $w = 0$ an einer Schätzung des Erwartungswertes von y_*) interessiert, die den unbekannten Wert y_* möglichst gut schätzt. Dabei kann bei praktischen Problemen ein systematischer Fehler (Bias) weniger ins Gewicht fallen als eine große Varianz. Wir wollen den Vergleich von $\hat{p}_3$ und $\hat{p}_5$ (bzw. von $\hat{p}_3$ und $\hat{p}_5$ bei $w = 0$) unter Voraussetzung des Modells (7.1) anhand von drei Kriterien durchführen, die die Vor- und Nachteile der beiden Vorhersagen, genauer gesagt, den Bias γ und den Anteil σ_R der Varianzdifferenz g gegeneinander abwägen. Eine Bevorzugung der restriktiven Vorhersage und damit des restriktiven Modells

$$y = X\beta + \varepsilon\,, \qquad r = R\beta\,, \qquad \varepsilon \sim N(0, \sigma^2 W) \tag{7.14}$$

hängt, wie sich zeigen wird, von einer Parameterbedingung ab, über deren Erfüllung ein nichtzentraler F-Test entscheidet.

7.2. Die Vergleichskriterien

Die folgenden Kriterien sind mathematische Äquivalente des Wunsches, mit einer Schätzung $\hat{\mu}$ möglichst „nahe" an die zu schätzende Größe μ heranzukommen.

Kriterium 1

$\hat{\mu}_1$ heißt eine *Schätzung* von μ mit um a kleinerer mittlerer quadratischer Abweichung als $\hat{\mu}_2$, wenn

$$E(\hat{\mu}_1 - \mu)^2 + a < E(\hat{\mu}_2 - \mu)^2 \tag{7.15}$$

gilt. Wir nennen $\hat{\mu}_1$ dann auch K_1^a-besser als $\hat{\mu}_2$.

Bei erwartungstreuen Schätzungen $\hat{\mu}_1$, $\hat{\mu}_2$ und $a = 0$ wirkt (7.15) wie das Minimum-Varianz-Prinzip, bei $a = 0$ und beliebigen Schätzungen ist Kriterium 1 das bekannte MSE-Prinzip (Teekens [1]). a ist hier ein Steuerparameter; durch die Wahl $a < 0$ wird die Annahmebedingung für $\hat{\mu}_1$ abgeschwächt und damit $\hat{\mu}_1$ vom Statistiker von vornherein bevorzugt behandelt (bei $a > 0$ gilt dies entsprechend für $\hat{\mu}_2$).

Im Fall $a \geqq 0$ besitzt Kriterium 1 die Eigenschaft der Transitivität:

$$\{[E(\hat{\mu}_1 - \mu)^2 + a < E(\hat{\mu}_2 - \mu)^2] \wedge [E(\hat{\mu}_2 - \mu)^2 + a < E(\hat{\mu}_3 - \mu)^2]\}$$
$$\to [E(\hat{\mu}_1 - \mu)^2 + a < E(\hat{\mu}_3 - \mu)^2]\,.$$

In Worten bedeutet das:

Ist $\hat{\mu}_1$ K_1^a-besser als $\hat{\mu}_2$ und $\hat{\mu}_2$ K_1^a-besser als $\hat{\mu}_3$, so ist $\hat{\mu}_1$ auch K_1^a-besser als $\hat{\mu}_3$.

Das Kriterium K_1^a definiert also eine Halbordnung über der Klasse zugelassener Schätzungen.

Somit läßt sich aus einer Klasse zugelassener Schätzungen $\{\hat{\mu}\}$ die K_1^a-optimale ($a \geqq 0$ fest) Schätzung auswählen.

Parameterbedingung

Auf unser Problem angewendet, ergibt sich folgende Parameterbedingung: $\hat{p}_5$ ist eine K_1^a-bessere Vorhersage von y_* als $\hat{p}_3$, wenn (für $\mu = x'_*\beta$)

$$E(\hat{p}_5 - \mu)^2 + a < E(\hat{p}_3 - \mu)^2$$

oder wegen (7.2), (7.10) und (7.11)

$$\sigma_3^2 - g + \gamma^2 + a < \sigma_2^2 ,$$

also

$$|\gamma/\sigma_R| < \sqrt{\frac{g-a}{\sigma_R^2}} = \delta_1 \tag{7.16}$$

gilt. Damit δ_1 existiert, muß notwendig $a < g$ gewählt werden. Der Parameter δ_1 ist unabhängig von der Gestalt der Verteilung der Größen $\hat{p}_5$, $\hat{p}_3$, $\hat{p}_R$. Man wird a als Vielfaches von σ vorgeben, damit δ_1 bekannt ist.

Im Fall $g > 0$ entspricht die Wahl $a < 0$ dem Wunsch des Statistikers, $\hat{p}_5$ trotz des Bias γ wegen der um g kleineren Varianz zu bevorzugen; $a > 0$ würde hier bedeuten, daß man $\hat{p}_5$ nur bevorzugen möchte, wenn die Varianz wesentlich kleiner ist. Auch dieser Standpunkt ist vernünftig, da sich die Erwartungstreue als wünschenswerte Eigenschaft von Statistiken in linearen Modellen eingeführt hat.

Bemerkung. Wir wollen die Wirkung des Steuerparameters a an einem einfachen Beispiel demonstrieren (TOUTENBURG [8]).

Es sei eine n-dimensionale Stichprobe unabhängiger $N(\mu, \sigma^2)$-verteilter Variablen gegeben und der Erwartungswert μ zu schätzen. Wir wählen

$$\hat{\mu}_2 = \bar{x} \sim N\left(\mu, \frac{\sigma^2}{n}\right) \text{ und mit } k^2 < 1$$

$$\hat{\mu}_1 = k\bar{x} \sim N\left(k\mu, \frac{k^2\sigma^2}{n}\right) = N\left(\mu + (k-1)\,\mu, \frac{\sigma^2}{n} - \frac{(1-k^2)\,\sigma^2}{n}\right).$$

Die Schätzung $\hat{\mu}_1$ ist K_1^a-besser als $\hat{\mu}_2$ genau dann, wenn (vgl. (7.16))

$$\frac{(k-1)^2\,\mu^2 n}{(1-k^2)\,\sigma^2} < 1 - \frac{an}{(1-k^2)\,\sigma^2}$$

oder mit $\tilde{a} = a\sigma^{-2}$

$$\left(\frac{\sigma}{\mu}\right)^2 > \frac{n(k-1)^2}{(1-k^2) - \tilde{a}n} \tag{7.17}$$

gilt. In der Praxis wird man bei Variationskoeffizienten von mehr als 15% in der Regel nicht mehr $\bar{x}$ als Schätzung von μ wählen, sondern den Versuch mit einem neuen Plan wiederholen. Angenommen $\left|\frac{\sigma}{\mu}\right| > 0,15$ werde durch einen kleinen Wert von μ verursacht. Dann bietet sich als Schätzung $\hat{\mu}_1 = 0$ (also $k = 0$) an. Zu der gleichen Entscheidung, d. h. zu einer Bevorzugung von $\hat{\mu}_1$ mit $k = 0$ gemäß (7.17), gelangt man, wenn $\tilde{a}$ aus dem Intervall

$$0 > \frac{1}{n} - \frac{1}{0{,}15^2} > \tilde{a}$$

gewählt wird. Wegen

$$\frac{1}{n} - \frac{1}{0{,}15^2} < -43$$

und der geringen Größe des positiven $\tilde{a}$-Bereiches $\left[0, \frac{1}{n}\right]$ wird man in der Praxis wohl kaum den Steuerparameter $\tilde{a}$ aus dem einer Bevorzugung von $\hat{\mu}_1$ entsprechenden Bereich $\tilde{a} < -43$ wählen. Die Annahmebedingungen für $\hat{\mu}_1$ lassen sich bei einem kritischen Wert des Variationskoeffizienten von 15% nicht sinnvoll durch $\tilde{a}$ steuern.

Kriterium 2

Es sei $k > 0$ eine nach sachlogischen Gesichtspunkten vorgegebene Konstante. Dann heißt $\hat{\mu}_1$ eine bessere „*k-b-benachbarte*“ *Schätzung* von μ als $\hat{\mu}_2$ oder $\hat{\mu}_1$ heißt K_2^b-besser als $\hat{\mu}_2$, wenn

$$P\{|\hat{\mu}_1 - \mu| < k\} > P\{|\hat{\mu}_2 - \mu| < k\} + b \tag{7.18}$$

gilt.

Im Fall $b = 0$ bedeutet die Erfüllung von (7.18), daß $\hat{\mu}_1$ bei einer wiederholten Stichprobennahme häufiger in das Intervall $[\mu - k, \mu + k]$ fällt als $\hat{\mu}_2$. Über den Steuerparameter b gelten die gleichen Aussagen wie über a aus Kriterium 1, d. h., $b < 0$ entspricht einer a-priori-Bevorzugung von $\hat{\mu}_1$. Für $b \geqq 0$ besitzt Kriterium 2 ebenfalls die Eigenschaft der Transitivität; bei $b = 0$ und erwartungstreuen Schätzungen auf der Basis derselben Stichprobe wirkt Kriterium 2 wie das Minimum-Varianz-Prinzip.

Auf unser Problem angewendet, erfordert (7.18) die Bestimmung der Parameterbedingungen für

$$P\{|\hat{p}_5 - \mu| < k\} > P\{|\hat{p}_3 - \mu| < k\} + b\,.$$

Wir berechnen

$$P\{|\hat{p}_5 - \mu| < k\} = P\left\{\frac{-k-\gamma}{\sigma_5} < \frac{\hat{p}_5 - \gamma - \mu}{\sigma_5} < \frac{k-\gamma}{\sigma_5}\right\} = P\{u \in I_1\}$$

mit $u \sim N(0, 1)$ (nach (7.10)) und

$$I_1 = [(-k-\gamma)\,\sigma_5^{-1}, (k-\gamma)\,\sigma_5^{-1}]\,.$$

Entsprechend wird

$$P\{|\hat{p}_3 - \mu| > k\} = P(u \in I_2)$$

mit $I_2 = [-k\sigma_3^{-1}, k\sigma_3^{-1}]$ (nach (7.2)).

Damit ist $\hat{p}_5$ genau dann K_2^b-besser als $\hat{p}_3$, wenn [Φ: Verteilungsfunktion der $N(0, 1)$-Verteilung]

$$\Phi\left(\frac{k-\gamma}{\sigma_5}\right) + \Phi\left(\frac{k+\gamma}{\sigma_5}\right) > 2\Phi\left(\frac{k}{\sigma_3}\right) + b \tag{7.19}$$

gilt, woraus sich bei Vorgabe von k als Vielfaches von σ durch Gleichsetzen beider Seiten in (7.19) ein kritischer Wert δ^* für $|\gamma/\sigma_5|$ und damit für $|\gamma/\sigma_R|$ als $\delta^*\sigma/\sigma_R^{-1} = \delta_2$ bestimmen läßt.

Eine Tabellierung von δ_2 ist sehr aufwendig, da als Eingangsgrößen k/σ, σ_5/σ, σ_3/σ und b zu berücksichtigen sind. Wir geben in Tabelle 1 eine Auswahl von Richtwerten δ^* für $g > 0$ und in Tabelle 2 Richtwerte für δ_2 im Fall $w = 0$ an.

Die linke Seite von (7.19) ist monoton fallend in $|\gamma/\sigma_5|$, so daß gilt

$$\left.\begin{array}{l} \text{für } |\gamma/\sigma_R| < \delta_2 \text{ ist } \hat{p}_5\ K_2^b\text{-besser als } \hat{p}_3, \\ \text{für } |\gamma/\sigma_R| > \delta_2 \text{ ist } \hat{p}_3\ K_2^b\text{-besser als } \hat{p}_5, \\ \text{für } |\gamma/\sigma_R| = \delta_2 \text{ sind } \hat{p}_5 \text{ und } \hat{p}_3 \text{ gleichwertig.} \end{array}\right\} \tag{7.20}$$

Hinreichende Bedingung

Es sei $g > 0$ und $b = 0$. Dann ist die Erfüllung von

$$|\gamma/\sigma_R| < k(\sigma_5^{-1} - \sigma_3^{-1})\,\sigma_5\sigma_R^{-1} = \delta_2^* \tag{7.21}$$

hinreichend dafür, daß $\hat{p}_5$ K_2^0-besser als $\hat{p}_3$ ist.

Beweis. Aus (7.21) folgt

$$|\gamma/\sigma_5| < k(\sigma_5^{-1} - \sigma_3^{-1})\,,$$

wobei $\sigma_5^{-1} - \sigma_3^{-1} > 0$ wegen $g > 0$ ist. Damit wird

$$-k\sigma_5^{-1} - \gamma\sigma_5^{-1} < -k\sigma_3^{-1}$$

und

$$k\sigma_3^{-1} < k\sigma_5^{-1} - \gamma\sigma_5^{-1}\,,$$

so daß $I_1 \supset I_2$ und folglich $P(u \in I_1) > P(u \in I_2)$ gilt.

Um δ_2^* zu kennen, genügt wiederum die Vorgabe von k als Vielfaches von σ. δ_2^* hängt explizit von den Modellvariablen ab.

Kriterium 3

Die Schätzung $\hat{\mu}_1$ liegt „c-näher" an μ als $\hat{\mu}_2$ — oder $\hat{\mu}_1$ heißt K_3^c-besser als $\hat{\mu}_2$, wenn

$$P\{|\hat{\mu}_1 - \mu| < |\hat{\mu}_2 - \mu|\} > 0{,}5 + c \tag{7.22}$$

mit $-0{,}5 < c < 0{,}5$ gilt.

Da $\hat{\mu}_1$, $\hat{\mu}_2$ Zufallsvariablen sind, bedeutet die Erfüllung von (7.22), daß μ_1 in mehr als $(50 + c\ 100\%)$ der Stichproben etwa im Sinne der Euklidischen Norm näher an μ liegt als $\hat{\mu}_2$. Die Wahl von $c < 0$ begünstigt apriori die Annahme von $\hat{\mu}_1$. Kriterium 3 besitzt im allgemeinen nicht die Eigenschaft der Transitivität (TOUTENBURG, [5]). Bei einem Vergleich von $\hat{p}_5$ und $\hat{p}_3$ nach Kriterium 3 ist die Vorhersage $\hat{p}_5$ (und damit das restriktive Modell (7.14)) zu bevorzugen, wenn

$$P\{|\hat{p}_5 - \mu| < |\hat{p}_3 - \mu|\} > 0{,}5 + c \tag{7.23}$$

gilt. Das zufällige Ereignis

$$|\hat{p}_5 - \mu| = |\hat{p}_3 - \mu + \hat{p}_R| < |\hat{p}_3 - \mu|$$

läßt sich in folgende alternative Teilereignisse zerlegen:

$$\left.\begin{array}{ll} (\hat{p}_3 - \mu) > 0\,, & 0 > \hat{p}_R > -2(\hat{p}_3 - \mu) \\ (\hat{p}_3 - \mu) < 0\,, & 0 < \hat{p}_R < -2(\hat{p}_3 - \mu)\,. \end{array}\right\} \tag{7.24}$$

Um auf die Tabellen der zweidimensionalen Normalverteilung zurückgreifen zu können, empfiehlt sich folgende Transformation (vgl. WEBSTER [1])

$$p = -\frac{\hat{p}_R - \gamma}{\sigma_R} \sim N(0, 1)\,,$$

$$q = \frac{(\hat{p}_3 - \mu) + 1/2\,(\hat{p}_R - \gamma)}{\sqrt{\sigma_3^2 - 1/4\,\sigma_R^2 - 1/2\,g}} \sim N(0, 1)\,,$$

$$Epq = \varrho = \frac{g}{2\sigma_R}\,(\sigma_3^2 - 1/4\sigma_R^2 - 1/2 g)^{-1/2}\,.$$

Die Kovarianz ϱ ist bekannt, da sich der Faktor σ^2 wegkürzt. Damit besitzt (p, q) die zweidimensionale Normalverteilung

$$(p, q) \sim N\left[(0, 0), \begin{pmatrix} 1 & \varrho \\ \varrho & 1 \end{pmatrix}\right]. \tag{7.25}$$

Wir beachten

$$q = \frac{2\sigma_R \varrho}{g} \left[(\hat{p}_3 - \mu) + 1/2(\hat{p}_R - \gamma)\right],$$

setzen $g \neq 0$ voraus und können dann die Ereignisse (7.24) nach der Transformation als

$$\left.\begin{aligned} &-\frac{\gamma}{\sigma_R}\frac{\varrho\sigma_R^2}{g} < q\,, \frac{\gamma}{\sigma_R} < p \\ &q < -\frac{\gamma}{\sigma_R}\cdot\frac{\varrho\sigma_R^2}{g}\,, p < \frac{\gamma}{\sigma_R} \end{aligned}\right\} \qquad (7.26)$$

darstellen. Damit erhalten wir schließlich die gesuchte Wahrscheinlichkeit aus (7.23) in der Gestalt

$$\begin{aligned} P\{|\hat{p}_5 - \mu| < |\hat{p}_3 - \mu|\} &= 1 - P\left(\frac{\gamma}{\sigma_R} < p\right) \\ &- P\left(-\frac{\gamma\varrho}{\sigma_R}\frac{\sigma_R^2}{g} < q\right) + 2P\left(-\frac{\gamma\varrho}{\sigma_R}\frac{\sigma_R^2}{g} < q\,, \frac{\gamma}{\sigma_R} < p\right) \\ &= 2 - \Phi\left(\frac{\gamma}{\sigma_R}\right) - \Phi\left(\frac{\gamma\varrho}{\sigma_R}\cdot\frac{\sigma_R^2}{g}\right) - 2P^*\left(\frac{\gamma\varrho}{\sigma_R}\frac{\sigma_R^2}{g} < q\,, \frac{\gamma}{\sigma_R} < p\right), \end{aligned} \qquad (7.27)$$

wobei Φ bzw. P^* die Verteilungsfunktionen der $N(0, 1)$- bzw. der zweidimensionalen Normalverteilung (7.25) sind.

Wie man leicht nachprüft, ist (7.27) monoton fallend in $|\gamma/\sigma_R|$. Wir setzen die rechte Seite von (7.27) gleich $0{,}5 + c$ und bestimmen mit Hilfe der Tafeln der ein- und zweidimensionalen Normalverteilung die zu $0{,}5 + c$ gehörenden kritischen Werte δ_3 für $|\gamma/\sigma_R|$. Wegen der Monotonieeigenschaft gilt

$$\left.\begin{aligned} &\text{für } |\gamma/\sigma_R| < \delta_3 \text{ ist } \hat{p}_5\ K_3^c\text{-besser als } \hat{p}_3, \\ &\text{für } |\gamma/\sigma_R| > \delta_3 \text{ ist } \hat{p}_3\ K_3^c\text{-besser als } \hat{p}_5, \\ &\text{für } |\gamma/\sigma_R| = \delta_3 \text{ sind } \hat{p}_5 \text{ und } \hat{p}_3 \text{ gleichwertig.} \end{aligned}\right\} \qquad (7.28)$$

In Tabelle 3 ist eine Auswahl von kritischen Werten δ_3 für den Fall $w = 0$ (und damit $\frac{\sigma_R^2}{g} = 1$) angeführt.

7.3. Das Entscheidungsproblem

Wir definieren einheitlich für die drei Kriterien folgende Teststatistik:

$$F = \left[\frac{\hat{p}_R\,\sigma}{\sigma_R\,s}\right]^2. \qquad (7.29)$$

Dabei ist s^2 die Fehlerquadratsumme aus (4.18) mit

$$s^2 = (y - Xb)' W^{-1}(y - Xb) (T - K)^{-1} \sim \sigma^2(T - K)^{-1} \chi^2_{T-K} .$$

Nach (6.93) gilt

$$(T - K) s^2 = \tilde{\varepsilon}' C \tilde{\varepsilon} \qquad \text{mit } C \text{ idempotent.}$$

Aus (7.6) und (7.7) erhalten wir

$$\hat{p}_R/\sigma_R \sim N(\gamma/\sigma_R, 1) ,$$

$$\left(\frac{\hat{p}_R}{\sigma_R}\right)^2 \sim \chi^2_1\left(\frac{\gamma^2}{\sigma^2_R}\right) \qquad \text{[Satz A 29],}$$

$$\left(\frac{\hat{p}_R}{\sigma_R}\right)^2 = \left(\frac{\gamma}{\sigma_R}\right)^2 + \tilde{\varepsilon}' A \tilde{\varepsilon} - 2 \frac{\gamma}{\sigma^2_R} B \tilde{\varepsilon}$$

mit

$$B = z' R S^{-1} X' N ,$$

$$BC = 0 \qquad \text{[nach (6.92)],}$$

$$A = N' X S^{-1} R' z z' R S^{-1} X' N \sigma_R^{-2} ,$$

$$A \quad \text{idempotent} \qquad \text{[wegen (7.8)],}$$

$$AC = 0 \qquad \text{[nach (6.92)].}$$

Damit [Sätze A 34, A 35] sind der Zähler und der Nenner von F unabhängig verteilt und F besitzt folglich [Satz A 32] eine nichtzentrale $F_{1,T-K}(\gamma^2\sigma_R^{-2})$-Verteilung. Die Größe des Nichtzentralitätsparameters $\delta^2 = \gamma^2\sigma_R^{-2}$ ist aber gerade die Grundlage für eine Entscheidung zugunsten einer der beiden Vorhersagen $\hat{p}_5$ oder $\hat{p}_3$ gemäß eines der drei Kriterien K_i $(i = 1, 2, 3)$:

Satz 7.1. Bei Voraussetzung der Gültigkeit des nichtrestriktiven Modells (7.1) *gilt für* $i = 1, 2, 3$

$$\left.\begin{array}{l} \text{für } |\gamma/\sigma_R| < \delta_i \text{ ist } \hat{p}_5 \; K_i\text{-besser als } \hat{p}_3, \\ \text{für } |\gamma/\sigma_R| = \delta_i \text{ sind } \hat{p}_5 \text{ und } \hat{p}_3 \; K_i\text{-gleichwertig} \\ \text{für } |\gamma/\sigma_R| > \delta_i \text{ ist } \hat{p}_3 \; K_i\text{-besser als } \hat{p}_5. \end{array}\right\} \tag{7.30}$$

Die kritischen Parameterwerte δ_i *sind* δ_1 *aus* (7.16), δ_2 *aus Tabelle 2 und* δ_3 *aus Tabelle 3 (für* $w = 0$). *Für* $w \neq 0$ *wird* δ_3 *aus Relation* (7.27) *gewonnen.*

Die angestrebte a-priori-Bevorzugung von $\hat{p}_5$ geschieht durch die Wahl $a < 0, b < 0, c < 0$ der Steuerparameter. Die kritischen Werte δ_i wachsen monoton mit fallenden Werten a, b, c, wie man (7.16) bzw. den Tabellen 2 und 3 entnimmt, wodurch der Annahmebereich für $\hat{p}_5$ vergrößert wird. (Entsprechendes gilt für die Steuerung zugunsten von $\hat{p}_3$.) Mit der Steuerung legt der Statistiker auch sein Vorgehen beim Testverfahren fest.

Fall 1: a-priori-Bevorzugung von $\hat{p}_5$

Man entscheidet sich für $\hat{p}_5$ und damit für das restriktive Modell (7.14), wenn

$$(K_1)\quad E(\hat{p}_5 - \mu)^2 - a^2 < E(\hat{p}_3 - \mu)^2 ,$$
$$(K_2)\quad P\{|\hat{p}_5 - \mu| < k\} > P\{|\hat{p}_3 - \mu| < k\} - b^2 ,$$
$$(K_3)\quad P\{|\hat{p}_5 - \mu| < |\hat{p}_3 - \mu|\} > 0{,}5 - c^2$$

gilt.

Die a-priori-Bevorzugung von $\hat{p}_5$ bedingt eine Verschärfung der Annahmebedingungen für $\hat{p}_3$.

Man entscheidet sich also erst dann für $\hat{p}_3$, wenn

$$(K_1)\quad E(\hat{p}_5 - \mu)^2 - a^2 - r_1^2 \geqq E(\hat{p}_3 - \mu)^2 ,$$
$$(K_2)\quad P\{|\hat{p}_5 - \mu| < k\} \leqq P\{|\hat{p}_3 - \mu| < k\} - b^2 - r_2^2 ,$$
$$(K_3)\quad P\{|\hat{p}_5 - \mu| < |\hat{p}_3 - \mu|\} \leqq 0{,}5 - c^2 - r_3^2$$

gilt. In den Bereichen

$$(K_1)\quad - a^2 - r_1^2 < E(\hat{p}_3 - \mu)^2 - E(\hat{p}_5 - \mu)^2 < - a^2 ,$$
$$(K_2)\quad - b^2 - r_2^2 < P\{|\hat{p}_5 - \mu| < k\} - P\{|\hat{p}_3 - \mu| < k\} < - b^2 ,$$
$$(K_3)\quad 0{,}5 - c^2 - r_3^2 < P\{|\hat{p}_5 - \mu| < |\hat{p}_3 - \mu|\} < 0{,}5 - c^2$$

wird es dem Praktiker nach Anlage der Steuerung gleichgültig sein, welche der beiden Vorhersagen gewählt wird. Die beiden Modelle sind also in diesem Indifferenzbereich als gleichwertig zu behandeln.

Für den Fall 1 wird die Nullhypothese

$$H_0: \delta < \delta_i \qquad (i = 1, 2, 3) \tag{7.31}$$

gegen die Alternativhypothese

$$H_1: \delta \geqq \tilde{\delta}_i > \delta_i \qquad (i = 1, 2, 3) \tag{7.32}$$

getestet. Dabei ist $\tilde{\delta}_i$ der zu den Steuerparametern $-(a^2 + r_1^2)$, $-(b^2 + r_2^2)$ bzw. $-(c^2 + r_3^2)$ gehörende kritische Wert $\delta = |\gamma/\sigma_R|$ der drei Kriterien; die δ_i sind die zu $-a^2$, $-b^2$, $-c^2$ gehörenden kritischen δ-Werte.

Wir geben eine Wahrscheinlichkeit α vor und entnehmen den Tafeln der nichtzentralen F-Verteilung einen kritischen Wert

$$F^{(i)}_{1,T-K,\alpha} = F^{(i)}_{\alpha} \qquad (i = 1, 2, 3)$$

so, daß

$$P(F \geqq F_\alpha^{(i)} | \delta = \delta_i) = \alpha \tag{7.33}$$

gilt.

H_0 wird genau dann angenommen, wenn

$$F = \left[\frac{\hat{p}_R \sigma}{\sigma_R s}\right]^2 < F_\alpha^{(i)} \tag{7.34}$$

gilt. Dieses Vorgehen liefert einen gleichmäßig besten Test für H_0 in der Klasse aller Tests auf der Basis der Statistik F (7.29) (vgl. HODGES und LEHMANN [1]).

Wir bezeichnen mit $P_\delta(\hat{p}_5)$ bzw. $P_\delta(\hat{p}_3)$ die Wahrscheinlichkeit (in Abhängigkeit von δ) für die Annahme von $\hat{p}_5$ bzw. $\hat{p}_3$. Wegen der Monotonie der nichtzentralen F-Verteilung in δ^2 gilt für die Irrtumswahrscheinlichkeit 1. Art

$$P_\delta(\hat{p}_3) \leqq \alpha \qquad (\text{für } \delta < \delta_i;\ i = 1, 2, 3)\,. \tag{7.35}$$

Wir berechnen

$$P_{\tilde{\delta}_i}(\hat{p}_5) = P(F < F_\alpha^{(i)} | \delta = \tilde{\delta}_i) = \beta$$

und erhalten als Irrtumswahrscheinlichkeit 2. Art

$$P_\delta(\hat{p}_5) \leqq \beta \qquad (\text{für } \delta \geqq \tilde{\delta}_i;\ i = 1, 2, 3). \tag{7.36}$$

Fall 2: a-priori-Bevorzugung von $\hat{p}_3$

Eine angestrebte Begünstigung des nichtrestriktiven Modells (7.1) verlangt eine Steuerung der Annahmebedingungen für $\hat{p}_3$ durch die Wahl a, b, $c > 0$, wodurch mit wachsenden Werten a, b, c die kritischen Werte δ_i abnehmen und der Annahmebereich für $\hat{p}_5$ verkleinert wird.

Analog zu Fall 1 entscheidet man sich für $\hat{p}_3$, wenn

$$(K_1)\quad E(\hat{p}_5 - \mu)^2 + a^2 > E(\hat{p}_3 - \mu)^2\,,$$

$$(K_2)\quad P\{|\hat{p}_5 - \mu| < k\} < P\{|\hat{p}_3 - \mu| < k\} + b^2\,,$$

$$(K_1)\quad P\{|\hat{p}_5 - \mu| < |\hat{p}_3 - \mu|\} < 0{,}5 + c^2$$

und für $\hat{p}_5$, wenn

$$(K_1)\quad E(\hat{p}_5 - \mu)^2 + a^2 + r_1^2 \leqq E(\hat{p}_3 - \mu)^2\,,$$

$$(K_2)\quad P\{|\hat{p}_5 - \mu| < k\} \geq P\{|\hat{p}_3 - \mu| < k\} + b^2 + r_2^2$$

$$(K_3)\quad P\{|\hat{p}_5 - \mu| < |\hat{p}_3 - \mu|\} \geqq 0{,}5 + c^2 + r_3^2$$

gilt.

Als Indifferenzbereiche (Gleichwertigkeit des restriktiven und des nichtrestriktiven Modells) ergeben sich dementsprechend

$$(K_1) \quad a^2 < E(\hat{p}_3 - \mu)^2 - E(\hat{p}_5 - \mu)^2 < a^2 + r_1^2\,,$$

$$(K_2) \quad b^2 < P\{|\hat{p}_5 - \mu| < k\} - P\{|\hat{p}_3 - \mu| < k\} < b^2 + r_2^2\,,$$

$$(K_3) \quad 0{,}5 + c^2 < P\{|\hat{p}_5 - \mu| < |\hat{p}_3 - \mu|\} < 0{,}5 + c^2 + r_3^2\,.$$

Bei diesem auf eine a-priori-Begünstigung des nichtrestriktiven Modells ausgerichteten Entscheidungsverfahren lautet also die Nullhypothese

$$H_0 : \delta > \delta_i \qquad (i = 1, 2, 3) \tag{7.37}$$

und die Alternativhypothese

$$H_1 : \delta \leqq \tilde{\delta}_i < \delta_i \qquad (i = 1, 2, 3)\,. \tag{7.38}$$

Dabei ist δ_i der zu den Steuerparametern a^2, b^2, c^2 und $\tilde{\delta}_i$ der zu $(a^2 + r_1^2)$, $(b^2 + r_2^2)$, $(c^2 + r_3^2)$ gehörende kritische δ-Wert der drei Kriterien.

Zu vorgegebenem α $(0 < \alpha < 1)$ bestimmen wir einen kritischen Wert

$$F^{(i)}_{1,T-K,1-\alpha} = F^{(i)}_{1-\alpha} \qquad (i = 1, 2, 3)$$

($F^{(i)}_{1-\alpha}$ ist nur eine Abkürzung, sie vernachlässigt die fest vorgegebenen Freiheitsgrade 1 und $T - K$) gemäß

$$P(F \geqq F^{(i)}_{1-\alpha} | \delta = \delta_i) = 1 - \alpha\,. \tag{7.39}$$

H_0 wird angenommen, wenn

$$F \geqq F^{(i)}_{1-\alpha}$$

gilt.

Wir erhalten für die Irrtumswahrscheinlichkeit 1. Art

$$P_\delta(\hat{p}_5) \leqq \alpha \qquad (\text{für } \delta > \delta_i;\ i = 1, 2, 3)\,. \tag{7.40}$$

Wir berechnen

$$P_{\tilde{\delta}_i}(\hat{p}_3) = P(F \geqq F^{(i)}_{1-\alpha} | \delta = \tilde{\delta}_i) = \beta$$

als obere Schranke der Irrtumswahrscheinlichkeit 2. Art:

$$P_\delta(\hat{p}_3) \leqq \beta \qquad (\text{für } \delta \leqq \tilde{\delta}_i;\ i = 1, 2, 3)\,. \tag{7.41}$$

7.4. Schätzung und Modellwahl

Die Verallgemeinerung der Kriterien 2 und 3 auf den Vergleich vektorieller Statistiken stößt auf erhebliche Schwierigkeiten (komplizierte Verteilungsfunktionen); hingegen läßt sich Kriterium 1 leicht für die Modellwahl auf der Basis der konkurrierenden Schätzungen anwenden. Wir verwenden die übliche Bezeichnung

$$\mathrm{MSE}(\hat{\beta}) = E(\hat{\beta} - \beta)(\hat{\beta} - \beta)' = V_{\hat{\beta}} + (\beta - E\hat{\beta})(\beta - E\hat{\beta})'$$

(MSE: mean square error)
und definieren folgendes Kriterium:
MSE-Kriterium

$\hat{\beta}_1$ heißt eine *MSE-bessere Schätzung* von β als $\hat{\beta}_2$ genau dann, wenn

$$\Delta(\hat{\beta}_2, \hat{\beta}_1) = \mathrm{MSE}(\hat{\beta}_2) - \mathrm{MSE}(\hat{\beta}_1) \tag{7.42}$$

eine nichtnegativ definite Matrix ist.

Auf unser Problem bezogen, ergibt sich:

Das restriktive Modell (7.14) ist auf der Basis des MSE-Kriteriums gegenüber dem nichtrestriktiven Modell

$$y = X\beta + \varepsilon\,, \qquad \varepsilon \sim N(0, \sigma^2 W) \tag{7.43}$$

zu bevorzugen, wenn

$$\Delta(b, b_5) = \mathrm{MSE}(b) - \mathrm{MSE}(b_5) \tag{7.44}$$

nichtnegativ definit ist.

Wir setzen wieder die Gültigkeit des Modells (7.43) voraus und erhalten

$$\mathrm{MSE}(b) = V_b\,,$$

$$b_5 - \beta = S^{-1}X'W^{-1}\varepsilon + Z(r - R\beta - RS^{-1}X'W^{-1}\varepsilon)$$

mit

$$Z = S^{-1}R'(RS^{-1}R')^{-1}\,,$$

$$\mathrm{MSE}(b_5) = V_{b_5} + Z(r - R\beta)(r - R\beta)'Z'$$

$$[V_{b_5} \text{ aus (6.58) mit } V = 0],$$

$$\begin{aligned}\Delta(b, b_5) &= V_b - V_{b_5} - Z(r - R\beta)(r - R\beta)'Z' \\ &= \sigma^2 Z[(RS^{-1}R') - \sigma^{-2}(r - R\beta)(r - R\beta)']Z' \\ &= \sigma^2 ZAZ'\,.\end{aligned} \tag{7.45}$$

Die Matrix $\Delta(b, b_5)$ ist damit genau dann nichtnegativ definit, wenn A nichtnegativ definit ist, d. h., wenn für einen beliebigen $J \times 1$-Vektor $x \neq 0$

$$Q(x) = \frac{x'(r - R\beta)(r - R\beta)'x}{\sigma^2 x'(RS^{-1}R')x} \leqq 1$$

gilt. Nach Rao [1] (S. 48) wird insbesondere

$$\begin{aligned}\lambda = \sup_x Q(x) &= Q[(RS^{-1}R')^{-1}(r - R\beta)] \\ &= \sigma^{-2}(r - R\beta)'(RS^{-1}R')^{-1}(r - R\beta)\,.\end{aligned} \tag{7.46}$$

Satz 7.2. *Bei Voraussetzung des nichtrestriktiven Modells* (7.43) *ist die nichterwartungstreue Schätzung*

$$b_5 = b + S^{-1}R' (RS^{-1}R')^{-1} (r - Rb)$$

MSE-besser als die erwartungstreue Schätzung b genau dann, wenn

$$\lambda = \sigma^{-2}(r - R\beta)' (RS^{-1}R')^{-1} (r - R\beta) \leqq 1 \tag{7.47}$$

gilt.

Wir prüfen die Hypothese

$$H_0: \lambda \leqq 1$$

gegen die Alternative

$$H_1: \lambda > 1$$

auf der Basis der Statistik F aus (6.91), die für $r \neq R\beta$ eine nichtzentrale $F_{J,T-K}(\lambda)$-Verteilung besitzt. Zu vorgegebenem α bestimmten wir einen kritischen Wert F_α so, daß

$$P(F \geqq F_\alpha | \lambda = 1) = \alpha \tag{7.48}$$

wird. Für $F < F_\alpha$ wird H_0 angenommen, für $F \geqq F_\alpha$ wird die Hypothese „b_5 ist MSE-besser als b" verworfen.

Für die Güteaussagen dieses Tests und eine Tabellierung der kritischen Werte sei auf Toro-Vizcarrondo/Wallace ([1], [2]) verwiesen (für weitere Probleme vgl. Bibby [1]).

8. Optimale Bereichsvorhersagen

8.1. Begriffe und Definitionen

Ähnlich wie in der Theorie der Parameterschätzung die Methoden der Punkt- und der Bereichsschätzung (Konfidenztheorie) parallel entwickelt werden, läßt sich auch für die Schätzung und Vorhersage einer zufälligen Variablen neben der Punktmethode die Theorie der Bereichsvorhersagen (-schätzungen) als Verallgemeinerung ableiten. Wir schließen dabei die Bereichsvorhersagen in Modellen der Normalregression in die Vorhersagemethodik für multivariate Normalverteilungen ein.

Wir gehen aus von einer Stichprobe $Z = (Z_1, \ldots, Z_T)$ aus einem Grundraum $(\mathcal{Z}, \mathfrak{A}, P_Z^\Theta)$. Dabei ist $\mathfrak{A}$ eine σ-Algebra von Teilmengen A von $\mathcal{Z}$,

d. h., $\mathfrak{A}$ ist abgeschlossen bezüglich der mengentheoretischen Operationen „abzählbare Vereinigung" und „abzählbares Komplement". $(\mathcal{X}, \mathfrak{A})$ sei also ein meßbarer Raum und P_Z^Θ mit $\Theta \in \Omega$ (Parameterraum) ein Wahrscheinlichkeitsmaß über $(\mathcal{X}, \mathfrak{A})$; $\{P_Z\}$ sei die Klasse der zulässigen Maße.

Es sei $Z_t \in \mathcal{X}_t$. Dann wird durch die Menge aller T-Tupel $(z_1, ..., z_T)$ mit $z_t \in \mathcal{X}_t$ der Produktraum $Z_1 \times \cdots \times Z_T$ definiert, der im Fall $\mathcal{X}_t = \mathcal{X}$ (für alle t) die Gestalt $\mathcal{X}^T$ hat.

Definition 8.1. Ein Vorhersagebereich $B(Z_1, ..., Z_T)$ ist eine Statistik, die über $\mathcal{X}^T$ definiert ist und Werte in $\mathfrak{A}$ annimmt.

B ist eine Abbildung eines beliebigen Punktes $(Z_1, ..., Z_T) \in \mathcal{X}^T$ in eine Menge $B(\mathcal{X}_1, ..., \mathcal{X}_T) \in \mathfrak{A}$. Im Fall $\mathcal{X} = E^1$ wird $\mathcal{X}^T = E^T$ (T-dimensionaler euklidischer Raum) und $\mathfrak{A} = \{(a, b]\}$. Damit erhalten wir als Vorhersagebereich ein Intervall

$$B(Z_1, ..., Z_T) = (r_1(Z_1, ..., Z_T)\,, \quad r_2(Z_1, ..., Z_T))$$

mit $r_1(Z_1, ..., Z_T) \leqq r_2(Z_1, ..., Z_T)$ für alle Punkte $(Z_1, ..., Z_T) \in \mathcal{X}^T$. Dabei werden die Funktionen r_1, r_2 nach bestimmten Gütekriterien gewählt, die noch festzulegen sind.

Definition 8.2. Das Wahrscheinlichkeitsvolumen

$$P_Z^\Theta[B(Z_1, ..., Z_T)]$$

des Bereiches B, der auf der Basis der Stichprobe $Z_1, ..., Z_T$ gebildet wird, heißt *Überdeckung* (engl.: coverage) von B.

Da $B(Z_1, ..., Z_T)$ als Funktion der Z_t selbst eine zufällige Variable ist, wird $P_Z^\Theta(B)$ ebenfalls eine Zufallsvariable. Damit bieten sich zwei Kriterien zur Konstruktion von Vorhersagebereichen an.

Definition 8.3. $B(Z_1, ..., Z_T)$ heißt ein *q-Überdeckungsbereich zum Konfidenzniveau p*, oder B heißt ein *(p, q)-Überdeckungsbereich*, wenn

$$P_\Theta\{P_Z^\Theta[B(Z_1, ..., Z_T)] \geqq q\} = p \tag{8.1}$$

für alle $\Theta \in \Omega$ gilt.

Mit anderen Worten, ein (p, q)-Bereich enthält mit einer Wahrscheinlichkeit p mindestens $100\,q\%$ der Population.

Definition 8.4. $B(Z_1, ..., Z_T)$ ist ein *q-Überdeckungsbereich* (ein Bereich mit der mittleren Überdeckung q), wenn

$$E_Z\{P_Z^\Theta[B(Z_1, ..., Z_T)]\} = q \qquad \text{(für alle } \Theta \in \Omega). \tag{8.2}$$

Die Bedingung (8.2) besagt also, daß die Verteilung der Zufallsvariablen $P_Z^\Theta(B)$ den Erwartungswert q besitzt. q wird vom Statistiker vorgegeben, so daß (8.2) ein Kriterium zur Wahl des Bereiches $B(Z_1, ..., Z_T)$ wird. Sei $Z^* = (Z_{1*}, ..., Z_{n*})$ ein Vektor aus zukünftigen Realisierungen der Zufallsvariablen mit dem Wahrscheinlichkeitsmaß $P^{\Theta}_{Z^*}$. $P^{\Theta}_{ZZ^*}$ sei das Produktwahrscheinlichkeitsmaß.

Definition 8.5. $B(Z_1, \ldots, Z_T)$ heißt ein *q-Vorhersagebereich* für Z^*, wenn

$$P^{\Theta}_{ZZ^*}[B(Z_1, \ldots, Z_T)] = E_Z\{P^{\Theta}_{Z^*}[B(Z_1, \ldots, Z_T)]\} = q \tag{8.3}$$

für alle $\Theta \in \Omega$ gilt.

Definition 8.6. $B(Z_1, \ldots, Z_T)$ heißt ein *q-Vorhersagebereich für Z^* zum Konfidenzniveau p* — oder B ist ein *(p, q)-Vorhersagebereich* — wenn

$$P_{\Theta}\{P^{\Theta}_{Z^*}[B(Z_1, \ldots, Z_T)] \geqq q\} = p \tag{8.4}$$

für alle $\Theta \in \Omega$ gilt.

8.2. q-Vorhersageintervalle

Wir nehmen an, uns sei eine Stichprobenfunktion $z = z(Z_1, \ldots, Z_T)$ gegeben. z habe die Dichtefunktion $p_T(z|\Theta)$ $[z \in Z]$ und das zugehörige Wahrscheinlichkeitsmaß $P(.|\Theta)$. Wir wollen ein Intervall

$$B(Z_1, \ldots, Z_T) = \delta(z) = [r_1(z), r_2(z)]$$

konstruieren, das im Sinne der Definition (8.3) eine Zufallsvariable z^*, etwa die zufällige Realisierung z^* der Variablen z zum Index T^* (z. B. ein Zeitpunkt $T^* > T$) enthält. Wir nehmen an, z^* habe die Dichte $p_{T^*}(z^*|\Theta)$ $[z^* \in Z^*]$ und das zugehörige Wahrscheinlichkeitsmaß $P_{T^*}(.|\Theta)$. Der gemeinsame Parameter Θ der beiden Dichten sichert erst die Möglichkeit der Vorhersage von z^* auf der Basis von z.

Voraussetzung. z, z^* seien unabhängig (bei festem Θ). Es sei $P_{TT^*}(.|\Theta)$ das Produktwahrscheinlichkeitsmaß von z, z^*. Dann fordert das Kriterium 8.5. die Konstruktion von $\delta(z)$ gemäß

$$\begin{aligned} &P_{TT^*}\{(z, z^*): z^* \in \delta(z)|\Theta\} = \int P_{T^*}\{\delta(z)|\Theta\}\, p_T(z|\Theta)\, dz \\ &= E_Z\{P_{T^*}(\delta(z)|\Theta)\} = q\ (\Theta \in \Omega)^Z . \end{aligned} \tag{8.5}$$

Wir beschränken uns auf eine normalverteilte Grundgesamtheit. Es sei also

$$\left.\begin{aligned} &\mathcal{Z} = E^T , \\ &\Theta = (\mu, \sigma^2) \in \Omega = \{(\mu, \sigma^2)| -\infty < \mu < \infty, \sigma^2 > 0\} , \\ &Z_t \sim N(\mu, \sigma^2) \qquad \text{für } t = 1, \ldots, T , \\ &Z_t, Z_{t'} \text{ unabhängig} \qquad (t \neq t') , \\ &z^* \sim N(\mu, \sigma^2);\ z^*, Z_t \text{ unabhängig.} \end{aligned}\right\} \tag{8.6}$$

Als Statistik z zur Konstruktion des Intervalls $\delta(z) = (r_1(z), r_2(z))$ wählen wir die für $\Theta = (\mu, \sigma^2)$ erschöpfende Statistik $z = (m, s)$ mit $T^{-1} = h$, $T - 1 = v$ und

$$\left.\begin{aligned} m &= T^{-1} \sum_{t=1}^{T} z_t \sim N(\mu, \sigma^2 h)\,, \\ s^2 &= (T-1)^{-1} \sum_{t=1}^{T} (z_t - m)^2 \sim v^{-1}\sigma^2\chi_v^2\,. \end{aligned}\right\} \tag{8.7}$$

m und s sind unabhängig verteilt, d. h., es gilt $p_T(z|\Theta) = p_1(m)\,p_2(s)$:

$$p_T(z) = \frac{1}{\sigma\sqrt{2\pi h}} \exp\left(-\frac{(m-\mu)^2}{2\sigma^2 h}\right) \cdot \frac{v^{1/2}\, s^{v-1}}{2^{1/2\,v-1}\,\Gamma\left(\frac{v}{2}\right)\sigma^v} \cdot \exp\left(\frac{-v\, s^2}{2\sigma^2}\right).$$

Wir beschränken uns auf den Intervalltyp ($k_1, k_2 \geqq 0$)

$$\delta(z) = (r_1(z), r_2(z)) = (m - k_1 s, m + k_2 s)\,. \tag{8.8}$$

Diese Intervallgrenzen haben sich in der Konfidenztheorie bewährt. Eine zusätzliche Begründung für diese Wahl der r_i liefert die von AITCHISON und DUNSMORE [1] und GUTTMAN [1] nachgewiesene Invarianz der Entscheidungsfunktion (8.8) gegenüber einer Klasse linearer Transformationen der Stichprobenvariablen. Die Werte k_1, k_2 von $\delta(z)$ werden gemäß (8.5) so bestimmt, daß

$$\begin{aligned} q &= \int_{-\infty}^{\infty} \int_{0}^{\infty} P_{T^*}\{m - k_1 s \leqq z^* \leqq m + k_2 s\}\, p_1(m)\, p_2(s)\, dm ds \\ &= \int_{-\infty}^{\infty} \int_{0}^{\infty} P_{T^*} \left\{\frac{m-\mu}{\sigma} - k_1 \frac{s}{\sigma} \leqq \frac{z^*-\mu}{\sigma} \leqq \frac{m-\mu}{\sigma} + k_2 \frac{s}{\sigma}\right\} \\ &\quad \times p_1(m)\, p_2(s) \cdot dm\, ds \end{aligned} \tag{8.9}$$

gilt. Nach der Transformation

$$M = \frac{m-\mu}{\sigma\sqrt{h}} \sim N(0, 1)\,, \qquad S = \frac{s}{\sigma} \sim \sqrt{\chi_v^2\, v^{-1}}$$

ergibt sich wegen der Unabhängigkeit von z und z^* und mit

$$p_1(m)\, dm = \tilde{p}_1(M)\, dM\,,$$

$$p_2(s)\, ds = \tilde{p}_2(S)\, dS$$

($\tilde{p}_1(M)$: Dichte der $N(0, 1)$-Verteilung, $\tilde{p}_2(S)$: Dichte der $\sqrt{\chi_v^2 v^{-1}}$-Verteilung) die zu (8.9) äquivalente Bestimmungsgleichung für k_1, k_2:

$$q = \int_{-\infty}^{\infty} \int_{0}^{\infty} [\Phi(M\sqrt{h} + k_2 S) - \Phi(M\sqrt{h} - k_1 S)]\, \tilde{p}_1(M)\, \tilde{p}_2(S)\, dM dS\,.$$

Es sei $u \sim N(0, 1)$ eine beliebige, von (M, S) unabhängige Variable. Dann können wir folgende Umformung vornehmen:

$$\Phi(M\sqrt{h} + k_2 S) = P\left(\frac{u - M\sqrt{h}}{S} \leqq k_2\right) = P\left(t_v \leqq \frac{k_2}{\sqrt{1+h}}\right),$$

$$\Phi(M\sqrt{h} - k_1 S) = P\left(\frac{u + M\sqrt{h}}{S} \geqq k_1\right) = P\left(t_v \geqq \frac{k_1}{\sqrt{1+h}}\right).$$

Damit wird die Bestimmungsgleichung (8.9) für k_1, k_2 zu

$$q = P\left(t_v \leqq \frac{k_2}{\sqrt{1+h}}\right) - P\left(t_v \geqq \frac{k_1}{\sqrt{1+h}}\right). \tag{8.10}$$

a) Endliches symmetrisches Intervall

Wir wählen $k_1 = k_2 = k^*$ und erhalten aus (8.10)

$$q = 2P\left(t_v \leqq \frac{k^*}{\sqrt{1+h}}\right) - 1,$$

also $\delta(z) = (m - k^* s, m + k^* s)$ mit

$$k^* = \sqrt{1+h}\, t_{v,(1-q)/2}. \tag{8.11}$$

Dabei ist $t_{v,\alpha}$ das $(1-\alpha)$-Quantil der Studentschen t-Verteilung mit v Freiheitsgraden: $P(t \geqq t_{v,\alpha}) = \alpha$.

(Wir verweisen auf Weber [1], Tafel 5, S. 626, wo die $t_{v,\alpha}$-Werte als $t(\alpha; v)$ für die einseitige Fragestellung entnommen werden können.) Bei endlichen Intervallen interessiert neben der vorgegebenen Überdeckung q zusätzlich die mittlere Länge

$$l(\delta) = 2\sqrt{1+h}\, t_{v,(1-q)/2}\, E(s). \tag{8.12}$$

Liegt kein anderes Gütekriterium vor, so wird man von zwei alternativen q-Überdeckungsintervallen $\delta_1(z)$, $\delta_2(z)$ das Intervall $\delta_1(z)$ bevorzugen, falls $l(\delta_1) < l(\delta_2)$ gilt.

b) Linksseitig unendliches Intervall

Wir wählen $k_1 = \infty$, $k_2 = k_2^*$ und erhalten

$$\delta_2(z) = (-\infty, m + k_2^* s)$$

mit

$$k_2^* = \sqrt{1+h}\, t_{v,1-q}. \tag{8.13}$$

c) Rechtsseitig unendliches Intervall

Wir wählen $k_2 = \infty$, $k_1 = k_1^*$ und erhalten

$$\delta_1(z) = (m - k_1^* s, \infty)$$

mit

$$k_1^* = \sqrt{1+h}\, t_{v,1-q} = k_2^* \,. \tag{8.14}$$

8.3. q-Bereiche im Regressionsmodell

Wir betrachten das Modell der Normalregression

$$\left.\begin{aligned} y &= X\beta + \varepsilon \sim N(X\beta, \sigma^2 W) \\ y_* &= x_*'\beta + \varepsilon_* \sim N(x_*'\beta, \sigma^2 w_*) \,, \qquad E\varepsilon\varepsilon_* = 0 \end{aligned}\right\} \tag{8.15}$$

und führen folgende Identifizierung durch:

$$\left.\begin{aligned} y_* &= z^* \,, \qquad \Theta = (\beta, \sigma^2) \,, \\ z &= (m, s) = (x_*'\hat{\beta}, s w_*) \qquad \text{mit } s \text{ aus (4.18).} \end{aligned}\right\} \tag{8.16}$$

Es ist nach (6.94) $s^2 w_*^2 \sim w_*^2 \sigma^2 (T-K)^{-1} \chi^2_{T-K}$ (also $v = T-K$) und

$$x_*'\hat{\beta} \sim N(x_*'\beta, x_*' V_{\hat{\beta}} x_*) \,,$$

sofern $\hat{\beta}$ eine erwartungstreue Schätzung von β ist. Damit wird

$$h = \sigma^{-2} x_*' V_{\hat{\beta}} x_* \,, \qquad 1 + h = w_*^2 + \sigma^{-2} x_*' V_{\hat{\beta}} x_*$$

(wegen var $y_* = \sigma^2 w_*^2$), und wir erhalten sofort die drei Typen der q-Überdeckungsintervalle für y_*.

Satz 8.1. *Im Modell* (8.15) *der Normalregression haben die q-Überdeckungsintervalle für den Regressanden y_*, basierend auf einer erwartungstreuen Schätzung $\hat{\beta}$ von β, die Gestalt*

$$\delta(x_*'\hat{\beta}, s w_*) = (x_*'\hat{\beta} - k^* s w_*, x_*'\hat{\beta} + k^* s w_*) \tag{8.17}$$

mit

$$k^* = \sqrt{w_*^2 + \sigma^{-2} x_*' V_{\hat{\beta}} x_*}\; t_{T-K,(1-q)/2}$$

und der mittleren Länge

$$l(\delta) = 2E(s)\, t_{T-K,(1-q)/2} \sqrt{w_*^2 + \sigma^{-2} x_*' V_{\hat{\beta}} x_*} \tag{8.18}$$

bzw.

$$\delta_2(x_*', \hat{\beta}, s w_*) = (-\infty, x_*'\hat{\beta} + k_2^* s w_*)$$

oder

$$\delta_1(x_*'\hat{\beta}, s w_*) = (x_*'\hat{\beta} - k_1^* s w_*, \infty)$$

mit

$$k_1^* = k_2^* = \sqrt{w_*^2 + \sigma^{-2} x_*' V_{\hat{\beta}} x_*}\; t_{T-K,1-q} \,.$$

Wenn wir beachten, daß im Fall erwartungstreuer Schätzungen die Risikofunktion $R_1(\hat{\beta})$

$$R_1(\hat{\beta}) = E(\hat{\beta} - \beta)' A(\hat{\beta} - \beta) = \text{sp}\, A V_{\hat{\beta}}$$

wird, so gilt in der Klasse der erwartungstreuen Schätzungen der

Satz 8.2. *Die R_1-optimalen erwartungstreuen Schätzungen liefern q-Vorhersageintervalle mit minimaler mittlerer Länge $l(\delta)$.*

Liegt keine Zusatzinformation über β vor, so ist das Intervall

$$\delta(x_*'b, sw_*) = (x_*'b - k^* sw_*, x_*'b + k^* sw_*)$$

optimal. Sind dagegen Restriktionen/Zusatzinformationen der Gestalt $r = R\beta + d$ mit (6.2) bekannt, so gilt gemäß Abschnitt 6. in dem um die jeweilige Restriktion erweiterten Modell (8.15) mit $l(\delta) = \tilde{l}(\hat{\beta})$

$$\tilde{l}(b_4) \leqq \tilde{l}(b_5) \leqq \tilde{l}(b) \qquad [\text{Rang } V = J], \tag{8.19}$$

$$\tilde{l}[b_6(V = 0)] \leqq \tilde{l}(b_5) \leqq \tilde{l}(b) \qquad [V = 0], \tag{8.20}$$

$$\tilde{l}(b_6) < \tilde{l}(b_5) \leqq \tilde{l}(b) \qquad [\text{Umgebung von } V = 0] \tag{8.21}$$

(Sätze 6.1., 6.5. und 6.8.).

q-Überdeckungsellipsoide

Wir verallgemeinern die bisherigen Ausführungen auf den Fall der Bereichsvorhersage eines $n \times 1$-Vektors von Regressanden

$$y_* \sim N(X_*\beta, \sigma^2 W_*)\,, \qquad E\,\varepsilon\,\varepsilon_* = 0\,, \tag{8.22}$$

wobei der Stichprobenvektor $y \sim N(X\beta, \sigma^2 W)$ sei. W und W_* seien positiv definit (also regulär). Wir wählen wieder eine erwartungstreue Schätzung $\hat{\beta}$ von β und s^2 aus (4.18). Dann gilt

$$s^2 \sim \sigma^2(T - K)^{-1} \chi^2_{T-K} \qquad [\text{nach } (6.94)],$$

$$y_* - X_*\hat{\beta} \sim N(0, X_* V_{\hat{\beta}} X_*' + \sigma^2 W_*) \qquad [\text{Satz A 30, (8.22)}],$$

$$X_* V_{\hat{\beta}} X_*' + \sigma^2 W_* \quad \text{positiv definit} \qquad [\text{Satz A 10}],$$

$$Q(\hat{\beta}) = n^{-1}(y_* - X_*\hat{\beta})' (\sigma^{-2} X_* V_{\hat{\beta}} X_*' + W_*)^{-1} \times (y_* - X_*\hat{\beta}) \sim \sigma^2 n^{-1} \chi^2_n \qquad [\text{Satz A 31}].$$

Als Statistik wählen wir

$$z(\hat{\beta}) = Q(\hat{\beta})\, s^{-2}\,. \tag{8.23}$$

Unter den bisherigen Voraussetzungen gilt

$$z(b) \sim F_{n,T-K} \qquad [\text{Satz A 32b, (6.92)}], \tag{8.24}$$

so daß wir als q-Vorhersageellipsoid von y_* (8.22) im nichtrestriktiven Modell $y \sim (X\beta, \sigma^2 W)$

$$B[z(b)] = \{y_*: (y_* - X_* b)' [X_* S^{-1} X'_* + W_*]^{-1} (y_* - X_* b) < s^2 n F_{n,T-K,1-q}\} \tag{8.25}$$

erhalten. $B[z(b)]$ besteht also aus allen inneren Punkten des Ellispoids

$$(y_* - X_* b)' [(X_* S^{-1} X'_* + W_*) s^2 n F_{n,T-K,1-q}]^{-1} (y_* - X_* b) = 1 , \tag{8.26}$$

das $X_* b$ als Mittelpunkt hat.

In Analogie zum Fall $n = 1$ wollen wir den Einfluß von Zusatzinformation bei der Schätzung von β auf die Güte des Vorhersageellipsoids untersuchen [vgl. auch TOUTENBURG, [6] für multivariate Modelle]. Der Intervallänge entspricht hier das Volumen des Ellipsoids. Es sei V_n das Volumen der n-dimensionalen Einheitskugel. Dann ist das Volumen eines beliebigen Ellipsoids $a'Aa = 1$ ($\underset{n \times n}{A}$ positiv definit)

$$V_A = V_n |A|^{-1/2} ,$$

so daß wir das mittlere Volumen von $B[z(b)]$ als

$$\bar{V}(b) = V_n \sqrt{n F_{n,T-K,1-q}}\, E(s) [X_* S^{-1} X_* + W_*]^{1/2} \tag{8.27}$$

berechnen.

Sind die erwartungstreuen Schätzungen $\hat{\beta}$ so gewählt, daß $Q(\hat{\beta})$ und s^2 unabhängig verteilt sind, so gilt

$$B[z(\hat{\beta})] = \{y_* : z(\hat{\beta}) < F_{n,T-K,1-q}\} , \tag{8.28}$$

$$\bar{V}(\hat{\beta}) = V_n \sqrt{n F_{n,T-K,1-q}}\, E(s) [\sigma^{-2} X_* V_{\hat{\beta}} X'_* + W_*]^{1/2} \tag{8.29}$$

und damit

Satz 8.3. *In den restriktiven Modellen der Normalregression liefern in der Klasse der erwartungstreuen Schätzungen die jeweiligen R_1-optimalen Schätzungen $\hat{\beta}$ von β q-Vorhersagebereiche $B[z(\hat{\beta})]$ mit minimalem Volumen* $\bar{V}(\hat{\beta})$ (8.29).

8.4. (p, q)-Vorhersageintervalle

Die Überdeckung $P_Z^\Theta[B(Z_1, \ldots, Z_T)]$ des Bereiches B besitzt unter allgemeinen Annahmen über das Wahrscheinlichkeitsmaß P_Z^Θ eine komplizierte Verteilung. Wir beschränken uns deshalb auf normalverteilte Stichproben und betrachten speziell das Modell (8.15) der Normalregression. Wir wählen als Statistik $z = (x'_* b, s w_*)$ aus (8.16) und konstruieren für die zufällige (unbekannte) Realisierung y_* des Regressanden ein symmetrisches Intervall

$$\delta(x'_* b, s w_*) = (x'_* b - k s w_*, x'_* b + k s w_*) \,, \tag{8.30}$$

wobei $k = k(q, p)$ gemäß Definition 8.6. so zu bestimmen ist, daß

$$P\{P[y_* \in \delta(x'_* b, s w_*) \geqq q]\} = p \tag{8.31}$$

für alle $\Theta = (\beta, \sigma^2)$ gilt.

Es sei $u^* = u_{(1-q)/2}$ das $(1+q)/2$-Quantil der $N(0, 1)$-Verteilung. u_α ist definiert durch $P(u \geqq u_\alpha) = \alpha$ und kann durch Interpolation aus der Tafel 2a, S. 620 in Weber [1] gewonnen werden, wenn wir die Beziehung $\Phi(u_\alpha) = 1 - \alpha$ verwenden. So hat u^* für $q = 0{,}8$ den Wert $u^* = 1{,}284$.

Wegen $y_* \sim N(x'_* \beta, \sigma^2 w_*^2)$ (vgl. (8.15)) gilt dann

$$P(x'_* \beta - u^* \sigma w_* < y_* < x'_* \beta + u^* \sigma w_*) = q \,,$$

so daß wir ein q-Überdeckungsintervall

$$\delta^* = (x'_* \beta - u^* \sigma w_*, x'_* \beta + u^* \sigma w_*)$$

mit unbekannten Intervallgrenzen haben. Wir werden der Forderung (8.31) gerecht, wenn wir für δ^* ein Konfidenzintervall zum Konfidenzniveau p der Gestalt

$$\delta(x'_* b, s w_*) = \Big(x'_* b - k s \sqrt{x'_* S^{-1} x_* + w_*^2}\,, \quad x'_* b + k s \sqrt{x'_* S^{-1} x_* + w_*^2}\Big) \tag{8.32}$$

konstruieren, also $k = k(q, p)$ aus der Bestimmungsgleichung

$$\begin{aligned} P\Big(x'_* b - k s \sqrt{x'_* S^{-1} x_* + w_*^2} &\leqq x'_* \beta \pm u^* \sigma w_* \leqq \\ &\leqq x'_* b + k s \sqrt{x'_* S^{-1} x_* + w_*^2}\Big) \\ = P\Big(|x'_*(\beta - b) \pm u^* \sigma w_*| &\leqq k s \sqrt{x'_* S^{-1} x_* + w_*^2}\Big) = p \end{aligned} \tag{8.33}$$

errechnen.

Hilfssatz (Lieberman und Miller [1]). *Es seien a_i, b_i beliebige reelle Zahlen ($i = 1, \ldots, N$) mit $a_1 b_1 \neq 0$, $A > 0$. Dann gilt $\sum_{i=1}^{N} a_i^2 \leqq A^2$ genau dann, wenn*

$$\left|\sum_{i=1}^{N} a_i b_i\right| \leqq A \left(\sum_{i=1}^{N} b_2^i\right)^{1/2}$$

für alle $b_2, \ldots, b_N$ erfüllt ist.

Mit diesem Hilfssatz beweisen wir

Satz 8.4. *Im Modell* (8.15) *gilt*

$$P\{|x_*'(\beta - b) \pm u^*\sigma w_*| \leqq ks\sqrt{x_*'S^{-1}x_* + w_*^2}\}$$
$$= P\{u_1^2 + \cdots + u_K^2 + u^{*2} \leqq (T - K)^{-1}\, k^2\chi_{T-K}^2\}\,,$$

wobei die $u_i \sim N(0, 1)$ *untereinander und von der* χ^2-*Variablen unabhängig verteilt sind.*

Beweis. Da S^{-1} positiv definit ist, existiert nach bekannten Sätzen eine reguläre $K \times K$-Matrix Q mit $Q'S^{-1}Q = I$. Es sei

$$\tilde\beta = Q\beta\,, \qquad \tilde b = Qb\,, \qquad \tilde x_* = (Q^{-1})'\, x_*\,.$$

Dann wird

$$x_*'S^{-1}x_* = \tilde x_*'\tilde x_* = \sum_{i=1}^{K} \tilde x_{i*}^2\,, \qquad \tilde b \sim N(\tilde\beta, \sigma^2 I)\,,$$

$$x_*'(\beta - b) = \tilde x_*'(\tilde\beta - \tilde b)\,, \qquad \tilde b \text{ unabhängig von } s^2\,,$$

und wir erhalten auf Grund des Hilfssatzes:

$$P\{|x_*'(\beta - b) \pm u^*\sigma w_*| \leqq ks\sqrt{x_*'S^{-1}x_* + w_*^2}\}$$
$$= P\{|\tilde x_*'(\tilde\beta - \tilde b) \pm u^*\sigma w_*| \leqq ks\sqrt{\tilde x_*'\tilde x_* + w_*^2}\}$$
$$= P\left\{\left|\sum_{i=1}^{K} (\tilde x_{i*}\,(\tilde\beta_i - \tilde b_i)\,\sigma^{-1} + w_*(\pm\, u^*)\right| \leqq ks\sigma^{-1}\sqrt{\sum_{i=1}^{K}\tilde x_{i*}^2 + w_*^2}\right\}$$
$$= P\left\{\sum_{i=1}^{K}\left(\frac{\tilde\beta_i - \tilde b_i}{\sigma}\right)^2 + u^{*2} \leqq k^2s^2\sigma^{-2}\right\}$$
$$= P\left\{\sum_{i=1}^{K} u_i^2 + u^{*2} \leqq k^2(T - K)^{-1}\,\chi_{T-K}^2\right\}.$$

Die zufällige Variable

$$\frac{\left(\sum_{i=1}^{K} u_i^2 + u^{*2}\right)(T - K)}{\chi_{T-K}^2\,(K + 1)} \tag{8.34}$$

besitzt dann [Sätze A29, A32] eine nichtzentrale $F_{K+1,T-K}(u^{*2})$-Verteilung. Damit bestimmen wir die gesuchte Intervallkonstante $k = k(q, p)$ gemäß (8.32) als

$$k^2(K + 1)^{-1} = F_{K+1,T-K,1-p}(u_{(1-q)/2}^2) = F^* \tag{8.35}$$

(p-Quantil der nichtzentralen $F_{K+1,T-K}$-Verteilung mit dem Nichtzentralitätsparameter $u^2_{(1-q)/2}$, wobei $u_{(1-q)/2}$ das $(1 + q)/2$-Quantil der $N(0, 1)$-Verteilung ist).

Wählen wir die Statistik z allgemeiner als $z = (x'_*\hat{\beta}, sw_*)$, wobei $\hat{\beta}$ eine erwartungstreue Schätzung von $\hat{\beta}$ derart ist, daß der Zähleranteil $\sum u_i^2$ von (8.34) eine von s^2 unabhängige Verteilung besitzt, so gilt folgender

Satz 8.5. *Im Modell* (8.15) *der Normalregression hat das* (p, q)-*Vorhersageintervall für* y_* *auf der Basis der Statistik* $z = (x'_*\hat{\beta}, sw_*)$ *mit* s^2 *aus* (4.18) *die Gestalt*

$$\delta(x'_*\hat{\beta}, sw_*) = (x'_*\hat{\beta} - sa_{\hat{\beta}}\sqrt{(K+1)\,F^*},\ x'_*\hat{\beta} + sa_{\hat{\beta}}\sqrt{(K+1)\,F^*}) \tag{8.36}$$

mit $a_{\hat{\beta}}^2 = \sigma^{-2}x'_*V_{\hat{\beta}}x_* + w_*^2$, F^* *aus* (8.35) *und der mittleren Länge*

$$l(\delta) = 2E(s)\sqrt{(K+1)\,F^*}\sqrt{\sigma^{-2}x'_*V_{\hat{\beta}}x_* + w_*^2}\,. \tag{8.37}$$

Damit liefern in den restriktiven Modellen die R_1-optimalen Schätzungen $\hat{\beta}$ wieder optimale (p, q)-Vorhersageintervalle, d. h. Intervalle mit minimaler mittlerer Länge $l(\delta)$. [Für weitergehende Untersuchungen, insbesondere die Approximation und Tabellierung von k sowie die Berechnung von (p, q)-Ellipsoiden unter Nützlichkeitsrestriktionen, sei auf GUTTMAN [1] verwiesen.]

8.5. Lineare Nützlichkeitsfunktionen

Die q-Vorhersageintervalle für z^* wurden lediglich gemäß (8.5) so bestimmt, daß die auf unabhängigen Stichproben basierenden Intervalle $\delta(z_1), \delta(z_2), \ldots$ in q % der Fälle z^* enthalten. Die mittlere Intervallänge selbst konnte dabei nur über die Wahl der Statistik z (speziell durch die R_1-optimalen Schätzungen) beeinflußt werden. In der Praxis wird man häufig gewisse Bereiche von $\mathfrak{A}$ a priori bevorzugen, so daß sich die Einführung einer Bewertungsfunktion für $\delta(z)$ in folgender Weise anbietet (AITCHISON [1]).

Es sei $V(\delta, z^*)$ eine vorgegebene *Nützlichkeitsfunktion* für $\delta(z)$, d. h., $V(\delta, z^*)$ drückt quantitativ oder qualitativ die Nützlichkeit von $\delta(z)$ aus, wenn z^* realisiert wird. Mit z und z^* ist auch $V(\delta, z^*)$ eine zufällige Variable mit dem bedingten Erwartungswert (mittlere Nützlichkeit von $\delta(z)$)

$$\overline{V}(\delta, \Theta) = \int_{Z^*} V(\delta, z^*)\, p_{T^*}(z^*|\Theta)\, dz^* = E_{Z^*}(V(\delta, z^*)|z)\,, \tag{8.38}$$

den wir als *Güte* von $\delta(z)$ bezeichnen.

Definition 8.7. Ein Vorhersageintervall $\delta^*(z)$ aus einer Klasse $\{\delta(z)\}$ zulässiger Intervalle heißt V-*optimal*, wenn

$$\max_{\{\delta(z)\}} \int_Z \overline{V}(\delta, \Theta)\, p_T(z|\Theta)\, dz = \int_Z \overline{V}(\delta^*, \Theta)\, p_T(z|\Theta)\, dz \tag{8.39}$$

gilt.

Es sei $Z^* = E^1$. Dann wählen wir als Vorhersagebereiche für z^* Teilbereiche des E^1, also Intervalle $\delta(z) = (r_1(z), r_2(z))$ mit $r_1(z) \leqq r_2(z)$ für alle $z \in Z$. Die Nützlichkeitsfunktion habe allgemein die Gestalt

$$V(\delta, z^*) = \begin{cases} h_1(z^*, \delta) & \text{für } z^* \in \delta(z) \\ h_2(z^*, \delta) & \text{für } z^* \notin \delta(z) \end{cases}$$

und speziell für $\delta(z) = (r_1, r_2)$

$$V(r_1, r_2, z^*) = \begin{cases} h_{21}(z^*, r_1) & (z^* \leqq r_1) \\ h_1\,(z^*, r_1, r_2) & (r_1 < z^* < r_2) \\ h_{22}(z^*, r_2) & (r_2 \leqq z^*)\,. \end{cases} \tag{8.40}$$

Es gelte

$h_{21}(z^*, r_1)$ ist monoton fallend in $(r_1 - z^*)$ $[z^* \leqq r_1]$,

$h_{22}(z^*, r_2)$ ist monoton fallend in $(z^* - r_2)$ $[r_2 \leqq z^*]$.

Für die Praxis sind vor allem in $|z^* - r_i|$ lineare Nützlichkeitsfunktionen interessant:

$$V(r_1, r_2, z) = \begin{cases} \lambda(z^* - r_1) & [z^* \leqq r_1] \\ r_1 - z^* & \left[r_1 < z^* \leqq \frac{1}{2}(r_1 + r_2)\right] \\ z^* - r_2 & \left[\frac{1}{2}(r_1 + r_2) < z^* < r_2\right] \\ \lambda(r_2 - z^*) & [z^* \geqq r_2]\,. \end{cases} \tag{8.41}$$

λ ist ein relativer Kostenfaktor. Bewertet der Statistiker den Verlust bei Beobachtung eines $z^* \notin (r_1, r_2)$ höher als bei Beobachtung von $z^* \in (r_1, r_2)$, so wird er $\lambda > 1$ wählen.

In Abhängigkeit von der vorgegebenen Nützlichkeitsfunktion $V(\delta, z^*)$ kann eine beliebige Teilmenge $\subseteqq Z^*$, also auch Z^* selbst als V-optimaler Vorhersagebereich resultieren. $\delta^*(z) = Z^*$ liefert die triviale Vorhersage „$z^* \in Z^*$". Bei Nützlichkeitsfunktionen, die die Bereichsgröße nicht explizit berücksichtigen, läßt sich in gewissen Fällen vor der Optimierung feststellen, ob $\delta^*(z)$ keine echte Teilmenge von Z^* ist. Bisher ist jedoch nur eine notwendige Bedingung (Toutenburg [7]) an V für die Endlichkeit von (r_1, r_2) bekannt.

Bemerkung. Eine sehr einfache Nützlichkeitsfunktion, die nicht den Verlust durch die Bereichsgröße erfaßt und zu $\delta^*(z) = Z^*$ führt, ist die charakteristische Funktion (oder Indikatorfunktion) von $\delta(z)$

$$V_0(\delta, z^*) = \begin{cases} 1 & (z^* \in \delta(z)) \\ 0 & (z^* \notin \delta(z))\,. \end{cases} \tag{8.42}$$

Damit wird $\overline{V}(\delta, \Theta) = P_{T^*}(\delta(z)|\Theta)$ und

$$\int_Z \overline{V}(\delta, \Theta)\, p_T(z|\Theta)\, dz = P_{TT^*}\{(z, z^*) : z^* \in \delta(z)\}\,.$$

Das Maximum Eins wird für $\delta^*(z) = Z^*$ erreicht.

Normalverteilte Gesamtheit

Wir setzen die Gültigkeit von (8.6) voraus und wählen den Intervalltyp

$$\delta(z) = \big(r_1(z), r_2(z)\big) = (m - ks, m + ks) .$$

Mit $z = (m, s)$ wird $V(r_1, r_2, z^*) = V(k, z^*)$ aus (8.41) zu

$$V(k, z^*) = \begin{cases} \lambda(z^* - m + ks) & [z^* \leqq m - ks] \\ m - ks - z^* & [m - ks < z^* \leqq m] \\ z^* - m - ks & [m < z^* < m + ks] \\ \lambda(m + ks - z^*) & [z^* \geqq m + ks] , \end{cases} \tag{8.43}$$

und damit erhalten wir

$$\begin{aligned} \bar{V}(k, \Theta) = \lambda \int_{-\infty}^{m-ks} (z^* - m + ks)\, p_{T^*}(z^*|\Theta)\, dz^* \\ + \int_{m-ks}^{m} (m - ks - z^*)\, p_{T^*}(z^*|\Theta)\, dz^* \\ + \int_{m}^{m+ks} (z^* - m - ks)\, p_{T^*}(z^*|\Theta)\, dz^* \\ + \lambda \int_{m+ks}^{\infty} (m + ks - z^*)\, p_{T^*}(z^*|\Theta)\, dz^* . \end{aligned}$$

Es gilt

$$\frac{\partial \bar{V}(k, \Theta)}{\partial k} = s[\lambda - (1 + \lambda)\, P_{T^*}(m - ks < z^* < m + ks|\Theta)] .$$

Damit lautet die Bestimmungsgleichung für das optimale $k = k^*$:

$$\begin{aligned} &\frac{\partial}{\partial k} \int_Z \bar{V}(k, \Theta)\, p_T(z|\Theta)\, dz \\ &= \int_{-\infty}^{\infty} \int_0^{\infty} [\lambda - (1 + \lambda)\, P_{T^*}(m - ks, m + ks|\Theta)]\, s p_1(m)\, p_2(s)\, dm ds = 0. \end{aligned} \tag{8.44}$$

Nach der Transformation

$$M = \frac{m - \mu}{\sigma \sqrt{h}} , \qquad S = \frac{s \sqrt{v}}{\sigma \sqrt{v + 1}}$$

wird (8.44) bis auf einen Faktor zu

$$\begin{aligned} 0 = \int_{-\infty}^{\infty} \int_0^{\infty} \Bigg[\lambda - (1 + \lambda) \Bigg\{\Phi\left(M \sqrt{h} + kS \sqrt{\frac{v + 1}{v}}\right) \\ - \Phi\left(M \sqrt{h} - kS \sqrt{\frac{v + 1}{v}}\right)\Bigg\}\Bigg]\, \tilde{p}_1(M)\, p_2^*(S)\, dM\, dS , \end{aligned}$$

wobei $\tilde{p}_1(M)$ wieder eine $N(0, 1)$-Dichte und $p_2^*(S)$ die Dichte der $[\chi^2_{v+1}/v+1]^{1/2}$-Verteilung ist (vgl. (8.7)).

Da m und s bei einer normalverteilten Grundgesamtheit unabhängig sind, gilt dies auch für M und S.

Es sei $u \sim N(0, 1)$ von (M, S) unabhängig, so wird

$$\Phi\left(M\sqrt{h} \pm kS\sqrt{\frac{v+1}{v}}\right) = P\left(\frac{u - M\sqrt{h}}{S\sqrt{1+h}} \leqq \pm k\sqrt{\frac{v+1}{v(1+h)}}\right)$$

$$= P\left(t_{v+1} \leq \pm k\sqrt{\frac{v+1}{v(1+h)}}\right).$$

Folglich ist (8.44) äquivalent zu

$$P\left(|t_{v+1}| > k\sqrt{\frac{v+1}{v(1+h)}}\right) = \frac{1}{1+\lambda},$$

woraus wir das optimale $k = k^*$ als

$$k^* = \sqrt{\frac{v(1+h)}{v+1}}\, t_{v+1,[2(1+\lambda)]^{-1}} \tag{8.45}$$

und damit das unter (8.41) V-optimale Vorhersageintervall für z^* als

$$\delta^*(z) = (m - k^*s, m + k^*s) \qquad [k^* \text{ aus } (8.45)] \tag{8.46}$$

erhalten.

Einseitig unendliche Intervalle

Werden in der Praxis einseitige Intervalle $\delta_1(z) = (r, \infty)$ bzw. $\delta_2(z) = (-\infty, r)$ benötigt, so bieten sich äquivalent zu (8.41) als lineare Nützlichkeitsfunktionen an:

$$V_1(r, z^*) = \begin{cases} \lambda(z^* - r) & [z^* < r] \\ (r - z^*) & [z^* \geqq r] \end{cases}$$

bzw.

$$V_2(r, z^*) = \begin{cases} z^* - r & [z^* \leqq r] \\ \lambda(r - z^*) & [z^* > r]\,. \end{cases}$$

Diese Funktionen haben im Fall $r = m - k_1 s$ bzw. $r = m + k_2 s$ die (zu (8.43) analoge) Gestalt

$$V_1(k_1, z^*) = \left\{\begin{matrix} \lambda(z^* - m + k_1 s) & [z^* < m - k_1 s] \\ (m - k_1 s - z^*) & [z^* \geqq m - k_1 s]\,, \end{matrix}\right\} \tag{8.47}$$

$$V_2(k_2, z^*) = \begin{cases} z^* - m - k_2 s & [z^* \leqq m + k_2 s] \\ \lambda(m + k_2 s - z^*) & [z^* > m + k_2 s] . \end{cases} \tag{8.48}$$

Die Optimierung gemäß Definition 8.7. liefert die unter (8.47) bzw. (8.48) V-optimalen Vorhersageintervalle für z^* als (TOUTENBURG [7]):

$$\left.\begin{aligned} \delta_1^*(z) &= (m - k_1^* s, \infty) \\ \delta_2^*(z) &= (-\infty, m + k_2^* s) \end{aligned}\right\} \tag{8.49}$$

mit

$$k_1^* = k_2^* = \sqrt{\frac{v(1+h)}{v+1}}\, t_{v+1,(1+\lambda)^{-1}} . \tag{8.50}$$

Die Anwendung dieser Ergebnisse auf das Modell (8.15) der Normalregression erfolgt analog zu 8.3. durch die Identifizierung (8.16). Es ist also

$$\frac{v(1+h)}{v+1} = \frac{(T-K)\,(w_*^2 + x_*' S^{-1} x_*)}{T-K+1}$$

(damit sind k^* (8.45) und k_1^*, k_2^* (8.48) bekannt), $m = x_*' b$ und s aus (4.18) zu wählen.

Nützlichkeit und Intervallänge

Wir erläutern das Problem an einem Spezialfall (vgl. BUNKE [1]). Es sei σ^2 bekannt und damit $\Theta = \mu$. Wir wählen die Statistik $z = m \sim N(\mu, \sigma^2 T^{-1})$ und das Vorhersageintervall für z^* als

$$\delta(z) = (m - k, m + k) .$$

Wir führen die Optimierung von $\delta(z)$ bezüglich der folgenden linearen Nützlichkeitsfunktion durch, in der die Intervallänge explizit berücksichtigt wird:

$$V(k, z^*) = \begin{cases} z^* - m + k & [z^* \leqq m - k] \\ -2k & [m - k < z^* < m + k] \\ m + k - z^* & [z^* \geqq m + k] . \end{cases} \tag{8.51}$$

Wir erhalten daraus die mittlere Nützlichkeit

$$\begin{aligned} \overline{V}(k, \mu) = &\int_{-\infty}^{m-k} (z^* - m + k)\, p_{T^*}(z^*|\mu)\, dz^* \\ &- 2k \int_{m-k}^{m+k} p_{T^*}(z^*|\mu)\, dz^* \\ &+ \int_{m+k}^{\infty} (m + k - z^*)\, p_{T^*}(z^*|\mu)\, dz^* \end{aligned}$$

und als Ableitung

$$\frac{\partial \bar{V}(k, \mu)}{\partial k} = 1 - 3P_{T^*}(m - k, m + k|\mu) - 2k\,[p_{T^*}(m + k|\mu) + p_{T^*}(m - k|\mu)]\,. \tag{8.52}$$

Setzen wir

$$\tilde{k} = k \sqrt{\frac{T}{T+1}}\ \sigma^{-1}\,,$$

so wird

$$P_{T^*}(m - k, m + k\,|\mu) = P\left(\left|\frac{z^* - m}{\sigma\,(1 + T^{-1})^{1/2}}\right| \leqq \tilde{k}\right) = 2\Phi(\tilde{k}) - 1\,.$$

Die Bestimmungsgleichung für das optimale k

$$\int_{-\infty}^{\infty} \frac{\partial}{\partial k} \bar{V}(k, \mu)\, p_T(m|\mu)\, dm = 0$$

wird mit (8.52) zu

$$0 = 1 - 1{,}5\Phi(\tilde{k}) - \tilde{k}\varphi(\tilde{k})$$

(φ: Dichte der $N(0, 1)$-Verteilung).
Die Nullstelle ist näherungsweise gleich

$$0{,}255 = \tilde{k}_{\text{opt}}\,.$$

Damit hat das unter (8.51) V-optimale Vorhersageintervall für z^* die Gestalt

$$\delta(m) = (m - k^*, m + k^*) \tag{8.53}$$

mit

$$k^* = \tilde{k}_{\text{opt}}\sigma \sqrt{\frac{T+1}{T}} \approx 0{,}255\sigma \sqrt{\frac{T+1}{T}}\,.$$

Nützlichkeit und Überdeckung

Wir bestimmen zunächst die mittlere Überdeckung q des Intervalls (8.46) durch Vergleich der Werte k^* aus (8.45) und (8.11). Mit $\tilde{\alpha} < \alpha$ gilt

$$\sqrt{\frac{v}{v+1}}\, t_{v+1,\tilde{\alpha}} = t_{v,\alpha}\,,$$

also speziell

$$\sqrt{\frac{v}{v+1}}\, t_{v+1,[2(1+\lambda)]^{-1}} = t_{v,(1-q-\varepsilon^2)/2}\,. \tag{8.54}$$

D. h., das V-optimale Vorhersageintervall (8.46) ist ein $\left(\frac{\lambda}{1+\lambda} - \varepsilon^2\right)$-Überdeckungsintervall, wobei ε^2 gemäß (8.54) aus den Tafeln der t_n-Quantile (WEBER [1]) berechnet wird.

Soll ein V-optimales Vorhersageintervall mit vorgegebener Überdeckung q bestimmt werden, so muß der Kostenfaktor λ aus (8.54) errechnet und damit die Nützlichkeitsfunktion V (8.43) fixiert werden. λ kann somit als Steuerparameter zur Konstruktion von Vorhersageintervallen mit gewünschter Überdeckung q und maximaler Nützlichkeit [ggf. bei minimaler Länge im Sinne von Funktionen V der Gestalt (8.51)] eingesetzt werden.

8.6. Maximale Nützlichkeit und optimale Tests

Es sei $B(Z_1, ..., Z_T)$ ein statistischer Vorhersagebereich für Z^*. Dann ist analog zu (8.42) die Indikatorfunktion von B definiert als

$$\Phi(B, Z^*) = \begin{cases} 1 & \text{für } Z^* \in B \\ 0 & \text{sonst,} \end{cases} \tag{8.55}$$

so daß wir die Überdeckung von B in der Gestalt

$$P^{\Theta}_{Z^*}[B(Z_1, ..., Z_T)] = E_{Z^*}\Phi(B, Z^*)$$

darstellen können.

Damit (Definition 8.5.) ist $B(Z_1, ..., Z_T)$ ein q-Vorhersagebereich für Z^*, wenn

$$E_{ZZ^*}\Phi(B, Z^*) = q \qquad (\text{für alle } \Theta \in \Omega) \tag{8.56}$$

gilt.

Ist eine Nützlichkeitsfunktion $V(B, Z^*)$ gegeben, so lautet die Bedingung (8.39) der V-Optimalität von B bezüglich V

$$\max_{\{B\}} \int_Z\int_{Z^*} V(B, Z^*)\, dP_{TT^*}(Z, Z^*|\Theta)$$
$$= \max_{\{B\}} E_{ZZ^*}[\Phi(B, Z^*)\; V(B, Z^*)]\,, \tag{8.57}$$

wobei $\{B\}$ eine Klasse zulässiger Vorhersagebereiche ist. Führen wir die Optimierung (8.57) von B unter der Nebenbedingung (8.56) der q-Überdeckung durch und wählen wir ferner für $V(B, Z^*)$ ein Wahrscheinlichkeitsmaß Q^{Θ} über $(\mathcal{X}, \mathfrak{A})$, so gilt global

Satz 8.6. *Die Konstruktion eines V-optimalen q-Vorhersagebereiches ist äquivalent der Konstruktion einer optimalen (entweder gleichmäßig besten oder Minimax-)Teststatistik $\Phi(Z, Z^*)$ für das Testproblem*

$$\left.\begin{array}{l} H_0: (P_Z^\Theta, P_{Z^*}^\Theta) \\ H_1: (P_Z^\Theta, Q^\Theta) \end{array} \quad \Theta \in \Omega \right\} \tag{8.58}$$

zur Irrtumswahrscheinlichkeit 1. *Art* $(1 - q)$. (GUTTMAN [1] S. 36).

Wir führen die Konstruktion V-optimaler q-Vorhersageintervalle für eine normalverteilte Grundgesamtheit (Annahmen (8.6)) und normalverteilte Nützlichkeitsfunktionen durch. Ist der Statistiker an einem um μ symmetrischen und möglichst dicht um μ liegenden Vorhersageintervall $\delta(z)$ interessiert, so liegt es nahe, eine Nützlichkeitsfunktion des Typs

$$Q^\Theta = Q(\mu, \sigma^2) = N(\mu, \alpha^2\sigma^2) \qquad [0 < \alpha < 1] \tag{8.59}$$

zu wählen. Diese Funktion bewertet um μ symmetrische Intervalle um so höher, je geringer die Intervallänge ist. Damit gilt $Z^* \sim N(\mu, \alpha^2\sigma^2)$ mit $\alpha = 1$ unter H_0 und $\alpha < 1$ unter H_1, so daß wir gemäß Satz 8.6. folgendes Testproblem haben:

$$H_0: \alpha = 1$$

$$H_1: \alpha = \alpha_1 < 1 \, .$$

Nach dem NEYMAN-Kriterium (vgl. z. B. WITTING und NÖLLE [1]) erhalten wir für unser Problem als erschöpfende Statistik

$$(m, s^2, z^*) \quad \text{mit } m, s^2 \quad \text{aus (8.7)} \, .$$

Auf Grund von (8.6) und (8.7) gilt

$$z^* - m \sim N(0, (\alpha + h)\,\sigma^2)$$

und damit für die aus (m, s, z^*) gebildete Statistik

$$t = \frac{z^* - m}{s} \sim \sqrt{\alpha + h}\, t_v \qquad \text{[Satz A 32c]} \, ,$$

also wird unter H_0: $t \sim \sqrt{1 + h}\, t_v$ und unter

$$H_1: t \sim \sqrt{\alpha_1 + h}\, t_v \, .$$

Bezeichnen wir mit $p(t; (\alpha + h)^{1/2})$ die Dichte von t, so hat die gleichmäßig beste Teststatistik $\Phi(Z, Z^*) = \tilde{\Phi}(t)$ die Gestalt

$$\left.\begin{array}{ll} \tilde{\Phi}(t) = 1 & \text{für } \dfrac{p(t; (\alpha_1 + h)^{1/2})}{p(t; (1 + h)^{1/2})} \geqq a(q) \, , \\ \tilde{\Phi}(t) = 0 & \text{sonst} \, , \end{array}\right\} \tag{8.60}$$

wobei die Konstante $a(q)$ so gewählt wird, daß die Irrtumswahrscheinlichkeit 1. Art gleich $(1-q)$ ist. Mit $p(t)$ ist wegen $\alpha_1 < 1$ auch der Quotient aus (8.60) monoton fallend in $|t|$, so daß (8.60) äquivalent ist zu

$$\left.\begin{aligned} \tilde{\Phi}(t) &= 1 \quad \text{für } |t| \leqq \tilde{a}(q)\,, \\ \tilde{\Phi}(t) &= 0 \qquad \text{sonst}\,. \end{aligned}\right\} \tag{8.61}$$

Die Irrtumswahrscheinlichkeit 1. Art wird dann

$$\begin{aligned} &P(|t| > \tilde{a}(q) \quad | \alpha = 1) \\ &\quad = 2P(\sqrt{1+h}\, t_v > \tilde{a}(q)) = 1 - q\,, \end{aligned}$$

also $\tilde{a}(q) = \sqrt{1+h}\, t_{v,(1-q)/2} = k^*$ [aus (8.11)].

Damit wird das bezüglich des Maßes Q^Θ aus (8.59) gleichmäßig beste q-Vorhersageintervall von z^*

$$\begin{aligned} \delta(z) &= \{z^*\colon |t| < \tilde{a}(q)\} \\ &= (m - s\sqrt{1+h}\, t_{v,(1-q)/2},\ m + s\sqrt{1+h}\, t_{v,(1-q)/2})\,. \end{aligned}$$

Das gleiche Intervall war bereits in 8.2. erhalten worden, so daß die Forderung nach V-Optimalität bezüglich $V = Q^\Theta = N(\mu, \alpha_1^2\sigma^2)$ mit $\alpha_1 < 1$ keinen Einfluß auf die Intervallänge hat (vgl. weiter GUTTMAN [1] für die Tabellierung der $\tilde{a}(q)$-Werte und Tests für multivariate normalverteilte Nützlichkeitsfunktionen).

9. Vorhersage in ökonometrischen Modellen

9.1. Optimale Vorhersagen im Modell der unabhängigen stochastischen Regression

Wir verzichten im Modell (4.1) auf die Voraussetzung „X nichtstochastisch" und nehmen dafür an, daß gilt

$$X \text{ ist stochastisch, aber unabhängig von } \varepsilon \text{ verteilt}\,. \tag{9.1}$$

Die Regressoren X_i $(i = 1, \ldots, K)$ werden also durch univariate stochastische Prozesse $\{x_{ti}\}$ erzeugt, die wiederum einen multivariaten (K-

dimensionalen) stochastischen Prozeß $\{x_{t1}, \ldots, x_{tK}\} = \{x(t)\}$ bilden, über den wir folgende Annahmen treffen:

$$\left.\begin{array}{l} Ex(t) = g_t = \underset{K\times 1}{g} \\ E\big(x(t) - g\big)\big(x(t) - g\big)' = V_t = \underset{K\times K}{V} \\ V \text{ positiv definit (also Rang } V = K)\,. \end{array}\right\} \tag{9.2}$$

Mit V positiv definit heißt der Prozeß $\{x(t)\}$ *regulär*. Nach einem Satz aus Cramer [1] ist der Prozeß $\{x(t)\}$ genau dann regulär, wenn die zufälligen Realisierungen des Prozesses mit Wahrscheinlichkeit 1 in keinem echten Teilraum des E^K liegen, wenn also jede Matrix $X = (x_1', \ldots, x_T')$ den Rang K besitzt. Damit existieren die im folgenden auftretenden Inversen, insbesondere kann die Aitken-Schätzung $b = (X'W^{-1}X)^{-1} \times X'W^{-1}y$ gebildet werden. Ist der stochastische Prozeß $\{x(t)\}$ auch zum Vorhersagezeitpunkt T^* gültig, so erhalten wir aus (9.2) für $x_{T^*} = x_*$

$$E(x_*|X) = Ex_* = g\,,$$

$$E[(x_* - g)(x_* - g)'|\,X] = E(x_* x_*'|X) - gg' = V\,,$$

also ist $G = E(x_* x_*'|X)$ notwendig positiv definit. Das Modell der verallgemeinerten unabhängigen stochastischen Regression mit einem regulären Regressorenprozeß hat somit die Gestalt

$$\left.\begin{array}{r} y = X\beta + \varepsilon\,, \\ E(\varepsilon|X) = E\varepsilon = 0\,, \\ E(\varepsilon\varepsilon'|X) = E\varepsilon\varepsilon' = \sigma^2 W\,, \\ \text{Rang } X = K\,. \end{array}\right\} \tag{9.3}$$

Zum Vorhersageindex T^* gelte analog zu (5.3) und (9.3)

$$\left.\begin{array}{r} \underset{n\times 1}{y_*} = \underset{n\times K}{X_*}\,\beta + \underset{n\times 1}{\varepsilon_*}\,, \\ E(\varepsilon_*|X, X_*) = E(\varepsilon_*|X_*) = E\varepsilon_* = 0\,, \\ E(\varepsilon_*\varepsilon_*'|X, X_*) = E(\varepsilon_*\varepsilon_*'|X_*) = E\varepsilon_*\varepsilon_*' = \sigma^2 W_*\,, \\ E(\varepsilon\varepsilon_*'|X, X_*) = E(\varepsilon\varepsilon_*'|X_*) = E\varepsilon\varepsilon_*' = \sigma^2 W_0\,. \end{array}\right\} \tag{9.4}$$

Wir setzen die Vorhersage wieder linear an (vgl. (5.6))

$$p = C'y + d$$

und wählen in Anlehnung an das vorliegende stochastische Modell speziell

$$C' = \underset{n\times K}{X_*}\;\underset{K\times T}{\tilde{C}'}\,.$$

Wir können die Ergebnisse für das Modell (4.1) mit nichtstochastischen Regressoren (Kapitel 5 und 6) sofort auf unser Modell [(9.3), (9.4)] übertragen, wenn wir als Risikofunktion

$$\tilde{R}(p) = E[(p - y_*)' A(p - y_*)| X, X_*] \tag{9.5}$$

wählen und Erwartungstreue im Sinne von

$$E[(p - y_*)|X, X_*] = 0 \qquad (\text{für alle } \beta, \sigma^2; X, X_* \text{ fest}) \tag{9.6}$$

fordern. Wir beachten zunächst, daß sich eine im Fall nichtstochastischer Regressoren zwischen zwei Vorhersagen p_1, p_2 bestehende Güterelation „p_1 ist R-besser als p_2" bei Erweiterung auf stochastische Regressoren auch als

$$\tilde{R}(p_2) - \tilde{R}(p_1) \geqq 0$$

darstellen läßt. Nach Integration über X und X_* gilt dann für $R(p) = E(p - y_*)' A(p - y_*)$ natürlich auch

$$R(p_2) - R(p_1) \geqq 0\,,$$

so daß die Güterelationen zwischen den Vorhersagen aus dem Modell (4.1) und seinen restriktiven Erweiterungen auch im stochastischen Modell (9.3) Gültigkeit behalten. Insbesondere stimmen die $\tilde{R}$-optimalen Vorhersagen im Modell (9.3) und die R-optimalen Vorhersagen im Modell (4.1) überein.

Legt man indessen die allgemeine Risikofunktion $R(p) = E(p - y_*)' \times A(p - y_*)$ zugrunde, bei der der Erwartungswert über den Fehler- und den Regressorenprozeß gebildet wird, so stößt die Berechnung der R-optimalen Vorhersagen von y_* (9.4) auf erhebliche Schwierigkeiten (z. B. Nebenbedingungen in Integralform), die ohne zusätzliche Voraussetzungen an den Prozeß $\{x_t\}$ nicht zu überwinden sind. Dagegen führt die Risikofunktion

$$R_X(p) = E[(p - y_*)' A(p - y_*)|X] \tag{9.7}$$

zu explizit lösbaren Optimierungsproblemen. Im Fall $n = 1$ erhalten wir folgende R_X-optimalen Vorhersagen in der Klasse $\{p = x'_* C'y\}$ homogener Vorhersagen, wobei wir die Erwartungstreue im Sinne von

$$E[(p - y_*)|X] = 0 \qquad (\text{für alle } \beta, \sigma^2, \text{festes } X), \tag{9.8}$$

also äquivalent $g'(\tilde{C}' X - I) = 0$ fordern. Es gilt (Toutenburg [2])

Satz 9.1. *Die R_X-optimalen Vorhersagen einer Komponente $y_{\tau *}$ von y_* (9.4) aus der Klasse $\{p\colon p = x'_* \tilde{C}'y\}$ haben die Gestalt*

a) *nichterwartungstreu*

$$\bar{p}_1 = x'_* \hat{\beta}_2 + x'_* G^{-1} g w' B^{-1} y$$

mit

$$B = \sigma^{-2} X\beta\beta' X' + W$$

und

$$\hat{\beta}_2 = \sigma^{-2}\beta\beta' X' B^{-1} y \qquad [aus\ (4.12)]\,,$$

b) erwartungstreu (*im Sinne von* (9.8))

$$\bar{p}_2 = \bar{p}_1 - x'_* G^{-1} g w' B^{-1} X\,(X' B^{-1} X)^{-1}\, X' B^{-1} y\,.$$

Da beide Vorhersagen den unbekannten Vektor $\sigma^{-1}\beta$ enthalten, macht sich der Einsatz von a-priori-Information erforderlich, um zu praktikablen Vorhersagen zu gelangen. Wir verzichten hier auf die Diskussion dieser Problematik und verweisen auf Toutenburg [2] und auf die analogen Ansätze im Abschnitt 5.5.

Durch einen neuen Ansatz der Vorhersage soll nun versucht werden, diese Schwierigkeiten zu umgehen und praktikable Vorhersagen zu erhalten. Da x_* die Realisierung des Prozesses $\{x_t\}$ zum Index T^* und somit im allgemeinen unbekannt ist, empfiehlt sich folgender Ansatz:

$$\underset{1\times 1}{p} = \underset{1\times K}{\hat{x}'_*}\ \underset{K\times T}{C'}\ y\,, \tag{9.9}$$

wobei $\hat{x}'_* = f(X)$ eine Schätzung von x_* auf der Basis der Realisierungen $\{x_1\}, \ldots, \{x_T\}$ sein soll; insbesondere soll $\hat{x}'_*$ nicht von y abhängen, so daß $E(\hat{x}'_*|X) = \hat{x}'_*$ gilt. Die bedingte Erwartungstreue von p erfordert wegen

$$p - y_* = (\hat{x}'_* C' X - x'_*)\,\beta + \hat{x}'_* C'\varepsilon - \varepsilon_*$$

und

$$E(p - y_*|X) = (\hat{x}'_* C' X - g')\,\beta$$

die Erfüllung der äquivalenten Bedingung

$$\hat{x}'_* C' X - g' = 0\,. \tag{9.10}$$

Damit erhalten wir das optimale C als Lösung des Optimierungsproblems

$$\min_C \{R_X(p) - 2(\hat{x}'_* C' X - g')\,\lambda\}\,,$$

wobei nach (9.2) und (9.7)

$$R_X(p) = E[(p - y_*)^2|X] = \sigma^2 \hat{x}'_* C' W C \hat{x}_* - 2\sigma^2 \hat{x}'_* C' w + \sigma_*^2 + \beta' V \beta$$

ist.

Es gilt

Satz 9.2. *In der Klasse* $\{p\colon p = \hat{x}'_* C' y \mid E(\hat{x}'_* \mid X) = \hat{x}'_*\}$ *zulässiger Vorhersagen einer Komponente* $y_{\tau *}$ *von* y_* (9.4) *hat die* R_X*-optimale bedingt erwartungstreue Vorhersage die Gestalt*

$$\bar{p}_3 = g'b + w'W^{-1}(y - Xb) \tag{9.11}$$

mit $E(\bar{p}_3 - y_* \mid X) = 0$ *und*

$$R_X(\bar{p}_3) = \beta' V \beta + \sigma^2 (g - w'W^{-1}X) S^{-1} (g - w'W^{-1}X)' + R(\hat{p}_1) \tag{9.12}$$

$[R(\hat{p}_1)$ *aus* (5.32)].

In der Praxis wird man g durch Extrapolation des Prozesses $\{x_t\}$, wie es etwa bei autoregressiven Prozessen möglich ist, oder durch das Stichprobenmittel der T Realisierungen schätzen müssen.

9.2. Vorhersage im multivariaten Regressionsmodell

Wir betrachten zur Vorbereitung der Vorhersage von endogenen Variablen auf der Basis der reduzierten Form eines ökonometrischen Modells zunächst das multivariate reguläre (Annahme E1) Regressionsmodell in der Gestalt [vgl. (2.10), (2.13)]

$$\left.\begin{array}{l} \underset{MT\times 1}{y} = \underset{MT\times \tilde{K}}{Z}\ \underset{\tilde{K}\times 1}{\beta} + \underset{MT\times 1}{\varepsilon} \\ E\varepsilon = 0\,, \qquad E\varepsilon\varepsilon' = \sigma^2\Phi \\ Z \text{ nichtstochastisch, Rang } Z = \tilde{K} = \sum_{m=1}^{M} K_m\,, \end{array}\right\} \tag{9.13}$$

wobei $Z = \operatorname{diag}(X_1, \ldots, X_M)$ die Systemmatrix der Regressoren ist, die nach Berücksichtigung der Nullrestriktionen aus der Anfangsmatrix $\operatorname{diag}(X, \ldots, X)$ hervorging. Während die Berücksichtigung von Nullrestriktionen im ökonometrischen Modell eine notwendige Voraussetzung zur Identifizierung und damit zur Schätzbarkeit der Parameter ist, sichern Nullrestriktionen im multivariaten Modell einen Gewinn an Wirksamkeit bei der Schätzung und Vorhersage, wie aus Satz 6.8. zu entnehmen ist (vgl. $\hat{p}_6$ und b_6 für $V = 0$). Analog zum Stichprobenmodell gelte zum Vorhersageindex T^*

$$\begin{pmatrix} y_{1*} \\ \vdots \\ y_{m*} \end{pmatrix} = \begin{pmatrix} x'_{1*} & \cdots & 0 \\ \vdots & & \vdots \\ 0 & \cdots & x'_{M*} \end{pmatrix} \begin{pmatrix} \beta_1 \\ \vdots \\ \beta_M \end{pmatrix} + \begin{pmatrix} \varepsilon_{1*} \\ \vdots \\ \varepsilon_{M*} \end{pmatrix}$$

oder in Matrizenschreibweise

$$\left.\begin{array}{l} \underset{M\times 1}{y_*} = \underset{M\times \tilde{K}}{Z_*} \underset{\tilde{K}\times 1}{\beta} + \underset{M\times 1}{\varepsilon_*} \\ Z_* \text{ nichtstochastisch }, \\ E\varepsilon_* = 0\,, \qquad E\varepsilon_*\varepsilon_*' = \sigma^2 \underset{M\times M}{W_*}\,, \\ E\varepsilon\varepsilon_*' = \sigma^2 \underset{MT\times M}{W_0} = \sigma^2(w_1, \ldots, w_M)\,. \end{array}\right\} \tag{9.14}$$

Das Vorhersagemodell unterliegt also denselben Nullrestriktionen (notwendig für eine Vorhersage von y_* auf der Basis des Modells (9.13)).

Wir beschränken uns auf den homogenen Ansatz (C eine $MT\times M$-Matrix)

$$p = C'y = \begin{pmatrix} c_1' \\ \vdots \\ c_M' \end{pmatrix} y = \begin{pmatrix} c_1'y \\ \vdots \\ c_M'y \end{pmatrix} = \begin{pmatrix} p_1 \\ \vdots \\ p_M \end{pmatrix} \tag{9.15}$$

Die Komponenten $p_m = c_m'y$ berücksichtigen also die in y enthaltene Systeminformation für die Vorhersage des Regressanden y_{m*}. Wir fordern die Minimierung der Risikofunktion

$$R(p) = E(p - y_*)' \, I(\, p - y_*)\,,$$

wobei die Wahl $A = I$ die gleichberechtigte Behandlung aller M Regressanden des Modells (9.13) zum Ausdruck bringt. Damit wird

$$R(p) = \sum_{m=1}^{M} R(p_m) = \sum_{m=1}^{M} E(p_m - y_{m*})^2\,.$$

Fordern wir zusätzlich die Erwartungstreue von p, also äquivalent

$$C'Z - Z_* = 0\,,$$

so resultiert die R-optimale Vorhersage sofort aus Satz 5.2. als

$$\hat{p}_3 = Z_*b + W_0'\Phi^{-1}\,(y - Zb)\,. \tag{9.16}$$

Dabei ist $b = (Z'\Phi^{-1}Z)^{-1}\,Z'\Phi^{-1}y$ mit

$$V_b = \sigma^2(Z'\Phi^{-1}Z)^{-1}$$

die GM-Schätzung von β im Gesamtmodell und wir erhalten

$$R(\hat{p}_3) = R(\hat{p}_1) + \operatorname{sp}\,[(Z_* - W_0'\Phi^{-1}Z)\, V_b(Z_* - W_0'\Phi^{-1}Z)'] \tag{9.17}$$

mit $R(\hat{p}_1) = \sigma^2 \operatorname{sp}\,(W_* - W_0'\Phi^{-1}W_0)$.

Güte und Systeminformation

Wir wollen den Einfluß der Systeminformation, die in y bzw. explizit in der Kovarianzmatrix $\sigma^2\Phi$ enthalten ist, auf die Güte der Vorhersage untersuchen (TOUTENBURG [4]). Es sei o. B. d. A. ein klassisches multivariates System aus $M = 2$ Gleichungen gegeben:

$$\left.\begin{array}{l} y_1 = X_1\beta_1 + \varepsilon_1 \\ y_2 = X_2\beta_2 + \varepsilon_2 \end{array}\right\} y = Z\beta + \varepsilon \quad \text{mit} \quad E\varepsilon = 0\,, \tag{9.18}$$

$$E\varepsilon\varepsilon' = \sigma^2\Phi = \sigma^2 \begin{pmatrix} \sigma_1^2 & \varrho\sigma_1\sigma_2\,, \\ \varrho\sigma_1\sigma_2 & \sigma_2^2 \end{pmatrix} \otimes I\,, \tag{9.19}$$

($\otimes$ bezeichnet das KRONECKER-Produkt, vgl. Satz A 39), d. h., die Fehler ε_1 bzw. ε_2 sind homoskedastisch mit den Kovarianzmatrizen $\sigma^2 W_{11} = \sigma^2\sigma_1^2 I$ bzw. $\sigma^2 W_{22} = \sigma^2\sigma_2^2 I$ verteilt. Die beiden Fehlervektoren (und damit die Modellgleichungen) sind korreliert:

$$E\varepsilon_1\,\varepsilon_2' = \sigma^2 W_{12} = \sigma^2\varrho\sigma_1\sigma_2 I\,.$$

Das Vorhersagemodell hat dann die Gestalt

$$\left.\begin{array}{l} y_{1*} = x_{1*}'\beta_1 + \varepsilon_{1*} \\ y_{2*} = x_{2*}'\beta_2 + \varepsilon_{2*} \end{array}\right\} y_* = Z_*\beta + \varepsilon_*\,, \tag{9.20}$$

$$E\varepsilon_*\varepsilon_*' = \sigma^2 W_* = \sigma^2 \begin{pmatrix} \sigma_1^2 & \varrho\sigma_1\sigma_2 \\ \varrho\sigma_1\sigma_2 & \sigma_2^2 \end{pmatrix} \tag{9.21}$$

(also ist $\Phi = W_* \otimes I$, wenn wir (9.19) und (9.21) beachten).

Da die Fehler ε_m homoskedastisch verteilt, also zeitlich unkorreliert sind, wird $E\varepsilon_m\varepsilon_{m*} = 0$ und erst recht $E\varepsilon_m\varepsilon_{m'*} = 0$ $(m \neq m')$, so daß $W_0 = 0$ ist. Durch Minimierung der Riskofunktionen $R(p_m) = E(p_m - y_{m*})^2$ erhalten wir die homogenen R-optimalen partiellen Vorhersagen jedes Regressanden y_{m*} nach Satz 5.3. als $\hat{p}_m = \check{p}_m$ (klassische Vorhersage) mit

$$\check{p}_m = x_{m*}'\check{b}_m \qquad (m = 1, 2) \tag{9.22}$$

und $\check{b}_m = (X_m'X_m)^{-1} X_m'y_m$,

$$R(\check{p}_m) = \sigma^2\sigma_m^2 + \sigma^2\sigma_m^2 x_{m*}' (X_m'X_m)^{-1} x_{m*}\,. \tag{9.23}$$

Die partielle Vorhersage des gesamten Vektors $y_*' = (y_{1*}, y_{2*})$ wird somit

$$\check{p}_3 = Z_* \begin{pmatrix} \check{b}_1 \\ \check{b}_2 \end{pmatrix} = Z_*\check{b}\,. \tag{9.24}$$

Es gilt

$$R(\check{p}_3) = E(\check{p}_3 - y_*)'(\check{p}_3 - y_*) = \tag{9.25}$$

$$= \sigma^2 \operatorname{sp} W_* + \operatorname{sp} Z_* \begin{pmatrix} \sigma^2\sigma_1^2(X_1'X_1)^{-1} & 0 \\ 0 & \sigma^2\sigma_2^2(X_2'X_2)^{-1} \end{pmatrix} Z_*' .$$

Die Systemvorhersage $\hat{p}_3$ (9.16) wird unter unseren modifizierten Modellannahmen ($W_0 = 0$)

$$\hat{p}_3 = Z_* b$$

mit

$$R(\hat{p}_3) = \sigma^2 \operatorname{sp} W_* + \operatorname{sp} Z_* \begin{pmatrix} V_1 & 0 \\ 0 & V_2 \end{pmatrix} Z_*' . \tag{9.26}$$

Dabei sind V_1, V_2 die Kovarianzmatrizen der β_1, β_2 entsprechenden Komponenten b_1, b_2 der Systemschätzung $b = (Z'\Phi^{-1}Z)^{-1} Z'\Phi^{-1}y$. Wir berechnen aus (9.19) zunächst

$$\Phi^{-1} = (1-\varrho^2)^{-1} \begin{pmatrix} \sigma_1^{-2} & -\varrho\sigma_1^{-1}\sigma_2^{-1} \\ -\varrho\sigma_1^{-1}\sigma_2^{-1} & \sigma_2^{-2} \end{pmatrix} \otimes I$$

$$= \begin{pmatrix} a_1 & a_2 \\ a_2 & a_3 \end{pmatrix} \otimes I$$

und damit aus (6.83)

$$\begin{aligned} V_2 &= \sigma^2 a_3^{-1} [X_2'X_2 - \varrho^2 X_2'X_1 (X_1'X_1)^{-1} X_1'X_2]^{-1} \\ &= \sigma^2\sigma_2^2 [X_2'X_2 + (1-\varrho^2)^{-1} \varrho^2 (X_2'X_2 - X_2'X_1 (X_1'X_1)^{-1} X_1'X_2)]^{-1} , \\ V_1 &= \sigma^2 a_1^{-1} (X_1'X_1)^{-1} + a_2^2 a_1^{-2} (X_1'X_1)^{-1} X_1'X_2 V_2 X_2'X_1 (X_1'X_1)^{-1} \\ &= \sigma^2\sigma_1^2 (1-\varrho^2) (X_1'X_1)^{-1} \\ &\quad + \varrho^2\sigma_2^{-2}\sigma_1^2 (X_1'X_1)^{-1} X_1'X_2 V_2 X_2'X_1 (X_1'X_1)^{-1} . \end{aligned}$$

Für den Vergleich der Vorhersagen $\check{p}_3$ und $\hat{p}_3$ erhalten wir

$M_1 = I - X_1(X_1'X_1)^{-1} X_1'$ ist idempotent,

$A = X_2'X_2 - X_2'X_1 (X_1'X_1)^{-1} X_1'X_2$

$\quad = (X_2'M_1)(X_2'M_1)'$ ist nichtnegativ definit,

aus $V_2^{-1} = \sigma^{-2}\sigma_2^{-2} (X_2'X_2) + \sigma^{-2}\sigma_2^{-2} (1-\varrho^2)^{-1} \varrho^2 A$ folgt nach Satz A11

$\sigma^2\sigma_2^2 (X_2'X_2)^{-1} - V_2$ ist nichtnegativ definit, (9.27)

$M_2 = I - X_2(X_2'X_2)^{-1} X_2'$ ist idempotent,

$B^{-1} = X_2'X_2 + (1-\varrho^2)^{-1} \varrho^2 A$,

$(X_2'X_2)^{-1} - B = C'C$ ist nichtnegativ definit [Satz A 11],

$$\begin{aligned}\sigma^2\sigma_2^2\,(X_1'X_1)^{-1} - V_1 &= \sigma^2\sigma_1^2\varrho^2\,(X_1'X_1)^{-1}\,X_1'[I - X_2BX_2']\,X_1(X_1'X_1)^{-1}\\ &= \sigma^2\sigma_1^2\varrho^2(X_1'X_1)^{-1}\,X_1'[M_2M_2 + X_2C'CX_2']\\ &\quad\times X_1(X_1'X_1)^{-1} \end{aligned} \tag{9.28}$$

ist nichtnegativ definit [Satz A9].

Mit (9.25) bis (9.28) gilt dann

$$R(\check{p}_3) - R(\hat{p}_3) = \operatorname{sp} Z_* \begin{pmatrix}\sigma^2\sigma_1^2(X_1'X_1)^{-1} - V_1 & 0\\ 0 & \sigma^2\sigma_2^2\,(X_2'X_2)^{-1} - V_2\end{pmatrix}, Z_*' \geqq 0\,. \tag{9.29}$$

$Z_* \neq 0$ vorausgesetzt, steht in (9.29) das Gleichheitszeichen genau dann, wenn

$$\varrho = 0 \qquad \text{oder} \qquad X_1 = X_2 = X \tag{9.30}$$

gilt, woraus $\sigma_1^{-2}V_1 = \sigma_2^{-2}V_2 = \sigma^2(X'X)^{-1}$ folgt. $\varrho = 0$ bedeutet, daß die Modellgleichungen nicht korreliert sind. Damit liegt kein echtes Modellsystem sondern nur eine (zufällige) Zusammenstellung von unabhängigen Regressionen vor, die partiell geschätzt werden können. Im Fall $X_1 = X_2 = X$ gilt analog, daß (9.18) nur *ein* Regressionsmodell $y = X\beta + \varepsilon$ mit $E\varepsilon\varepsilon' = \sigma^2 I$ (also $\sigma_1 = \sigma_2$) darstellt.

Satz 9.3. *Im multivariaten klassischen Regressionsmodell ist die Systemvorhersage $\hat{p}_3$ R-besser als die ohne Berücksichtigung der Systeminformation abgeleitete, d. h. aus den Einzelgleichungsvorhersagen $\check{p}_m$ zusammengesetzte Vorhersage $\check{p}_3$. Ist* (9.30) *erfüllt, so gilt $b = \check{b}$ und damit $\hat{p}_3 = \check{p}_3$.*

9.3. Das multivariate (klassische) gleichzeitig unkorrelierte Regressionsmodell

Im multivariaten Modell (9.13) waren die Regressoren als nichtstochastisch vorausgesetzt worden, d. h., Z blieb bei wiederholten Stichproben fest. Wir werden jetzt stochastische Regressoren zulassen, jedoch eine wesentlich schwächere Voraussetzung über den Zusammenhang der beiden Prozesse $\{x(t)\}$, $\{\varepsilon(t)\}$ als in (9.4) treffen, wo die stochastische Unabhängigkeit im Sinne $E(\varepsilon|X) = 0$ gefordert wurde. Das multivariate (klassische) gleichzeitig unkorrelierte lineare Regressionsmodell wird durch folgende Annahmen definiert (vgl. auch Annahmen (B), (C) aus 2.2.):

$$\underset{T\times 1}{y_m} = \underset{T\times K}{X}\;\underset{K\times 1}{\beta_m} + \underset{T\times 1}{\varepsilon_m} \qquad (m = 1, \ldots, M)\,, \tag{9.31a}$$

$$E\varepsilon_m = 0\,, \qquad [m = 1, \ldots, M) \tag{9.31b}$$

$$E\varepsilon_m\varepsilon_{m'} = w_{mm'}, I \qquad (m, m' = 1, \ldots, M)\,, \tag{9.31c}$$

$$p \lim T^{-1}\varepsilon'_m\varepsilon_{m'} = w_{mm'}\,, \tag{9.31d}$$

$$Ex(t)\, x'(t) = \Sigma_{xx} \qquad \text{(positiv definit)}, \tag{9.31e}$$

$$p \lim T^{-1}X'X = \Sigma_{xx}\,, \tag{9.31f}$$

$$p \lim T^{-1}X'\varepsilon_m = 0 \quad (m = 1, \ldots, M)\,, \tag{9.31g}$$

$$\lim_{T\to\infty} ET^{-1}X'X = \Sigma_{xx}\,. \tag{9.31h}$$

Definieren wir wieder

$$\underset{1\times MT}{y'} = (y'_1, \ldots, y'_M)\,, \quad \underset{1\times MT}{\varepsilon'} = (\varepsilon'_1, \ldots, \varepsilon'_M)\,,$$

$$\underset{MT\times MK}{Z} = \operatorname{diag}(X, \ldots, X)\,, \quad \underset{1\times MK}{\beta'} = (\beta'_1, \ldots, \beta'_M)$$

$$\underset{M\times M}{W} = (w_{mm'})\,,$$

so läßt sich das Modell (9.31) wie folgt darstellen:

$$\left.\begin{aligned} & y = Z\beta + \varepsilon\,, \\ & E\varepsilon = 0\,, \\ & E\varepsilon\varepsilon' = W \otimes I \qquad (W \text{ positiv definit}), \\ & p \lim T^{-1} \begin{pmatrix} \operatorname{sp} \varepsilon_1\varepsilon'_1 & \cdots & \operatorname{sp} \varepsilon_1\varepsilon'_M \\ \vdots & & \vdots \\ \operatorname{sp} \varepsilon_M\varepsilon'_1 & \cdots & \operatorname{sp} \varepsilon_M\varepsilon'_M \end{pmatrix} = W \\ & p \lim T^{-1}Z'\varepsilon = 0\,, \\ & p \lim T^{-1}Z'Z = \lim_{T\to\infty} ET^{-1}Z'Z = \Sigma_{xx} \otimes I\,. \end{aligned}\right\} \tag{9.32}$$

Die Annahme $p \lim T^{-1}Z'\varepsilon = 0$ ist die Formulierung der gleichzeitigen Unkorreliertheit der beiden stochastischen Prozesse $\{x(t)\}$ und $\{\varepsilon(t)\}$. Sie sichert die Möglichkeit, konsistente Schätzungen der Parameter abzuleiten. Da Z der Bedingung (9.30) genügt (hierauf bezieht sich „klassisch“), gilt nach Satz 9.3. $b = \check{b}$, so daß wir die Parametervektoren β_m partiell aus der m-ten Gleichung $y_m = X\beta_m + \varepsilon_m$ schätzen können. Wir erhalten [Satz A 38]

$$\check{b}_m = (X'X)^{-1}\, X'y_m\,, \tag{9.33}$$

$$\begin{aligned} p \lim \check{b}_m &= \beta_m + p \lim\, (X'X)^{-1}\, X'\varepsilon_m \\ &= \beta_m + [p \lim T^{-1}(X'X)]^{-1}\, [p \lim T^{-1}X'\varepsilon_m] \\ &= \beta_m + \Sigma_{xx}^{-1} \cdot 0 \qquad [(9.31\text{f}), (9.31\text{g})]\,, \end{aligned}$$

also

$$p\lim \check{b}_m = \beta_m = \bar{E}\check{b}_m \,. \tag{9.34}$$

$\check{b}_m$ ist damit konsistent und folglich asymptotisch erwartungstreu und besitzt die asymptotische Korrelationsmatrix ($m = m'$: Kovarianzmatrix)

$$\begin{aligned} \bar{V}(\check{b}_m, \check{b}_{m'}) &= \bar{E}(\check{b}_m - \bar{E}\check{b}_{m'})\,(\check{b}_m - \bar{E}\check{b}_{m'})' \\ &= T^{-1} \lim_{T\to\infty} E[\sqrt{T}(\check{b}_m - E\check{b}_m)]\,[\sqrt{T}(\check{b}_{m'} - E\check{b}_{m'})]\,, \\ &= T^{-1} w_{mm'} \textstyle\sum_{xx}^{-1} \qquad [9.31\,\mathrm{f}]. \end{aligned} \tag{9.35}$$

Die Elemente $w_{mm'}$ von W schätzen wir wie üblich [vgl. s^2 aus (3.39)]:

$$\begin{aligned} \bar{w}_{mm'} &= (T-K)^{-1}\,(y_m - X\check{b}_m)'\,(y_{m'} - X\check{b}_{m'}) \\ &= (T-K)^{-1}\,\varepsilon_m'\big(I - X(X'X)^{-1}X'\big)\big(I - X(X'X)^{-1}X'\big)\,\varepsilon_{m'} \\ &= (T-K)^{-1}\,\varepsilon_m'\varepsilon_{m'} - (T-K)^{-1}\,\varepsilon_m'X\,(X'X)^{-1}\,X'\varepsilon_{m'}\,. \end{aligned} \tag{9.36}$$

$\bar{w}_{mm'}$ ist konsistent [Satz A38, (9.31g), (9.31f)]:

$$\begin{aligned} p\lim \bar{w}_{mm'} &= p\lim\,(T-K)^{-1}\,\varepsilon_m'\varepsilon_{m'} \\ &\quad - [p\lim\,(T-K)^{-1}\,\varepsilon_m'X]\,[p\lim\,T^{-1}(X'X)]^{-1} \\ &\quad \times [p\lim\,T^{-1}X'\varepsilon_{m'}] \\ &= w_{mm'} - 0 \cdot \textstyle\sum_{xx}^{-1} \cdot 0 \\ &= w_{mm'}\,. \end{aligned}$$

(Da K fest ist, gilt z. B. mit

$$p\lim T^{-1}X'\varepsilon_m = 0 \quad \text{auch} \quad p\lim\,(T-K)^{-1}\,X'\varepsilon_m = 0\,.)$$

Damit können wir auch $\bar{V}(\check{b}_m, \check{b}_{m'})$ konsistent schätzen:

$$S(\check{b}_m, \check{b}_{m'}) = \bar{w}_{mm'}(X'X)^{-1} \tag{9.37}$$

mit

$$p\lim S(\check{b}_m, \check{b}_{m'}) = T^{-1}w_{mm'} \textstyle\sum_{xx}^{-1} = \bar{V}(\check{b}_m, \check{b}_{m'})\,.$$

Satz 9.4. *Im multivariaten (klassischen) gleichzeitig unkorrelierten Regressionsmodell* (9.32) *sind die klassischen KQ-Schätzungen*

$$\check{b} = \begin{pmatrix} \check{b}_1 \\ \vdots \\ \check{b}_M \end{pmatrix} = (Z'Z)^{-1}\,Z'y\,,$$

$$\bar{W} = (T-K)^{-1}\,(y - Z\check{b})'\,(y - Z\check{b})\,,$$

$$S(\check{b}, \check{b}) = \bar{W} \otimes (X'X)^{-1}$$

konsistent (und folglich asymptotisch erwartungstreu), und es gilt

$$p \lim \check{b} = \beta \,,$$

$$\overline{V}(b, b) = \overline{E}(\check{b} - \overline{E}\check{b})\,(\check{b} - \overline{E}\check{b})' = T^{-1} W \otimes \Sigma_{xx}^{-1} \,,$$

$$p \lim \overline{W} = W \,,$$

$$p \lim S(\check{b}, \check{b}) = \overline{V}(\check{b}, \check{b}) \,.$$

Bemerkung. Die Eigenschaft der Konsistenz einer Schätzung sagt noch nichts über ihre Güte aus. Man benötigt auch im Fall über alle Grenzen wachsender Stichprobenlänge ein zusätzliches Kriterium zur Auswahl einer besten Schätzung aus einer Klasse zulässiger Schätzungen. Beschränkt man sich auf die Klasse der konsistenten Schätzungen $\hat{\beta}$ von β, so erhält man das folgende

Kriterium der asymptotischen Effizienz. Eine Schätzung $\hat{\beta}$ des Parametervektors β heißt asymptotisch effizient, wenn $\hat{\beta}$ konsistent ist und für jede andere konsistente Schätzung $\tilde{\beta}$ die Differenz der asymptotischen Kovarianzmatrizen

$$\overline{E}(\tilde{\beta} - \beta)\,(\tilde{\beta} - \beta)' - \overline{E}(\hat{\beta} - \beta)\,(\hat{\beta} - \beta)'$$

nichtnegativ definit ist.

Wie man beweisen kann, ist $\check{b}$ in der Klasse $\{\hat{\beta} = C'y | p \lim \hat{\beta} = \beta\}$ eine asymptotisch effiziente Schätzung von β im Modell (9.32). Wählen wir als Risikofunktion

$$\overline{R}_1 = \operatorname{sp} \overline{E}(\hat{\beta} - \beta)\,(\hat{\beta} - \beta)' \,,$$

so ist $\check{b}$ also $\overline{R}_1$-optimal.

Wenn wir beachten, daß die Fehler ε_{mt} zeitlich unkorreliert sind ($E\varepsilon\varepsilon' = W \otimes I$) und wenn T^* als fest vorausgesetzt wird, so hat das (9.32) entsprechende Vorhersagemodell analog zu (9.14) die Gestalt:

$$\left.\begin{array}{ll} \underset{M\times 1}{y_*} = \underset{M\times MK}{Z_*}\,\beta + \underset{M\times 1}{\varepsilon_*} \,, & \\ Z_* \ \text{nichtstochastisch}, & \\ E\varepsilon_* = 0 \,, & \\ E\varepsilon_*\varepsilon_*' = W & [\text{nach } (9.31\text{c})], \\ E\varepsilon\varepsilon_*' = 0 & [\text{wegen } E\varepsilon\varepsilon' = W \otimes I]. \end{array}\right\} \quad (9.38)$$

Wir schätzen y_* durch die klassische Vorhersage (vgl. auch Satz 9.3.)

$$\check{p}_3 = Z_* \check{b}$$

mit (vgl. (9.34))

$$p \lim \check{p}_3 = Z_* \, p \lim \check{b} = Z_* \beta = \overline{E}\check{p}_3 \,.$$

Definieren wir als asymptotische Risikofunktion einer Vorhersage p

$$\bar{R}(p) = \bar{E}(p - y_*)' (p - y_*) \tag{9.39}$$
$$= T^{-1} \lim_{T \to \infty} E[\sqrt{T}(p - y_*)]' [\sqrt{T}(p - y_*)],$$

so gilt für $\check{p}_3$

$$\check{p}_3 - y_* = Z_*(b - \beta) - \varepsilon_*,$$
$$\bar{R}(\check{p}_3) = \text{sp}\, Z_*[\bar{E}(b - \beta)(b - \beta')] Z'_*$$
$$+ \text{sp}\, \bar{E}\varepsilon_*\varepsilon'_* - 2\, \text{sp}\, Z_*[\bar{E}(b - \beta)\,\varepsilon'_*],$$

also nach Satz 9.4. und mit den Annahmen aus (9.38)

$$\bar{R}(p_3) = \text{sp}\, W + \text{sp}\, Z_*(T^{-1}W \otimes \Sigma_{xx}^{-1}) Z'_* . \tag{9.40}$$

Das Risiko läßt sich also durch

$$\hat{\bar{R}}(\check{p}_3) = \text{sp}\, \bar{W} + \text{sp}\, Z_*(T^{-1}\bar{W} \otimes (X'X)^{-1}) Z'_* \tag{9.41}$$

konsistent schätzen:

$$p \lim \hat{\bar{R}}(\check{p}_3) = \bar{R}(\check{p}_3) \qquad \text{[Satz 9.4.]}$$

Satz 9.5. *Im multivariaten (klassischen) gleichzeitig unkorrelierten Regressionsmodell ist die Vorhersage von y_* aus* (9.38)

$$\check{p}_3 = Z_*\check{b}$$

mit

$$\bar{R}(\check{p}_3) = \text{sp}\, W + \text{sp}\, Z_* \bar{V}(b, b) Z'_*$$

konsistent, asymptotisch erwartungstreu und wegen der $\bar{R}_1$-Optimalität von $\check{b}$ auch $\bar{R}$-optimal in der Klasse $\{p = C'y | p \lim C'X = I\}$ aller homogenen konsistenten linearen Vorhersagen.

9.4. Reduzierte Form und Vorhersage

Unter der Voraussetzung der Vollständigkeit des ökonometrischen Modells (2.4) wurde in 2.3. die reduzierte Form in der Gestalt [(2.7), (2.8)] abgeleitet. Die endogenen Variablen $Y_1, \ldots, Y_M$ hängen linear von den vorherbestimmten Variablen $X_1, \ldots, X_K$ ab:

$$\underset{T \times M}{Y} = \underset{T \times K}{X}\ \underset{K \times M}{\Pi} + \underset{T \times M}{V} . \tag{9.42}$$

Die m-te Gleichung der reduzierten Form ist

$$\underset{T \times 1}{y_m} = X \underset{K \times 1}{\pi_m} + \underset{T \times 1}{v_m} \qquad (m = 1, \ldots, M) . \tag{9.43}$$

Mit den Annahmen (2.7) gilt für die Kovarianzmatrizen der Fehler v_m:

$$Ev_m v'_{m'} = E\begin{pmatrix} v_{m1}v_{m'1} & \cdots & v_{m1}v_{m'T} \\ \vdots & & \vdots \\ v_{mT}v_{m'1} & \cdots & v_{mT}v_{m'T} \end{pmatrix} = \sigma_{mm'} I\,, \tag{9.44}$$

da die Fehler zeitlich unkorreliert vorausgesetzt wurden. Dabei ist $\sigma_{mm'}$ das (m, m')-te Element der Matrix

$$\underset{M \times M}{\Sigma_{vv}} = Ev(t)\, v'(t)\,.$$

Ordnen wir die M Gleichungen (9.43) untereinander an, so ergeben sich die zu (9.42) äquivalenten Darstellungen der reduzierten Form

$$\begin{pmatrix} y_1 \\ \vdots \\ y_M \end{pmatrix} = \begin{pmatrix} X & \cdots & 0 \\ \vdots & & \vdots \\ 0 & \cdots & X \end{pmatrix} \begin{pmatrix} \pi_1 \\ \vdots \\ \pi_M \end{pmatrix} + \begin{pmatrix} v_1 \\ \vdots \\ v_M \end{pmatrix}$$

oder zusammengefaßt

$$y = Z\pi + v$$

$$(y\colon MT \times 1, Z\colon MT \times MK, \pi\colon MK \times 1, v\colon MT \times 1)\,.$$

Aus (9.44) folgt

$$Evv' = \Sigma_{vv} \otimes I\,.$$

Die in (2.7) getroffene Voraussetzung $p \lim T^{-1}X'V = 0$ impliziert, daß die Prozesse $\{x(t)\}$ und $\{v(t)\}$ gleichzeitig unkorreliert sind, so daß auch die Relation

$$.p \lim T^{-1}X'v_m = p \lim T^{-1} \sum_{t=1}^{T} x(t)\, v_{mt} = 0$$

gilt. Das Modell der reduzierten Form hätte dann die Gestalt (vgl. (2.7))

$$\left.\begin{aligned} & y = Z\pi + v\,, \\ & Ev = 0\,, \qquad Evv' = \Sigma_{vv} \otimes I\,, \\ & \Sigma_{vv} \text{ positiv definit,} \\ & p \lim T^{-1}Z'v = 0\,, \\ & p \lim T^{-1} \begin{pmatrix} \operatorname{sp} v_1 v'_1 & \cdots & \operatorname{sp} v_1 v'_M \\ \vdots & & \\ \operatorname{sp} v_M v'_1 & \cdots & \operatorname{sp} v_M v'_M \end{pmatrix} = \Sigma_{vv}\,, \\ & p \lim T^{-1}Z'Z = \Sigma_{xx} \otimes I\,. \end{aligned}\right\} \tag{9.45}$$

Das zugehörige Vorhersagemodell sei dann [vgl. auch (9.38)]

$$\left.\begin{aligned} y_* &= Z_* \pi + v_* \\ Z_* &\ \text{nichtstochastisch,} \\ E v_* &= 0 , \\ E v_* v_*' &= \Sigma_{vv} , \\ E v v_*' &= 0 . \end{aligned}\right\} \tag{9.46}$$

Damit gelten die Aussagen über die Schätzung und Vorhersage im multivariaten klassischen gleichzeitig unkorrelierten Regressionsmodell. Die konsistente Vorhersage des Vektors y_* der M endogenen Variablen hat also nach Satz 9.5. die Gestalt

$$\check{p}_3 = Z_* \hat{\pi}_3 \tag{9.47}$$

mit

$$\hat{\pi}_3 = (Z'Z)^{-1} Z'y ,$$

$$\bar{V}(\hat{\pi}_3, \hat{\pi}_3) = T^{-1} \Sigma_{vv} \otimes \Sigma_{xx}^{-1} ,$$

$$\bar{R}(\check{p}_3) = \operatorname{sp} \Sigma_{vv} + \operatorname{sp} Z_* \bar{V} (\hat{\pi}_3, \hat{\pi}_3) Z_*' .$$

$\check{p}_3$ ist $\bar{R}$-optimal, sofern keine weitere als die im Modell (9.45) enthaltene Information zur Verfügung steht.

Bei der Vorhersage in ökonometrischen Modellen spielt im Gegensatz zu den Schätzproblemen die Frage der Identifizierbarkeit der Parameter insofern eine andere Rolle, als sie nur Einfluß auf die Güte der Vorhersagen nimmt, die Vorhersagbarkeit von y_* selbst jedoch nicht in Frage stellt. Die Berücksichtigung der a-priori-Information, die zur Identifizierung der Parametermatrizen Γ und D der strukturellen Form (2.4) notwendig ist, führt zu einem Gewinn an Wirksamkeit bei der Vorhersage von y_*, wenn wir statt der Reduzierten-Form Schätzung $\hat{\pi}_3 = (Z'Z)^{-1} Z'y$ konsistente strukturelle Parameterschätzungen heranziehen. Die Parameter der reduzierten und der strukturellen Form stehen in folgendem Zusammenhang (vgl. (2.5)):

$$\Pi = -D\Gamma^{-1}$$

Es seien $\hat{D}$ und $\hat{\Gamma}$ konsistente Schätzungen, etwa nach der KQ-Methode in 2 oder 3 Schritten (GOLDBERGER [1]) abgeleitet. Dann können wir Π durch

$$\hat{\Pi} = -\hat{D}\hat{\Gamma}^{-1}$$

schätzen. Wegen

$$p \lim \hat{\Pi} = - (p \lim \hat{D}) (p \lim \hat{\Gamma})^{-1}$$

ist $\hat{\Pi}$ konsistent, sofern $\hat{D}$ und $\hat{\Gamma}$ konsistent sind.

Die lineare homogene Vorhersage

$$\hat{p} = Z_* \hat{\pi}$$

mit $\hat{\pi}' = (\hat{\pi}'_1, \ldots, \hat{\pi}'_M)$ und $\Pi = (\pi_1, \ldots, \pi_M)$ wäre dann ebenfalls konsistent, und es gilt

$$\overline{R}(\hat{p}) = \operatorname{sp} \textstyle\sum_{vv} + \operatorname{sp} Z_* \overline{V} (\hat{\pi}, \hat{\pi}) Z'_* .$$

Die Schwierigkeit liegt nun in der Berechnung der asymptotischen Kovarianzmatrix $\overline{V}(\hat{\pi}, \hat{\pi})$ aus den asymptotischen Kovarianzmatrizen der strukturellen Schätzungen $\hat{D}$, $\hat{\Gamma}$ (vgl. hierzu GOLDBERGER, NAGAR und ODEH [1]). Da sich z. B. die Minimum-Varianz-Eigenschaft einer strukturellen Schätzung nicht auf die damit gewonnene Reduzierte-Form-Schätzung (9.48) überträgt, sind Aussagen etwa im Sinne der $\overline{R}$-Optimalität nicht möglich. Für spezielle Schätzungen und Modelle gibt es jedoch bereits Effektivitätsuntersuchungen über die Rangordnung im Sinne der Effizienz (vgl. KADIYALA [1] für die k-Klassen-Schätzungen) bzw. der asymptotischen Effizienz (vgl. WICKENS [1] und AMEMIYA [1] für simultane Gleichungen mit autokorrelierten Fehlern). Die strukturellen Schätzungen sind im allgemeinen asymptotisch wirksamer als die Reduzierten-Form-Schätzungen, so daß nach unseren bisherigen Erfahrungen über den Einfluß von Zusatzinformation eine abgewandelte Reduzierte-Form-Schätzung der Form (9.48) zumindest asymptotisch gleichwertig mit $\hat{\pi}_3$ sein dürfte. Analoges gilt für die entsprechenden Vorhersagen.

Tabelle 1

Kritische Werte δ^* gemäß

$$\Phi\left(\frac{k}{\sigma_5} - \delta^*\right) + \Phi\left(\frac{k}{\sigma_5} + \delta^*\right) = 2\Phi\left(\frac{k}{\sigma_3}\right) + b$$

für $\frac{k}{\sigma} = 1, 2, 3$; $\frac{\sigma_3}{\sigma} = 1, 2$; $\sigma_5 < \sigma_3$ (d. h. $g > 0$),

$b = -0{,}2,\ -0{,}1,\ 0,\ 0{,}1,\ 0{,}2,\ 0{,}3$

b	$\frac{k}{\sigma}$	$\frac{\sigma_3}{\sigma} = 1$			$\frac{\sigma_3}{\sigma} = 2$		
		$\frac{\sigma_5}{\sigma} = 0{,}25$	0,5	0,8	0,5	1	1,5
−0,2	1	4,04	2,04	1,28	2,90	1,90	1,52
−0,2	2	7,31	3,31	1,81	4,04	2,04	1,36
−0,2	3	11,17	5,17	2,92	5,57	2,57	1,57
−0,1	1	3,79	1,79	1,01	2,43	1,56	1,15
−0,1	2	6,94	2,94	1,54	3,79	1,79	1,10
−0,1	3	10,73	4,73	2,48	5,27	2,27	1,27
0	1	3,54	1,54	0,72	2,30	1,27	0,78
0	2	6,31	2,31	0,81	3,53	2,53	0,81
0	3	9,00	3,00	0,98	4,89	1,89	0,89
0,1	1	3,22	1,22	0,16	2,04	0,98	0,26
0,2	1	2,81	0,81	*	1,79	0,67	*
0,3	1	1,90	*	*	1,52	*	*

(*: Die obige Gleichung ist für diese Eingangswerte nicht erfüllbar, d. h., $\hat{p}_3$ ist immer zu bevorzugen).

Tabelle 2

Kritische Werte $\delta_2 = \delta^*(\sigma_5 \sigma_R^{-1})$ für $w = 0$, d. h. $\sigma_R = \sqrt{\sigma_3^2 - \sigma_5^2}$

b	$\frac{k}{\sigma}$	$\frac{\sigma_3}{\sigma} = 1$			$\frac{\sigma_3}{\sigma} = 2$		
		$\frac{\sigma_2}{\sigma} = 0{,}25$	0,5	0,8	0,5	1	1,5
−0,2	1	1,04	1,18	1,70	0,75	1,10	1,70
−0,2	2	1,89	1,91	2,41	1,04	1,18	1,54
−0,2	3	2,88	2,92	3,89	1,44	1,48	1,78
−0,1	1	0,98	1,03	1,35	0,63	0,90	1,30
−0,1	2	1,79	1,70	2,05	0,98	1,03	1,25
−0,1	3	2,77	2,73	3,32	1,36	1,31	1,44
0	1	0,91	0,89	0,93	0,59	0,73	0,88
0	2	1,63	1,33	1,08	0,91	1,46	0,92
0	3	2,32	1,73	1,31	1,26	1,09	1,01
0,1	1	0,83	0,71	0,21	0,53	0,57	0,30
0,2	1	0,73	0,47	*	0,46	0,39	*
0,3	1	0,49	*	*	0,39	*	*

(*: Die obige Gleichung ist für diese Eingangswerte nicht erfüllbar, d. h., $\hat{p}_3$ ist immer zu bevorzugen.)

Tabelle 3

Tabelle 3 enthält bei Voraussetzung von $w = 0$ die Werte der Steuervariablen c für kritische Werte δ_3 und $\varrho = 0, 0{,}1, \ldots, 0{,}9$ so, daß

$$P\{|\hat{p}_5 - \mu| < |\hat{p}_3 - \mu|\} = 0{,}5 + c$$
$$= 2 - \{\Phi(\delta_3) + \Phi(\delta_3\varrho) + 2P^*(\delta_3\varrho, \delta_3)\}$$

gilt.

δ_3 \ ϱ	0,1	0,2	0,3	0,4	0,5	0,6	0,7	0,8	0,9
0,0	0,032	0,065	0,097	0,131	0,167	0,205	0,247	0,296	0,350
0,2	0,030	0,061	0,094	0,123	0,158	0,189	0,226	0,265	0,317
0,4	0,025	0,051	0,073	0,098	0,121	0,144	0,167	0,185	0,139
0,6	0,017	0,032	0,054	0,059	0,070	0,080	0,083	0,081	0,065
0,8	0,004	0,006	0,011	0,012	0,009	0,002	–0,011	–0,030	–0,073
1,0	–0,008	–0,017	–0,028	–0,041	–0,058	–0,078	–0,103	–0,130	–0,158
1,2	–0,022	–0,044	–0,068	–0,094	–0,123	–0,154	–0,186	–0,217	–0,245
1,4	–0,035	–0,070	–0,107	–0,145	–0,183	–0,221	–0,256	–0,288	–0,316
1,6	–0,048	–0,096	–0,144	–0,191	–0,236	–0,278	–0,314	–0,345	–0,371
1,8	–0,061	–0,119	–0,181	–0,231	–0,280	–0,325	–0,361	–0,400	–0,412
2,0	–0,072	–0,141	–0,210	–0,267	–0,319	–0,363	–0,397	–0,423	–0,442

Anhang

Satz A 1. *Es sei A eine $m \times n$-Matrix und x ein $n \times 1$-Vektor. Dann gilt*

$$A'Ax = 0 \qquad \text{genau dann, wenn } Ax = 0 .$$

Beweis.

a) Aus $Ax = 0$ folgt durch Linksmultiplikation mit A' $\quad A'Ax = 0$.
b) Mit $A'Ax = 0$ gilt auch $x'A'Ax = (Ax)'(Ax) = 0$. Es sei $Ax = y$, so folgt aus $y'y = \sum y_i^2 = 0$ direkt $y = 0$.

Satz A 2. *Es sei V ein Vektorraum, $V \subset E^T$, und P die orthogonale Projektion des E^T auf V. Dann gilt $\mathfrak{R}[P] = V$.*

Beweis. Nach Satz 3.3 läßt sich P als $P = B'B$ darstellen, wobei die Spalten von B eine Orthonormalbasis von V bilden.

a) Für jedes $v \in V$ gilt $Pv = v$ und damit $v \in \mathfrak{R}[P]$, d. h. $V \subset \mathfrak{R}[P]$.
b) Ist $v \in \mathfrak{R}[P]$, so gilt $v = P\alpha = B(B'\alpha)$ für ein gewisses α, so daß $v \in \mathfrak{R}[B] = V$, d. h. $\mathfrak{R}[P] \subset V$.

Aus a) und b) folgt $V = \mathfrak{R}[P] = \mathfrak{R}[B]$.

Definite Matrizen

Definition A 3. Eine *symmetrische Matrix A* ist genau dann positiv definit, wenn

$$x'Ax > 0 \qquad \text{für alle } x \neq 0 .$$

Satz A 4. *Wenn A eine positiv definite $n \times n$-Matrix ist, dann gilt*

$$\det(A) = |A| > 0 , \qquad \text{Rang } A = n \text{ und } A \text{ regulär.}$$

Beweis. Siehe GOLDBERGER [1], S. 34–35.

Satz A 5. *Es sei A eine positiv definite $n \times n$-Matrix und P eine $n \times m$-Matrix vom Rang $P = m$. Dann ist $P'AP$ positiv definit.* (Speziell gilt also $P'P$ positiv definit).

Beweis. Es sei $y \neq 0$ ein beliebiger Vektor. Dann wird $y'(P'AP)y = (Py)'A(Py) = x'Ax > 0$, da A positiv definit ist. Wegen Rang $P = m$ ist nach bekannten Sätzen über lineare inhomogene Gleichungen $x = Py = 0$ genau dann, wenn $y = 0$.

Satz A 6. *Mit A ist auch A^{-1} positiv definit.*

Beweis. Wir setzen in A 5 $P = A^{-1}$, so daß $P'AP = A^{-1}$ wird.

Definition A 7. Eine symmetrische Matrix A ist *nichtnegativ definit* (oder positiv semidefinit) genau dann, wenn

$$x'Ax \geqq 0 \qquad \text{für alle } x.$$

Satz A 8. *Es sei A eine positiv definite $n \times n$-Matrix und P eine $n \times m$-Matrix. Dann ist $P'AP$ mindestens nichtnegativ definit.* Im Fall $m = n$ und *Rang* $P = n$ ist $P'AP$ positiv definit.

Beweis. Es ist $x'P'APx = (Px)' A(Px) = y'Ay \geqq 0$, da A positiv definit ist und somit $y' Ay > 0$ für $y \neq 0$ und $y'Ay = 0$ für $y = 0$ gilt.

Satz A 9. *Ist P eine beliebige Matrix, so ist $P'P$ nichtnegativ definit.*

Beweis. Setze in Satz A 8 speziell $A = I$.

Satz A 10. *Es sei A eine positiv definite $n \times n$-Matrix und B eine nichtnegativ definite $n \times n$-Matrix. Dann ist $C = A + B$ positiv definit.*

Beweis. $x'Cx = x'(A + B)x = x'Ax + x'Bx > 0$ für $x \neq 0$.

Satz A 11. *Wenn $C = A + B$ mit A positiv definit und B nichtnegativ definit ist, so gilt*

a) $|A| \leqq |C|$ *und*
b) $A^{-1} - C^{-1}$ *nichtnegativ definit.*

Beweis. Siehe Goldberger [1], S. 38.

Spur einer Matrix

Definition A 12. Die Hauptdiagonalelemente der $n \times n$-Matrix A seien $a_{11}, \ldots, a_{nn}$. Die *Spur der Matrix A* ist dann

$$\text{sp}(A) = \sum_{i=1}^{n} a_{ii}\,.$$

Satz A 13. *Es seien A und B $n \times n$-Matrizen und c ein Skalar. Dann gilt:*

a) $\text{sp}(A + B) = \text{sp}(A) + \text{sp}(B)$
b) $\text{sp}(A') = \text{sp}(A)$,
c) $\text{sp}(cA) = c\,\text{sp}(A)$,
d) $\text{sp}(AB) = \text{sp}(BA)$.

[d) gilt auch für den Fall, daß A eine $n \times m$-Matrix und B eine $m \times n$-Matrix ist. Der Beweis von a)—d) ist trivial.]

Satz A 14. *Für das Skalarprodukt eines $1 \times n$-Vektors $a' = (a_1, \ldots, a_n)$ gilt*

$$a'a = \sum_{i=1}^{n} a_i^2 = \text{sp}(aa')\,.$$

Idempotente Matrizen

Definition A 15. Eine symmetrische $n \times n$-Matrix A heißt *idempotent*, wenn sie die Bedingung erfüllt:

$$A^2 = AA = A .$$

Für idempotente Matrizen gelten folgende Sätze (GRAYBILL [1]).

Satz A16. *Die charakteristischen Wurzeln (Eigenwerte) einer idempotenten Matrix sind entweder* 0 *oder* 1.

Beweis. Es sei λ ein Eigenwert von A und $x \neq 0$ der entsprechende Eigenvektor. Dann gilt

$$Ax = \lambda x .$$

Wir multiplizieren beide Seiten mit A:

$$A^2x = \lambda Ax = \lambda^2 x .$$

Wegen der Idempotenz von A gilt ferner

$$A^2x = Ax = \lambda x$$

und damit $(\lambda^2 - \lambda)\, x = 0$.

Da $x \neq 0$, folgt hieraus $\lambda^2 - \lambda = 0$. Damit ist λ entweder 0 oder 1.

Satz A17. *Ist A idempotent und regulär, so gilt $A = I$.*

Beweis. $AA = A$, Linksmultiplikation mit A^{-1} liefert $A = I$.

Satz A18. *Ist A idempotent vom Rang r, so existiert eine orthogonale Matrix P derart, daß $P'AP = E_r$, wobei E_r eine Diagonalmatrix mit r Diagonalelementen gleich Eins und Nullen sonst ist.*

Beweis. Nach bekannten Sätzen existiert für jede symmetrische Matrix A eine orthogonale Matrix C mit $C'AC = D$, wobei D eine Diagonalmatrix mit den Eigenwerten von A als Diagonalelemente ist. Die Zahl der von Null verschiedenen Eigenwerte ist gleich dem Rang von A.

Satz A19. *Ist A idempotent vom Rang r, so gilt*

$$\operatorname{sp}(A) = \operatorname{Rang} A = r .$$

Beweis. Nach Satz A18 ist $P'AP = E_r$, nach Satz A13, d) gilt

$$\operatorname{sp}(P'AP) = \operatorname{sp}(APP') = \operatorname{sp}(A)$$

wegen der Orthogonalität von P. Damit wird

$$\operatorname{sp}(A) = \operatorname{sp}(P'AP) = \operatorname{sp}(E_r) = r .$$

Satz A20. *Sind A und B idempotent und gilt $AB = BA$, so ist auch AB idempotent.*

Beweis. Aus $AB = BA$ folgt

$$(AB)(AB) = (AA)(BB) = AB .$$

Satz A21. *Ist A idempotent und P orthogonal, so ist $P'AP$ idempotent.*

Beweis. $(P'AP)(P'AP) = P'AIAP = P'AP$.

Satz A22. *Ist A idempotent und gilt $A + B = I$, so ist B idempotent und $AB = BA = 0$.*

Beweis. Aus $A + B = I$ folgt $B = I - A$. B ist idempotent:

$$\begin{aligned} B^2 &= (I - A)(I - A) \\ &= I + A^2 - 2A \\ &= I - A = B. \end{aligned}$$

Aus $A + B = I$ folgt durch Linksmultiplikation mit A $A^2 + AB = A$ und damit $AB = 0$. Linksmultiplikation von $A + B = I$ mit B liefert

$$BA + B^2 = B \quad \text{und damit } BA = 0.$$

Differentiation von quadratischen und Bilinearformen

Definition A23. Es sei $f(X)$ eine reelle Funktion einer $m \times n$-Matrix $X = [x_{ij}]$. Dann wird die partielle Ableitung von f nach X definiert als $m \times n$-Matrix der partiellen Ableitungen $\frac{\partial f}{\partial x_{ij}}$:

$$\frac{\partial f(X)}{\partial X} = \begin{pmatrix} \frac{\partial f}{\partial x_{11}} & \cdots & \frac{\partial f}{\partial x_{1n}} \\ \vdots & & \vdots \\ \frac{\partial f}{\partial x_{m1}} & \cdots & \frac{\partial f}{\partial x_{mn}} \end{pmatrix}$$

Satz A24. *Es sei x ein $n \times 1$-Vektor und A eine symmetrische $n \times n$-Matrix. Dann gilt*

$$\frac{\partial}{\partial x} x'Ax = 2Ax.$$

Beweis.

$$x'Ax = \sum_{r,s=1}^{n} a_{rs} x_r x_s,$$

$$\begin{aligned} \frac{\partial}{\partial x_i} x'Ax &= \sum_{\substack{s=1 \\ (s \neq i)}}^{n} a_{is} x_s + \sum_{\substack{r=1 \\ (r \neq i)}}^{n} a_{ri} x_r + 2a_{ii} x_i \\ &= 2 \sum_{s=1}^{n} a_{is} x_s \quad (\text{da } a_{ij} = a_{ji}) \\ &= 2a_i' x \quad (a_i': i\text{-ter Zeilenvektor von } A). \end{aligned}$$

Nach Definition A23 ist dann

$$\frac{\partial x'Ax}{\partial x} = \begin{pmatrix} \frac{\partial}{\partial x_1} \\ \vdots \\ \frac{\partial}{\partial x_n} \end{pmatrix} (x'Ax) = 2 \begin{pmatrix} a_1' \\ \vdots \\ a_n' \end{pmatrix} x = 2Ax\,.$$

Satz A25. *Es sei x ein $n \times 1$-, y ein $m \times 1$-Vektor und C eine $n \times m$-Matrix. Dann gilt*

$$\frac{\partial}{\partial C}\, x'Cy = xy'\,.$$

Beweis.

$$x'Cy = \sum_{r=1}^{m} \sum_{s=1}^{n} x_s c_{sr} y_r\,,$$

$$\frac{\partial}{\partial c_{k\lambda}}\, x'Cy = x_k y_\lambda \quad \text{(das } (k,\lambda)\text{-te Element von } xy')\,,$$

$$\frac{\partial}{\partial C}\, x'Cy = [x_k y_\lambda] = xy'\,.$$

Satz A26. *Es sei x ein $K \times 1$-Vektor, A eine symmetrische $T \times T$-Matrix, C eine $T \times K$-Matrix. Dann gilt*

$$\frac{\partial}{\partial C}\, x'C'ACx = 2ACxx'\,.$$

Beweis. Es ist

$$x'C' = \left(\sum_{i=1}^{K} x_i c_{1i}, \ldots, \sum_{i=1}^{K} x_i c_{Ti} \right),$$

$$\frac{\partial}{\partial c_{k\lambda}}\, x'C' = (0, \ldots, 0, x_\lambda, 0, \ldots, 0) \qquad (x_\lambda \text{ steht in der Spalte } k)\,.$$

Nach der Produktregel gilt

$$\frac{\partial}{\partial c_{k\lambda}}\, x'C'ACx = \left(\frac{\partial}{\partial c_{k\lambda}}\, x'C' \right) ACx + x'C'A \left(\frac{\partial}{\partial c_{k\lambda}}\, Cx \right).$$

Es ist

$$x'C'A = \left(\sum_{t=1}^{T} \sum_{i=1}^{K} x_i c_{ti} a_{t1}, \ldots, \sum_{t=1}^{T} \sum_{i=1}^{K} x_i c_{ti} a_{Tt} \right)$$

und damit

$$x'C'A \left(\frac{\partial}{\partial c_{k\lambda}}\, Cx \right) = \sum_{t,i} x_i x_\lambda c_{ti} a_{kt}$$

$$= \sum_{t,i} x_i x_\lambda c_{ti} a_{tk} \qquad \text{(da } A \text{ symmetrisch)}$$

$$= \left(\frac{\partial}{\partial c_{k\lambda}}\, x'C' \right) ACx\,.$$

$\sum_{t,i} x_i x_\lambda c_{ti} a_{tk}$ ist aber gerade das (k, λ)-te Element der Matrix $ACxx'$.

Satz A27. *Es sei $A = A(x)$ eine $n \times n$-Matrix, deren Elemente $a_{ij}(x)$ reelle Funktionen des Skalars x sind. B sei eine $n \times n$-Matrix, deren Elemente nicht von x abhängen. Dann gilt*

$$\frac{\partial}{\partial x} \operatorname{sp}(AB) = \operatorname{sp}\left(\frac{\partial A}{\partial x} B\right).$$

Beweis.

$$\operatorname{sp}(AB) = \sum_{i=1}^{n} \sum_{j=1}^{n} a_{ij} b_{ji},$$

$$\frac{\partial}{\partial x} \operatorname{sp}(AB) = \sum_i \sum_j \frac{\partial a_{ij}}{\partial x} b_{ji}$$

$$= \operatorname{sp}\left(\frac{\partial A}{\partial x} B\right),$$

wobei $\frac{\partial A}{\partial x} = \left(\frac{\partial a_{ij}}{\partial x}\right)$ ist.

Verteilung von Funktionen normalverteilter Variablen

Satz A28. *Es sei $x' = (x_1, \ldots, x_n)$ ein Vektor aus unabhängig und identisch $N(0, 1)$-verteilten Komponenten x_i, d. h. $x \sim N(0, I)$. Dann besitzt $w = x'x = \sum_{i=1}^{n} x_i^2$ eine (zentrale) χ^2-Verteilung mit n Freiheitsgraden, d. h. $w \sim \chi_n^2$.*

Satz A29. *Es sei $x \sim N(\mu, I)$. Dann ist*

$$w = x'x = \sum_{i=1}^{n} x_i^2$$

nichtzentral χ_n^2-verteilt mit dem Nichtzentralitätsparameter

$$\lambda = \mu'\mu = \sum_{i=1}^{n} \mu_i^2, \qquad d.\,h.\ w \sim \chi_n^2(\lambda).$$

Satz A30. *Es sei $x \sim N(\mu, \Sigma)$ und Σ positiv definit. A sei eine $n \times n$-Matrix und b ein $n \times 1$-Vektor (A, b nichtstochastisch). Dann gilt*

$$y = Ax + b \sim N(A\mu + b, A\Sigma A').$$

Beweis. Nach bekannten Sätzen sind lineare Funktionen normalverteilter Variablen wieder normalverteilt. Wir berechnen

$$Ey = AEx + b = A\mu + b$$

$$E(y - Ey)(y - Ey)' = AE(x - \mu)(x - \mu)' A' = A\Sigma A'.$$

Satz A31. *Es sei $x \sim N(\mu, \underset{n \times n}{\Sigma})$ und Σ positiv definit. Dann gilt*

a) $(x - \mu)' \Sigma^{-1} (x - \mu) \sim \chi_n^2$,

b) $x' \Sigma^{-1} x \sim \chi_n^2(\mu' \Sigma^{-1} \mu)$.

Beweis.

a) Nach bekannten Sätzen existiert für die positiv definite und damit (Satz A4) reguläre Matrix Σ eine Produktdarstellung $\Sigma = RR'$ (R regulär). Damit wird

$$\begin{aligned}(x-\mu)'\,\Sigma^{-1}(x-\mu) &= (x-\mu)'\,R'^{-1}R^{-1}\,(x-\mu)\\ &= [R^{-1}(x-\mu)]'\,[R^{-1}(x-\mu)]\\ &= y'y\\ &= \chi^2_n\,,\end{aligned}$$

da nach Satz A28

$$\begin{aligned}y = R^{-1}x - R^{-1}\mu \sim N(R^{-1}\mu - R^{-1}\mu,\ R^{-1}\Sigma R'^{-1})\\ = N(0, I)\,.\end{aligned}$$

b) Entsprechend gilt

$$\begin{aligned}x'\Sigma^{-1}x &= [R^{-1}x]'\,[R^{-1}x]\\ &= y'y\\ &= \chi^2_n(\mu'\Sigma^{-1}\mu)\,,\end{aligned}$$

da nach Satz A28

$$y = R^{-1}x \sim N(R^{-1}\mu, I)\,, \qquad \text{also } (Ey)'\,(Ey) = \lambda = \mu'\Sigma^{-1}\mu\,.$$

Satz A32. *Es sei* $Q_1 \sim \chi^2_n(\lambda)$ *und* $Q_2 \sim \chi^2_m$ *und beide Variablen* Q_1, Q_2 *seien unabhängig.*

a) *Dann besitzt der Quotient*

$$F = \frac{Q_1/n}{Q_2/m}$$

eine nichtzentrale F-Verteilung mit (n, m)*-Freiheitsgraden und dem Nichtzentralitätsparameter* λ, *d. h.*

$$F = \frac{Q_1/n}{Q_2/m} \sim F_{n,m}(\lambda)\,.$$

b) *Ist* $\lambda = 0$, *so ist* $F \sim F_{n,m}$ *(zentral F-verteilt).*

c) *Ist* $n = 1$, *so besitzt* $\sqrt{F}$ *eine nichtzentrale* $t_m(\sqrt{\lambda})$*-Verteilung bzw. im Fall* $\lambda = 0$ *eine zentrale* t_m*-Verteilung.*

Satz A33. *Es sei* x *ein* $n \times 1$*-Vektor mit* $x \sim N(\mu, I)$ *und* A *eine idempotente* $n \times n$*-Matrix vom Rang* $r \leqq n$. *Dann ist*

$$x'Ax \sim \chi^2_r(\mu'A\mu)\,.$$

Beweis. Nach bekannten Sätzen über idempotente Matrizen existiert eine orthogonale Matrix C so, daß

$$C'AC = \begin{pmatrix} I_r & 0 \\ 0 & 0 \end{pmatrix}$$

gilt, wobei I_r die $r \times r$-Einheitsmatrix ist. Wir unterteilen C in

$$\underset{n\times n}{C} = \Big(\underset{n\times r}{C_1}, \underset{n\times(n-r)}{C_2}\Big)$$

und setzen

$$y = \begin{pmatrix} y_1 \\ y_2 \end{pmatrix} = C'x = \begin{pmatrix} C_1'x \\ C_2'x \end{pmatrix},$$

wobei y_1 damit ein $r \times 1$-Vektor wird. Wegen $y \sim N(C'\mu, I)$ [Satz A30] ist $y_1 \sim N(C_1'\mu, I_r)$ und damit [Satz A29] wird $y_1'y_1 \sim \chi_r^2(\mu' C_1 C_1'\mu)$.

Auf Grund der Orthogonalität von C gilt $C'C = CC' = I$ und wir erhalten durch Links- bzw. Rechtsmultiplikation mit C bzw. C'

$$\begin{aligned} A &= (CC')\,A(CC') = C(C'AC)\,C' \\ &= (C_1, C_2)\begin{pmatrix} I_r & 0 \\ 0 & 0 \end{pmatrix}\begin{pmatrix} C_1' \\ C_2' \end{pmatrix} = C_1C_1' \end{aligned}$$

und damit

$$\begin{aligned} x'Ax &= x'C_1C_1'x \\ &= y_1'y_1 \sim \chi_r^2(\mu'A\mu)\,. \end{aligned}$$

Satz A34. *Es sei* $\underset{n\times 1}{x} \sim N(\mu, I)$, $\underset{n\times n}{A}$ *sei idempotent vom Rang* r, B *sei eine* $m \times n$*-Matrix, und es gelte* $BA = 0$. *Dann ist die Linearform* Bx *unabhängig von der quadratischen Form* $x'Ax$ *verteilt.*

Beweis. Es sei C die Matrix aus A33. Es gilt

$$BCC'AC = BAC = 0 \quad (\text{da } BA = 0)$$

und andererseits mit $BC = D = (D_1, D_2)$

$$BCC'AC = (D_1, D_2)\begin{pmatrix} I_r & 0 \\ 0 & 0 \end{pmatrix} = (D_1, 0) = (0, 0)$$

und damit $D_1 = 0$.

Daraus erhalten wir ($C'x = y$ wie in A33)

$$Bx = BCC'x = Dy = (0, D_2)\begin{pmatrix} y_1 \\ y_2 \end{pmatrix} = D_2y_2\,.$$

Wegen $y \sim N(C'\mu, I)$ sind alle Komponenten von y unabhängig, so daß

$$Bx = D_2y_2 \quad \text{und} \quad x'Ax = y_1'y_1$$

unabhängig verteilt sind.

Satz A35. *Es sei* $\underset{n\times 1}{x} \sim N(0, I)$. *A bzw. B seien idempotente* $n \times n$-*Matrizen vom Rang r bzw. s, und es gelte* $BA = 0$. *Dann sind die quadratischen Formen* $x'Ax$ *und* $x'Bx$ *unabhängig verteilt.*

Beweis. Es sei C die Matrix aus A33. Wir setzen $D = C'BC$, D ist offenbar symmetrisch, und wir erhalten mit der Voraussetzung $BA = 0$:

$$\begin{aligned} DC'AC &= C'BCC'AC \\ &= C'BAC = 0\,. \end{aligned}$$

Unterteilen wir D in $D = \begin{pmatrix} D_1 & D_2 \\ D_2' & D_3 \end{pmatrix}$, wobei die Teilmatrizen von D und $C'AC$ jeweils die gleiche Dimension besitzen, so läßt sich diese Beziehung wie folgt darstellen:

$$DC'AC = \begin{pmatrix} D_1 & D_2 \\ D_2' & D_3 \end{pmatrix} \begin{pmatrix} I & 0 \\ 0 & 0 \end{pmatrix} = \begin{pmatrix} D_1 & 0 \\ D_2' & 0 \end{pmatrix} = \begin{pmatrix} 0 & 0 \\ 0 & 0 \end{pmatrix}$$

woraus $D_1 = 0$ und $D_2 = 0$ folgt.

Damit erhalten wir

$$\begin{aligned} x'Bx &= x'(CC')\,B(CC')\,x \\ &= x'C(C'BC)\,C'x \\ &= (y_1', y_2') \begin{pmatrix} 0 & 0 \\ 0 & D_3 \end{pmatrix} \begin{pmatrix} y_1 \\ y_2 \end{pmatrix} = y_2'D_3y_2\,. \end{aligned}$$

Hieraus folgt, daß auf Grund der Unabhängigkeit der Teilvektoren y_1 und y_2 von y die beiden quadratischen Formen

$$x'Bx = y_2'D_3y_2$$

und

$$x'Ax = y_1'y_1$$

(Satz A33) voneinander unabhängig verteilt sind.

Partielle Inversion einer Matrix

Satz A36 (Goldberger [1], S. 27). *Es sei A eine reguläre* $n \times n$-*Matrix, die wie folgt unterteilt wird:*

$$A = \begin{pmatrix} E & F \\ G & H \end{pmatrix},$$

wobei E vom Typ $n_1 \times n_1$, F: $n_1 \times n_2$, G: $n_2 \times n_1$ *und* H: $n_2 \times n_2$ *sind* ($n_1 + n_2 = n$). *E und* $D = H - GE^{-1}F$ *werden als regulär vorausgesetzt.*

Dann gilt

$$A^{-1} = \begin{pmatrix} E^{-1}(I + FD^{-1}GE^{-1}) & -E^{-1}FD^{-1} \\ -D^{-1}GE^{-1} & D^{-1} \end{pmatrix}.$$

Beweis. Durch Ausmultiplizieren überzeugt man sich leicht, daß

$$AA^{-1} = A^{-1}A = I$$

gilt.

Satz A37. *Es sei* $\alpha = \text{sp}\,(AC'WC)$ *mit* $\underset{K \times K}{A}$ *symmetrisch,* $\underset{T \times T}{W} = (w_1, \ldots, w_T)$ *symmetrisch und* $\underset{T \times K}{C} = (c_1', \ldots, c_K')$. *Dann gilt*

$$\frac{\partial \alpha}{\partial C'} = 2AC'W .$$

Beweis. Es ist

$$\frac{\partial}{\partial c_{ij}} C'WC = \frac{\partial}{\partial c_{ij}} \begin{pmatrix} c_1'Wc_1 & \cdots & c_1'Wc_K \\ \vdots & & \vdots \\ c_K'Wc_1 & \cdots & c_K'Wc_K \end{pmatrix}$$

$$= (i) \begin{bmatrix} & & (i) & & \\ & & c_1'w_j & & \\ & 0 & \vdots & 0 & \\ c_1'w_j & \cdots\, c_{i-1}'w_j & 2c_i'w_j & c_{i+1}'w_j \cdots & c_K'w_j \\ & 0 & \vdots & 0 & \\ & & c_K'w_j & & \end{bmatrix}$$

und damit (Satz A27)

$$\frac{\partial \alpha}{\partial c_{ij}} = \text{sp}\left(A \frac{\partial}{\partial c_{ij}} C'WC\right) = 2 \sum_{\mu=1}^{K} a_{\mu i} c_i' w_j .$$

Das ist aber gerade das (i, j)-te Element von $2AC'W$.

Satz A38. *Es sei* $\{x(t)\}$, $t = 1, 2, \ldots$, *ein multivariater stochastischer Prozeß mit* $\lim_{t \to \infty} P\{|x(t) - \tilde{x}| \geqq \delta\} = 0$, *wobei* $\delta > 0$ *ein beliebiger Vektor und* $\tilde{x}$ *ein Vektor aus endlichen Konstanten ist. Dann heißt* $\tilde{x} = p \lim x$ *der Limes in Wahrscheinlichkeit, und es gelten folgende Relationen* (vgl. GOLDBERGER [1]):

a) *Falls* $p \lim x = \tilde{x}$ *ist, so wird der asymptotische Erwartungswert*

$$\bar{E}x = \lim_{t \to \infty} Ex(t) = \tilde{x} .$$

b) *Ist* c *ein Vektor aus Konstanten, so gilt* $p \lim c = c$.

c) *Falls* $p \lim \tilde{x} = x$ *gilt und falls* $y = f(x)$ *eine stetige Vektorfunktion von* x *ist, so gilt*

$$p \lim y = \tilde{y} = f(\tilde{x})$$

(Theorem von SLUTSKY).

d) *Es seien* $A(t)$, $B(t)$ *zufällige Matrizen. Die Existenz der Grenzwerte vorausgesetzt, gilt*

$$p \lim (AB) = (p \lim A)\,(p \lim B)$$

und

$$p \lim (A^{-1}) = (p \lim A)^{-1} .$$

e) *Aus* $p \lim [\sqrt{T}\,(x(t) - Ex(t))]\,[\sqrt{T}\,(x(t) - Ex(t))]' = V$ *folgt*

$$\bar{E}(x - \bar{E}x)\,(x - \bar{E}x)' = T^{-1}V .$$

Satz A39. KRONECKER-*Produkt. Es sei*

$$\underset{m \times n}{A} = (a_{ij}) \text{ und } \underset{p \times q}{B} = (b_{rs}) .$$

Dann ist das Kroneckerprodukt von A und B definiert als

$$\underset{mp \times nq}{C} = A \otimes B = \begin{pmatrix} a_{11}B & a_{12}B & \cdots & a_{1n}B \\ \vdots & \vdots & & \vdots \\ a_{m1}B & a_{m2}B & \cdots & a_{mn}B \end{pmatrix}$$

und es gelten folgende Regeln:

a) $c(A \otimes B) = (cA) \otimes B = A \otimes (cB)$ (c ein Skalar),

b) $A \otimes (B \otimes C) = (A \otimes B) \otimes C$,

c) $A \otimes (B + C) = (A \otimes B) + (A \otimes C)$,

d) $(A \otimes B)' = A' \otimes B'$.

Literaturverzeichnis

[1] AHRENS, H. [1]: Varianzanalyse, Berlin 1967.

[2] AITCHISON, J. [1]: Expected-cover and linear-utility tolerance intervals, J. Royal Statist. Soc. B **28** (1966) 57–62.

[3] AITCHISON, J., DUNSMORE, I. R. [1]: Linear-loss interval estimation of location and scale parameters, Biometrika **55** (1968) 141–148.

[4] AMEMIYA, T. [1]: Specification analysis in the estimation of parameters of a simultaneous equation model with autoregressive residuals, Econometrica **34** (1966) 283–306.

[5] BIBBY, J. [1]: Minimum square error estimation, ridge regression, and some unanswered questions. Proceedings of the European meeting of statisticians, Budapest 1972.

[6] BUNKE, O. [1]: Theorie der Bereichsschätzung statistischer Parameter, Teorija verojatnostej i ee primenenija, 8, Heft 3 (1963) 330–337.

[7] CHIPMAN, J. S., RAO, M. M. [1]: The treatment of linear restrictions in regression analysis, Econometrica **32** (1964) 198–209.

[8] CRAMER, H. [1]: Mathematical methods of statistics, Bombay 1962.

[9] DOBROW, G. M. [1]: Prognostik in Wissenschaft und Technik, Berlin 1971.

[10] DRAPER, N., SMITH, H. [1]: Applied regression analysis, New York 1966.

[11] DURBIN, J., WATSON, G. S. [1]: Testing for serial correlation in least squares regression I, Biometrika **37** (1950) 409–428.

[12] DURBIN, J., WATSON, G. S. [2]: Testing for serial correlation in least squares regression II, Biometrika **38** (1951) 159–178.

[13] MCELROY, F. W. [1]: A necessary and sufficient condition that ordinary least-squares estimators be best linear unbiased, J. Amer. Statist. Ass. **62** (1967) 1302–1304.

[14] GOLDBERGER, A. S. [1]: Econometric Theory, New York 1964.

[15] GOLDBERGER, A. S., NAGAR, A. L., ODEH, H. S. [1]: The covariance matrices of reduced-form coefficients and of forecasts for a structural econometric model. Econometrica **29** (1961) 556–573.

[16] GRAYBILL, F. A. [1]: An introduction to linear statistical models. New York 1961.

[17] GUTTMAN, I. [1]: Statistical tolerance regions, London 1970.

[18] GWISCHIANI, D., LISITSCHKIN, W. [1]: Prognostik, Berlin 1968.

[19] HOCHSTÄDTER, D., UEBE, G. [1]: Ökonometrische Methoden, Berlin 1970.

[20] HODGES, J. L. JR., LEHMANN, E. L. [1]: Testing the approximate validity of statistical hypotheses, J. Roy. statist. Soc., Ser. B, **16** (1954) 261–268.

[21] HUANG, D. S. [1]: Regression and econometric methods, New York 1970.

[22] JAGLOM, A. M. [1]: Einführung in die Theorie stationärer Zufallsfunktionen, Berlin 1959.

[23] KADIYALA, K. R. [1]: An exact small sample property of the k-class estimators, Econometrica **38** (1970) 930–932.

[24] KOERTS, H., ABRAHAMSE, A. P. J. [1]: On the theory and application of the general linear model, Rotterdam 1969.

[25] KÜNZI, H. P., KRELLE, W. [1]: Nichtlineare Programmierung, Berlin 1962.
[26] LÄUTER, H. [1]: Optimale Vorhersage und Schätzung in regulären und singulären Regressionsmodellen, Math. OF Stat. 3 (1970) 229–243.
[27] LÄUTER, H. [2]: Optimale Schätzung bei stochastischen Prozessen mit linearem Regressionsanteil, Math. OF Stat. 2 (1971) 237–246.
[28] LIEBERMANN, G. L., MILLER, R. G. JR. [1]: Simultaneous tolerance intervals in regression, Biometrika 50 (1963) 155–168.
[29] LÜDEKE, D. [1]: Schätzprobleme in der Ökonometrie, Würzburg-Wien 1964.
[30] MENGES, G. [1]: Ökonometrie, Wiesbaden 1961.
[31] MERTENS, P. [1]: Prognoserechnung, Würzburg-Wien 1972.
[32] MOSBAEK, E. J., WOLD, H. O. [1]: Interdependent systems, Amsterdam 1969.
[33] NAGAR, A. L., KAKWANI, N. C. [1]: Note on the use of prior information in statistical estimation of economic relations, Sankhya, Ser. A 27 (1965) 105–112.
[34] RAO, C. R. [1]: Linear statistical inference and its applications, New York 1965.
[35] SCHNEEWEISS, H. [1]: Ökonometrie, Würzburg-Wien 1971.
[36] SCHÖNFELD, P. [1]: Methoden der Ökonometrie, Bd. I. Berlin, Frankfurt a. M. 1969.
[37] SCHÖNFELD, P. [2]: Methoden der Ökonometrie, Bd. II, München 1971.
[38] SEBER, G. A. F. [1]: The linear hypothesis, London 1966.
[39] TAN, W. Y. [1]: Note on an extension of the GM-Theorems to multivariate linear regression models, SIAM J. Appl. Math. 20, No. 1 (1971) 24–28.
[40] TEEKENS, R. [1]: Prediction methods in multiplicative models, Rotterdam 1972.
[41] THEIL, H. [1]: Econometric forecasts and policy, Amsterdam 1961.
[42] THEIL, H. [2]: On the use of incomplete prior information in regression analysis, J. Amer. statist. Ass. 58 (1963) 401–414.
[43] THIELE, H. [1]: Vorhersage unter Zusatzinformation im Fall $K = 1$. Vortrag im Forschungsseminar „Math. Statistik" der Humboldt-Universität zu Berlin, 1969.
[44] TINBERGEN, J. [1]: Einführung in die Ökonometrie, Wien/Stuttgart 1952.
[45] TINTNER, G. [1]: Handbuch der Ökonometrie, Berlin 1960.
[46] TORO-VIZCARRONDO, C., WALLACE, T. D. [1]: A test of the mean square error criterion for restrictions in linear regression J. Amer. Statist. Ass. 63 (1968) 558–572.
[47] TORO-VIZCARRONDO, C., WALLACE, T. D. [2]: Tables for the mean square error test for exact linear restrictions in regression, Workshop discussion papers, Dept. of economics, North Carolina State University, 1969.
[48] TOUTENBURG, H. [1]: Vorhersage im allgemeinen linearen Regressionsmodell mit Zusatzinformation über die Koeffizienten, Operationsf. math. Statist., Sb. I, 107–120, Berlin 1968.
[49] TOUTENBURG, H. [2]: Vorhersage im allgemeinen linearen Regressionsmodell mit stochastischen Regressoren, Math. OF Stat. 2 (1970) 105–116.
[50] TOUTENBURG, H. [3]: Probleme linearer Vorhersagen im allgemeinen linearen Regressionsmodell, Biometrische Zeitschrift 12, Heft 4 (1970) 242–252.
[51] TOUTENBURG, H. [4]: Optimale Vorhersage von endogenen Variablen in einem linearen System von strukturellen Gleichungen, Math. OF. Stat. 1 (1970) 69–75.
[52] TOUTENBURG, H. [5]: Über die Wahl zwischen erwartungstreuen oder nicht-erwartungstreuen Vorhersagen. Operationsf. math. Statist., SB II, 107–118, Berlin 1970.

[53] Toutenburg, H. [6]: Vorhersagebereiche im allgemeinen linearen Regressionsmodell, Biometrische Zeitschrift **12**, Heft 1 (1970) 1–13.

[54] Toutenburg, H. [7]: Probleme der Intervallvorhersage von normalverteiten Variablen, Biometrische Zeitschrift **13**, Heft 4 (1971) 261–273.

[55] Toutenburg, H. [8]: Lineare Restriktionen und Modellwahl im allgemeinen linearen Regressionsmodell, Biometrische Zeitschrift **15**, Heft 5 (1973) 325–342.

[56] Weber, E. [1]: Grundriß der Biologischen Statistik, 7. Auflage, Jena 1972.

[57] Webster, J. T. [1]: On the use of a biased estimator in linear regression, J. Indian Statist. Assoc. **3** (1965) 82–90.

[58] Wickens, M. R. [1]: The consistency and efficiency of generalized least squares in simultaneous equation systems with autocorrelated errors, Econometrica **37** (1969) 651–659.

[59] Witting, H., Nölle, G. [1]: Angewandte Mathematische Statistik, Stuttgart 1970.

[60] Wold, O. A. [1]: Time as the realm of forecasting. Paper of the Symposium sponsored by The New York Academy of Sciences, 17–20 Jan. 1966.

Sachverzeichnis

Berichtigung

Seite	Zeile	Statt	Lies
19	7. v. o.	W_{1m}	W_{1M}
20	6. v. o.	$w_{Lmm'}, I$	$w_{mm'}\ I$
21	1. v. u.	w_{tt}	$w_{tt'}$
36	16. v. o.	besizt	besitzt
36	18., 19., 21. v. o.	$V_{\sim}$	$V_{\tilde{\beta}}$
65	3. v. u.	(4.20)	(4.30)
69	2. v. o.	$x_*' \beta$	$x_\tau' \beta$
77	8. v. o.	$R(\hat{p}_\delta^1)$	$R(\hat{p}_1^\delta)$
77	8. v. o.	$\sigma^2 \hat{c}'^\delta W \hat{c} + \hat{c}_2^*$	$\sigma^2 \hat{c}'^\delta\ W \hat{c}^\delta + \sigma_*^2$
81	14. v. o.	$R(\hat{p}_\Delta^1) = \sigma_*$	$R(\hat{p}_1^\Delta) = \sigma_*^2$
82	8. v. o.	$\mathcal{A} \leqq E^K$	$\mathcal{A} \subseteq E^K$
90	5.v.u.	$R(p)\ \widetilde{R}(C)$	$R(p) = \widetilde{R}(C)$
97	9. v. o.	(6.61)	(6.51)
102	10. v. o.	$[0, X_2])'$	$[0, X_2])'\ ]$
115	13. v. o.	$\sigma/$	$\sigma_5/$
116	9. v. o.	μ_1	$\hat{\mu}_1$
149	6. v. o.	$), Z_*'$	$)\ Z_*'$
150	1. v. o. 2. v. o.	$w_{mm'},$	$w_{nm'}$

Toutenburg, Vorhersage

HEINZ AHRENS

Varianzanalyse

(Wissenschaftliche Taschenbücher, Reihe Mathematik und Physik)

1967. 198 Seiten – 6 Abbildungen – 48 Tabellen – 8° – 8,– M
Bestell-Nr. 760 042 5 (7049)

In den drei Kapiteln des Taschenbuches werden die mathematischen Grundlagen der Varianzanalyse, die wichtigsten Versuchsanlagen, bei denen für die einwirkenden Faktoren feste Effekte angenommen werden können, und die wichtigsten Modelle mit zufälligen Effekten behandelt. Das Schätzen von Varianzkomponenten wird ausführlich erläutert.
Der Praktiker findet in übersichtlicher Darstellung die wichtigsten Versuchsanlagen, die varianzanalytisch verrechnet werden können. Die zahlreichen numerischen Beispiele erleichtern das Verständnis. Für den theoretisch interessierten Leser werden auf wenigen Seiten die mathematischen Grundlagen der Varianzanalyse erläutert.

Bestellungen durch eine Buchhandlung erbeten

AKADEMIE-VERLAG

DDR-108 Berlin, Leipziger Str. 3—4

HEINZ AHRENS / JÜRGEN LÄUTER

Mehrdimensionale Varianzanalyse

Hypothesenprüfung, Dimensionserniedrigung, Diskrimination bei multivariaten Beobachtungen

1974. X, 196 Seiten — 10 Abbildungen — 8 Tabellen — 8° — 28,— M
Bestell-Nr. 761 571 5 (6116)

Das Ziel ist, die mehrdimensionale Varianzanalyse als statistisches Analysenverfahren praktikabel darzustellen, ohne den theoretischen Hintergrund zu vernachlässigen. Die beiden Teile — Theorie und Anwendung der Methode — sollten im Idealfall vom Leser als geschlossenes Ganzes verstanden werden.
Der Autor bemühte sich, die Teile so darzustellen, daß sie fast unabhängig voneinander verstanden werden können. Aus diesem Grunde wird die Beschreibung der Analyse der einzelnen Versuchspläne z. T. rezeptiv vorgenommen. Ausführlich werden die Beispiele durchgerechnet, da die Erfahrung den Autor lehrt, daß für den Anwender ein gut durchgerechnetes Beispiel sehr von Nutzen sein kann, wenn er es versteht, seine spezielle Aufgabenstellung passend zu übertragen. Die im theoretischen Teil aufgenommenen Grundbegriffe der Matrizenrechnung sind unbedingt auch für den Anwender erforderlich, wenn er sich bemüht, mehrdimensionale statistische Methoden in seiner Forschungsarbeit zu verwenden. Der Leserkreis ist deshalb so groß, weil die Varianzanalyse eines der allgemeinsten statistischen Analysenverfahren ist. Fast alle Gebiete der Naturwissenschaft und Technik haben die Möglichkeit mehrdimensionale Varianzanalyse anzuwenden. Darüber hinaus findet sie im landwirtschaftlichenVersuchswesen, in der Psychologie, der Pädagogik und sicher auch im ökonomischen Bereich Anwendungsmöglichkeiten.
Da die Varianzanalyse die Hauptkomponente der Versuchsplanung ist, wird sich ihr Anwendungsbereich stets erweitern.

Bestellungen durch eine Buchhandlung erbeten

AKADEMIE-VERLAG

DDR-108 Berlin, Leipziger Str. 3—4

FSC
www.fsc.org
MIX
Papier | Fördert gute Waldnutzung
FSC® C083411

Zeitfracht Medien GmbH
Ferdinand-Jühlke-Straße 7
99095 Erfurt, Deutschland
produktsicherheit@kolibri360.de